集体效能视域下社区规划的理论与方法

何琪潇 著

Theory and Method of Community Planning from the Perspective of Collective Efficacy

中国建筑工业出版社

图书在版编目（CIP）数据

集体效能视域下社区规划的理论与方法 = Theory and Method of Community Planning from the Perspective of Collective Efficacy / 何琪潇著 . —北京：中国建筑工业出版社，2023.8
ISBN 978-7-112-29059-8

Ⅰ . ①集… Ⅱ . ①何… Ⅲ . ①社区—城市规划—研究 Ⅳ . ① TU984.12

中国国家版本馆 CIP 数据核字（2023）第 155690 号

责任编辑：李成成
责任校对：姜小莲
校对整理：李辰馨

数字资源阅读方法

本书提供以下彩色图片的电子版作为数字资源：图3-2～图3-14，图3-16～图3-21，图5-3～图5-5，图5-9～图5-11，图5-14～图5-16，图5-19～图5-21，图5-24～图5-26，图6-1，图6-9～图6-12，图6-15，图6-16，图6-19，图6-20，图6-23，图6-24，读者可使用手机／平板电脑扫描右侧二维码后免费阅读。

操作说明：

扫描右侧二维码 →关注“建筑出版”公众号 →点击自动回复链接 →注册用户并登录 →免费阅读数字资源。

注：数字资源从本书发行之日起开始提供，提供形式为在线阅读、观看。如果扫码后遇到问题无法阅读，请及时与我社联系。客服电话：4008-188-688（周一至周五9:00-17:00）Email：jzs@cabp.com.cn

集体效能视域下社区规划的理论与方法
Theory and Method of Community Planning from the Perspective of Collective Efficacy
何琪潇　著
*
中国建筑工业出版社出版、发行（北京海淀三里河路 9 号）
各地新华书店、建筑书店经销
北京雅盈中佳图文设计公司制版
北京盛通印刷股份有限公司印刷
*
开本：787 毫米 ×1092 毫米　1/16　印张：15　字数：289 千字
2023 年 12 月第一版　2023 年 12 月第一次印刷
定价：79.00 元（赠数字资源）
ISBN 978-7-112-29059-8
（41790）

前言

过去 40 年我国的改革开放和快速城市化进程给人们带来了沧海桑田的变化。一方面，享受到土地集约开发带来的生产效率的高效、公共服务的便利；另一方面，承受着高密度、中心化、大规模人口转移和集聚所带来的生活方式的转变。不难发现，微观尺度的邻里生活正走向人口陌生化、行为失范化、社会原子化的趋势，日益成为各种矛盾的聚焦点。现代邻里生活方式转变带来的邻里纠纷、邻里冷漠、邻里异质现象日趋尖锐，造成严重经济损失，也引发了潜在的社会危机，亟需引起全社会及各领域的高度重视。

尽管 21 世纪的城市不再囿于空间，但城市个性始终源自地方。社区是地方文化的独有特征，也是全世界城市生活的基本单元，更是塑造精细化邻里生活方式的最宜尺度。现代社区培育社区意识认同，鼓励成员开展集体行动，是重塑睦邻关系、增强人际互动、培育公民习惯、化解邻里问题的关键钥匙。我国社区发展正迈入社区自治的新篇章，社区建设取得了优异成绩，但限于自主结构的利益冲突、空间形态的先天制约、居民参与的动力不足，依然面临着社区意识认同淡薄、培育机制低效的困境。如何规避我国社区空间形态制约的先天弊端，同时增强居民集体行动的动力成为亟待解决的关键问题，更需要各领域与学科共同出谋划策。

西方国家近 200 年的社区研究与规划实践，积累了培育社区意识认同的成熟经验和教训。诸如社区集体效能理论的发现和完善，为通过政策制定、土地结构调整、住房管理、公共服务布局等宏观规划调控手段空间干预邻里福祉、激发居民参与公共生活的积极性、增强社区意识认同培育提供了理论的可能，也引发了城市规划参与改善人类生活福祉的路径探索，成为全球各国家和地区重点关注的科学问题。我国社区建制结构清晰和数据口径统一的天然优势，为集体效能理论研发提供了优质环境，势必会加速本土化研究进展。同时，中国特色社会主义新时代更加关注人民的生活质量，重视发挥社区规划的综合部署。

事实上，在西方的贫民窟和种族矛盾等文化背景下诞生的集体效能理论，由于我国在社会经验和主要矛盾方面与西方确实存在较大差异，导致仅有的一些研究成绩仅停留在理论层面，缺乏在地化的实践和尝试。同时，必须警醒，西方的贫富差距是城市化过程中逐渐积累的产物，在我国快速城市化进程中已经产生类似的问题并引起了广泛的社会关注，例如富裕群体聚居的高档封闭型小区和坐落于城市边缘地带的城中村等具有明显的空间分异特征和生活质量差异，城市住区异质性人口集聚引发的因地域刻板印象、民俗偏见和排斥、语言和文化差异所导致的人际疏远和矛盾。这些现象如不加以有效遏制，可能会成为今后一段时期社会的主要矛盾。

本书以城市社区为研究对象，通过对重庆的调查和分析，探索城市社区如何增强居民的集体效能水平以及社区规划如何介入调控的关键问题，重点聚焦并揭示我国城市社区对集体效能的增效机制。遵循“解读增效的内在逻辑—揭示增效的运转机理—提炼增效的方法路径”的研究思路，形成增效逻辑解析、增效参数测度、增效作用测算、增效路径提炼、增效方法和模式五方面的研究内容，可归纳为理论与方法两个部分。其中，理论部分是城市社区环境的增效逻辑解析，构成了本书的第二章。方法部分分为解析方法和实践方法：解析方法包括社区环境的增效参数测度、社区环境的增效效果测算、社区环境的增效路径提炼，构成了本书的第三、四、五章；实践方法包括基于社区环境增效机制的社区规划方法，构成了本书的第六章。

城乡规划学是引领城市未来发展方向，综合部署空间布局、工程建设、服务公众的一股主要力量，面对即将爆发的社会问题，势必发挥空间的主动式干预作用。深刻认识和解析城市社区环境对集体效能的增效机制，可以为我国城乡规划学社区规划实践提供一些现阶段可行的，同时符合长远发展目标的技术方法。当然，社区规划与建设领域的研究是一个交叉度强、发展节奏快、涉及面广的课题，本书仅以邻里问题为出发点，结合“集体效能”理论，在前辈和专家学者研究成果的基础上，尝试提出自己的一些研究思路和方法。

本书所著的大量研究工作均为笔者在重庆大学建筑城规学院攻读博士学位期间完成，主要章节内容改编于笔者撰写的博士论文《城市社区环境增强集体效能的机制研究——基于重庆的调查》。本书得以成功出版，离不开重庆市研究生导师团队建设项目《长江中上游交通景观风貌与遗产保护》和重庆市教委科学技术研究计划项目（KJQN202300717）的慷慨资助。鉴于作者水平有限，书中难免有不足之处，恳请批评指正！

目 录

第一章
绪　论

第一节　研究缘起

一、城市邻里生活方式的转变导致的社会问题

联合国经济和社会事务部发布的《世界城镇化展望》（2018 年版）显示，全球约 55% 的人口居住在城市，这一比例到 2050 年将增大至 68%。其中，新增城市人口有近 90% 集中在亚非地区，中国的城市人口将增加 2.55 亿。在我国过去 30 年的快速城市化进程中，伴随着旧城改造和新区扩展以及城市住房制度的商品化改革，我国城市几乎都以新建的商品房小区来转移和容纳大量新增的城市居民，这些新居民彼此几乎都是“陌生人”，传统的邻里关系正消解殆尽（舒晓虎等，2013）。城市化进程使得人们的日常生活秩序发生了极大改变，在邻里生活方面尤其突出。2010 年《当代中国公民道德状况调查》显示，我国都市化程度越高的城市邻里关系越冷淡，例如上海，调查人群中仍有 15.36%选择邻里关系极为紧张，也就是说接近 1/6 的上海人感到邻里关系冷漠和紧张（吴潜涛等，2010）。上海市统计局公布的《2016 年市民邻里关系调查报告》显示，43.6% 的受访市民表示并不熟悉隔壁邻居，对自己不熟悉的邻居主动打招呼的比例也仅为 27.5%（上海市统计局社情民意调查中心，2017）。不止我国，全球化形势下其他国家和地区邻里不熟悉与淡漠、街邻关系萎缩现象也日趋显著。美国盖洛普公司（Gallup）[①] 有关“冷漠指数”的调查报告显示：社会保障制度完善、以宜居著称的新加坡，其情感冷漠指数却位居世界前列，民众的幸福感排位居全球最低；2019 年新加坡《海峡时报》（*The Straits Times*）提到的“最强恶邻”在 2 年中和同一楼层的 6 户家庭相继发生冲突。在澳大利亚，Realestate 网站 [②] 开展的全国邻里社会关系调查结果显示：在 1047 名受访者中，有 1/3 受访者不想与邻居打交道，1/5 受访者曾卷入邻里纠纷，1/10 受访者曾因邻居（吵闹等）报警。

---

① 盖洛普公司是全球知名的民意测验和商业调查、咨询公司，通过超过 160 个国家的全国代表投票产生的民意调查结果，真正了解全球各国的民意走向。

② 澳大利亚排名第一的房地产网站，提供最新的房屋出售和出租信息以及房地产新闻和房地产市场数据。

1. 邻里纠纷引发公共犯罪的隐患

社会经验表明，长时间身处邻里冷漠的环境中，极易滋生邻里矛盾，是发生邻里冲突和纠纷的根本内因。冲突和纠纷一旦发生，由于之前冷漠而缺乏相互沟通，彼此之间的陌生感会再次减少邻居之间的包容和忍耐，导致发生纠纷后双方都不愿面对面协商沟通。一旦其他邻居或社区居委会无法劝解，邻里纠纷最主要的处理方式就是报警。从 2008 年至 2017 年，我国调解邻里纠纷案件数量呈明显增长趋势，如图 1-1 所示，2017 年，调解邻里纠纷案件数量占所有调解纠纷案件数量的比例达到近 1/3（国家统计局，2019）。

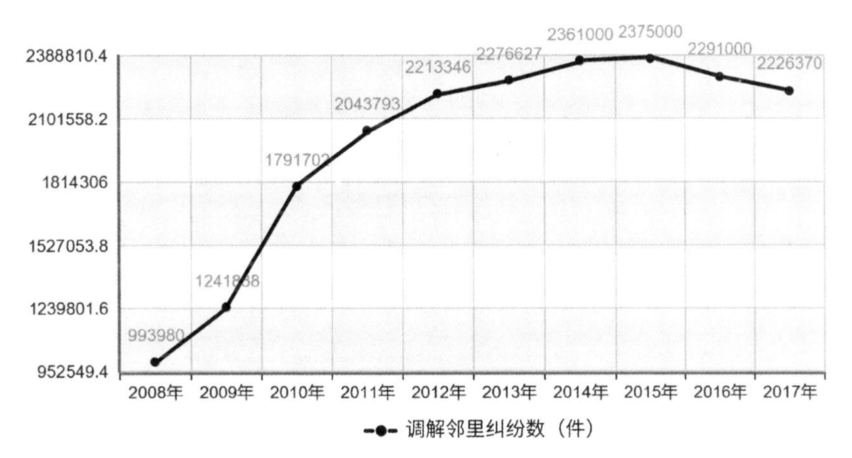

图 1-1 2008—2017 年我国调解邻里纠纷数呈显著增长趋势

资料来源：《2018 年中国统计年鉴》

实际上，出警、仲裁等强制性的处理方式并不是解决邻里纠纷的最优方法，极易让矛盾升级，甚至演化为犯罪。据统计，自 2010 年以来，我国民间纠纷引起的故意伤害案件中，30% 由邻里纠纷引发（彭颖倩，2013）。除此之外，投毒、爆炸、放火等暴力犯罪，多源于邻里纠纷的处理不当而发生。2016 年上半年审判终结并公开的邻里间暴力犯罪案件同比 2013 年，大幅增长了 62%（王燕，2017）。在持枪合法化的美国，因婚姻、家庭、邻里纠纷等矛盾激化引发的犯罪更是每天都在上演，使无数家庭付出了惨痛的代价。《费城问询报》[①] 仅在 2018 年就多次报道了美国街头因邻里纠纷发生的枪战事件，其中受害者不仅有当事人，还涉及其家属与亲友。犯罪心理学家认为，邻里间的犯罪频发会引发更多的犯罪事件，因为生活圈内一旦发生犯罪，邻里间会逐步降低对暴力的抵制，导致价值判断的失位。

① 美国宾夕法尼亚州费城的《每日晨报》，1829 年创办，是美国现存历史最悠久的报纸之一。

2. 邻里冷漠增加精神疾病的风险

邻里冷漠在一定程度上阻碍了人类作为群居动物的基本信息和情感的传递与沟通。一旦缺少情感慰藉和正常的交往，会增加人们患焦虑、抑郁等精神疾病的风险。除此以外，现代社会中快速的生活节奏和激烈的竞争使人们承受了工作、生活、社会等多方面的巨大压力，提高了人们发生抑郁、焦虑等精神障碍的机率（杨廷忠，2002）。常见的焦虑、抑郁等精神疾病正困扰着全球约 3.5 亿人，未来，抑郁症将超过癌症成为第二大疾病（WHO，2017）；在我国疾病负担中精神疾病已排名首位，约占 1/5。2019 年中国首项全国性的精神卫生调查（CMHS）① 结果在《柳叶刀·精神病学》上发布，焦虑障碍是终生患病率最高的一类精神障碍，当前精神障碍患病率高于过去在国内开展的任何大型调查的结果。同时也指出，精神障碍患病率升高的可能原因是过去 30 年内中国经济以史无前例的速度发展，快速的社会变革造成的心理压力及应激水平的总体升高（Huang，et al，2019）。精神障碍会给个人和社会带来严重的后果。中国疾病预防控制中心公布的数据显示，我国重性精神障碍患者已超过 1800 万，其中产生了 30% 的自杀率和 60% 的致残率。

图 1-2 反映了 2016 年全球精神障碍导致的年龄标准化自杀率，估计为每 10 万人中有 10.5 人，亚洲东南亚地区和非洲地区自杀率最高。② 并且，精神障碍会进一步造成严重的社会经济损失。预计 2011—2030 年，精神障碍将在全球累计导致高达 16.3 万亿美元的经济产出损失（世界经济论坛，2011）。毋庸置疑，现代邻里生活方式的变革，已成为严重的社会和公共卫生问题，需引起全社会及各领域高度关注。

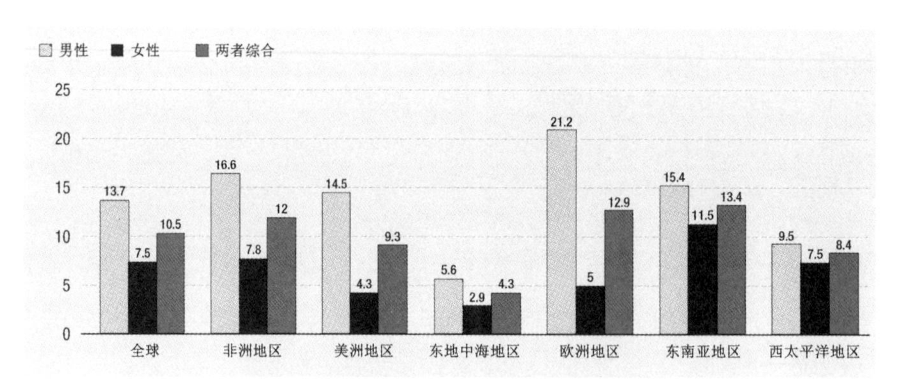

图 1-2　2016 年全球各地区年龄标准化自杀率

资料来源：*Mental Health Atlas 2017*

① 中国精神卫生调查（CMHS）的数据来自中国除港澳台地区的 31 个省、自治区及直辖市，157 个具有代表性的国家 CDC 疾病监测点（县 / 区），共 32552 人完成了调查。

② 数据来源于 *Mental Health Atlas 2017*（《精神卫生地图集》），是世界卫生组织自 2001 年开始的系列出版物，提供了关于精神健康的信息和数据以及全球在实现全面心理健康的目标和指标方面取得的进展。

3. 邻里异质导致社会融合的消解

邻里关系的淡漠和薄弱，也反映了目前社会认同度低、社会宽容度低、居民责任感弱的社会困境，消解了对城市外来居民的社会融合进程。《中国流动人口发展报告2018》[①] 显示，随着党的十八大报告提出“加快改革户籍制度，有序推进农业转移人口市民化”，我国流动人口规模在经历了长期快速增长后开始进入调整期，同时，城镇人口比例上升至 58.5%，城市外来居民人口数量达到高饱和值。

外来人口成为城市人口的重要构成部分，但生存处境和待遇并不乐观。一方面，外来居民半城市化的身份致使该群体福利缺失，受制于身份受到主流社会的排斥，逐渐向城市边缘地区聚集，同质聚居致其与其他社会群体融合困难，从而阻碍社会阶层间的沟通，造成了阶层间的流动困难和代际社会流动渠道受阻（于一凡，李继军，2013）；另一方面，社会交往网络的非本地化极大地影响了社会融合的进程，在关于上海城市新移民的一项调查中发现城市新移民的总体社会融合程度偏低，与当地居民相比，在心理、文化、身份和经济等层面还存在较大的差异，使得外来居民有可能从主观上抗拒与本地人的日常交往（张文宏，雷开春，2008）。国家卫生健康委流动人口服务中心公布的《中国城市流动人口社会融合评估报告》，通过以政治融合、经济融合、心理文化融合和公共服务融合四个维度评估城市流动人口社会融合所得的综合分数对 50 个城市进行排列，社会融合状况较好的一类城市仅占 18%，说明流动人口在流入地城市融合度偏低是当前我国的一种普遍现象，如图 1-3 所示。

二、社区意识认同在化解邻里问题中的关键作用

追溯过去，以血缘关系、业缘关系构成的邻里关系表现为亲密型，一旦上述邻里问题（城市邻里生活转变导致的社会问题的简称，以下皆以简称形式出现）初见端倪，立马会得到缓解和干预。而目前生活方式改变后形成的熟识度低、陌生感强的疏远型邻里关系，不仅失去了缓解邻里问题的集体力量，还会蔓延和扩大问题的破坏性。可见，邻里问题的关键原因正是邻里关系转变后，原有生活的同类化转变为内部异质性居民的互嵌化，使得邻里之间的凝聚力、归属感、认同感等逐渐丧失，松散的结构关系无法形成统一的力量。

社区，是当前城市居民最熟悉、最切身的地方，也是影响邻里生活最深、塑造邻里凝聚力最适宜的空间尺度（刘佳燕等，2019）。社区的概念最早来自于 19 世纪德国的社会学家斐迪南·滕尼斯（Ferdinand Tönnies），在当时工业化大发展导致城市社会

① 国家卫生健康部门从 2010 年开始组织全国范围的流动人口动态监测调查，每年发布年度流动人口发展报告。

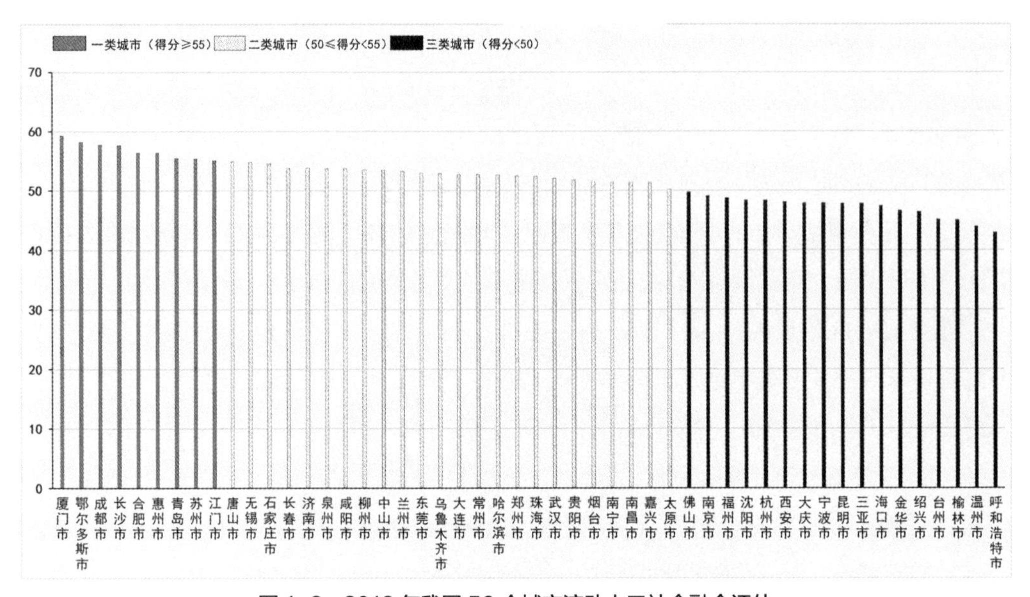

图 1-3　2018 年我国 50 个城市流动人口社会融合评估

资料来源：2018 年《中国城市流动人口社会融合评估报告》

出现严重的异质化和陌生感的背景下，它被看作一种对传统乡村共同体美好生活的寄托。如今，放眼望去，社区已经成为世界各国最基本、最普及的生活单元，也是人们最关注的地域尺度。在欧美国家，经过 20 世纪末期社区复兴运动的洗礼，社区建设已经超越了公民社会领域，扩展到全球各个国家的治理领域（陈伟东，2013）。英国主张建立国家与社区的“伙伴关系”，呼吁国家采取主动，从社区参与、社区服务以及社区发展战略等多个层面推进社区建设，动员社会力量向社区提供帮助，以解决城市中心区的衰落及治安问题；美国居民面临的生活问题几乎都是在社区层面解决的，大量非营利性的社会组织会采用帮助居民定期筹办募捐、寻求政府拨款、建立合作项目等多种方式，维持社区的公共服务和持续发展。从 20 世纪 90 年代开始，社区建设已成为我国城市基层管理体制改革的重要主题。

美国著名的社区运动策划师索尔·阿林斯基（Saul Alinsky）[①] 在《反叛手册》里强调：“创造社区凝聚力最有效的方法是让内部人员团结起来并创造出一股足够强大的力量来执行他们的议程。”社区意识是社区成员对于所属社区的归属感，是社区成员对于所属社区及与社区内其他成员重要关系的感知，是相信通过集体的奉献，社区需求都

① 现代社区组织化模式的社会活动家和奠基人，被奉为“社会组织化领域的弗洛伊德”，开创了基于邻里层面的社会行动模式，帮助城市居民建构持久性的制度化行动方式以及地方性领导力，使原本分裂、衰落的社区能够重新融合出统一的表达，并获得战胜外部压迫的集体性力量。

会得以满足和实现的共有信念，其理论最早由大卫·麦克米兰（David McMillan）和大卫·查韦斯（David Chavis）提出（王处辉，朱焱龙，2015）。通俗而言，在社区社会学领域，社区凝聚、社区认同、社区满意和社区归属构成了社区意识的主要形态或研究方法。社区意识作为一种主观现象很早便得到社会学家的承认和关注。社区社会学的早期奠基者之一、苏格兰裔美国社会学家罗伯特·麦基弗（Robert MacIver）指出社区是一个“精神的联合体”，社区意识是诸多个体精神的结合[①]。耶鲁大学心理学系教授西摩·萨拉森（Seymour Sarason）提出了社区意识的重要性：“社区意识在现代社会条件下的缺失，会导致诸多社会问题。”[②] 综上而言，社区已成为全球各地区应对邻里问题的前线战场，增强对凝聚力、归属感、认同感和安定感等社区意识的认同，能够改善邻里生活。由此也引发了大量社区心理学和社会学的研究，如讨论社区意识认同对于化解邻里问题的关键作用。总结为以下三个方面：

1. 重塑睦邻关系：化解邻里矛盾

传统社会以血缘和地缘为基础形成的邻里关系，彼此之间都是“熟人”，邻里关系亲密，有利于化解邻里矛盾。现在，人口异质性成为城市不可逆的主要特征，作为以社区为主体的生活形态，只有社区意识认同才能打破“陌生社会”的壁垒，构建邻里信任与互助的共同行为准则，营造规范引领的“新型睦邻关系”，实现对邻里矛盾持续激化的遏制，抑制各类社会问题的爆发。一些报道表明，许多发达国家已逐步形成社区意识认同的“新型睦邻关系”，可为社区居民异质性和疏离性问题提供破解之道。如美国最早由部分社区居民联合创建了“邻里之家”信息互动平台，用来倡导和宣传本地社区的传统节日和习俗，目前已经扩展到全美 50 个州，创建了数万个社区分站；日本仙台市将社区意识认同融入灾后重建中，通过为灾民举办歌舞演出、节庆祭典、品茶等多样活动，试图建立社区的新型邻里关系；英国早在20世纪80年代就出台了《邻里守望相助方案》，鼓励公民积极参与与执法部门的合作，减少入室盗窃和其他邻里犯罪。该方案一经推广，将执法机构、私人组织和公民个人联合了起来，在全国范围内努力减少犯罪和改善当地社区，不仅大幅度减少了特定地理区域内入室盗窃的发生率，而且邻里观察也被确立为国家首屈一指的预防犯罪和社区动员计划。

2. 增强人际互动：渐少邻里冷漠

邻里之间交流和沟通的贫乏，甚至“老死不相往来”同样是造成邻里冷漠等邻里问题的根源。当前的社区形态更像是组成了一个地域共同体，成员之间、成员与组织

---

① 麦基弗的观点直接促使美国社会学界开始用“社区情感”作为最常用术语来诠释社区意识的概念。

② 此观点收录于其著作 *The Psychological Sense of Community: Prospects for a Community Psychology*（社区的心理意识：社区心理学探讨）中。

者之间进行更加频繁、良好的人际互动和事务参与，才能逐步融化和温暖彼此的内心。社区意识认同能够鼓励居民参与社区各种利益相关的公共事务，调动居民的积极性，增加邻里的互动。同时，透过长期的互动式交流，人与人之间的关系会更加密切，邻里之间会建立彼此信任和互助的行为规范与约束。《2019 南京市邻里关系调查研究报告》指出：45.7% 的居民希望未来与邻居之间的互动交流能更加频繁、居民兴趣社团越来越多，54.4% 的居民希望邻里之间能够互帮互助，63.8% 的居民希望邻里矛盾能够得以妥善解决。同时，相较于集体，原子化的个体在解决共同性问题上难以有所作为。如社区治安，社区生活中典型的公共产品，从产品属性上看，它具有非排他性与非竞争性，从成本与收益上看，它具有正外部性，从人的行为倾向上看，它存在"搭便车"动机，居民个体缺少生产积极性，也就是说，社区公共安全不能通过个体行动来实现，而必须采取集体行动（陈伟东，2004）。

3. 培育公民习惯：提高社区参与

公民参与是塑造现代民主政治的重要形式和主要方法。一般而言，社区意识认同感比较强的人，首先会时常关注和参与自己所属社区的日常状况和公共事务；其次，这类居民在关心和了解社区发展趋势以后，会希望自己能够积极参与其中，将个人的时间和精力投入到社区更好的发展中；最后，在感受到自我参与带来的成效之后，便会产生对于社区更多的归属感，增强社区意识认同，形成良性的循环。这也是目前很多国家实现公民社会，发展居民自治的前提。另外，社区参与也是外地移民人口积极融入本地社区的重要渠道。一项对江苏农民集中居住区新移民的抽样调查显示，69.7% 的人都愿意就社区公共事务向居委会提出建议，74.6% 的人都愿意参与小区管理（叶继红，2012）。在 2014 年对上海市某街道居民的社区参与状况的调查中发现，60 岁以上的居民愿意参加社区活动的比例超过 80%，显著高于其他年龄段居民[①]。社区参与能够凝聚不同群体的人口，形成统一的归属感和责任感，树立他们的主人翁意识，缓和邻里异质性人口结构带来的疏离感，从而更好地调动邻里居民参与公共生活的积极性，推动城市流动人口的社会融合。

三、我国社区发展中社区意识培育低效的困境

中华人民共和国成立以来，社区发展大致经历了从"社区服务"至"社区建设"再到"社区自治"的阶段性转变，权重逐步回归到参与和配合居民委员会依法进行自

① 调查数据来自于上海青年管理干部学院副教授赵凌云 2014 年在上海市虹口区G街道获取的 1428 份问卷结果，部分结论发表在《青年学报》2015 年第一期。

治管理的权利和职责（杨贵庆等，2012）。

20世纪80年代后，我国民政部首次在城市管理中引入“社区”概念。相对于“单位制”而言，城市社区的出现是作为有益补充而存在的。在“单位制”中，城市居民被安排在机关、工厂、学校中，国家依靠控制资源的初次分配管理城市单位，单位则以资源的再次分配，管理单位中的人，三方纵向层面呈“双重庇护与依附”关系（陈伟东，尹浩，2014）。社区居住的对象为除却城市单位人以外的“闲散人员”，社区服务成为街道居委会管理体制中的主要工作，其功能主要在于弥补“单位制”解体所带来的暂时性的组织管理和基础服务的缺失，绝大部分资源来源于政府组织，社区属于行政管理，尚无社区意识。

20世纪90年代初，“单位制”走向没落，取而代之的是市场经济的迅速发展。社区服务的概念拓展为社区建设，社区服务仍然被列为社区建设的一项重要工作。随着1998年住房分配体制的瓦解，“单位制”彻底解体，居民考虑消费水平和个性化需求，在住房的选择方面表现出极大的自由，社区建设开始出现热潮以容纳更多的商品房小区。随着市场经济体系的渗透，城市住房选择的多样性使得居民根据自身的经济水平与需求产生了同质集聚现象。普通城市社区的邻里熟识度普遍偏低，高档社区更是由于对私密性的高追求而表现出邻里关系的冷漠。熟识度较高的经济适用房社区往往处于远离城市中心的区域，表现出封闭性。社会弱势和底层群体的集聚使得社区内外信息流动很少，社区内部网络和外部网络都难以形成。加之社区内部成员贫困，相互依赖的意义并不大，信任和互助的行为准则与约束规范无法建立，传统邻里关系日渐消失。由于缺乏社区意识，导致社会问题初现端倪，为今后邻里问题的爆发埋下了伏笔。

进入21世纪，基层治理成为实现国家治理体系和治理能力现代化的基础工程，“社区治理”应运而生。2000年《民政部关于在全国推进城市社区建设的意见》发布后，开始大力在城市社区中加强社区居民自治组织建设。2013年发布的《民政部关于加强全国社区管理和服务创新实验区工作的意见》，确认了一批实验区[①]，在社区管理体制、社区自治形式、社区服务体制等方面形成了突破和创新。此后，《国家新型城镇化规划》加强了城市的精细化管理，提升了城市创新治理方式，健全了城市基层治理机制的理论指导和工作要求。2017年，《中共中央 国务院关于加强和完善城乡社区治理的意见》成为首个关于城乡社区治理的国家级纲领性文件，打开了社区治理“共建、

① 2013年公布了第一批的12个实验区，2016年公布了第二批的31个实验区，本书部分样本所属的重庆市渝中区属于第二批实验区。

共治、共享”的新阶段。在社区自治阶段，“以人为核心”作为社区建设的原则，追求人民群众高度的社区认同感、幸福感和满意度，成为城市地方政府和社区公共管理组织的工作目标，由行政型干预向服务型指导转变，同时还应能培育民间自治组织和公民参与意识。

截至 2018 年，我国参与社区自治的社区团体有 817360 个、民办非企业有 444092 个、自治组织有 649888 个，社区居委会有 107869 个，同比近五年均有所增加，详见图 1-4。可以认为，社区自治正逐步成为我国社区建设和治理中的一项促进基层民主自治、推动地方政府职能转变、解决社会问题、增强社会活力的重要议题，是社区范围内的政府和非政府组织机构增强社区意识认同的重要途径。

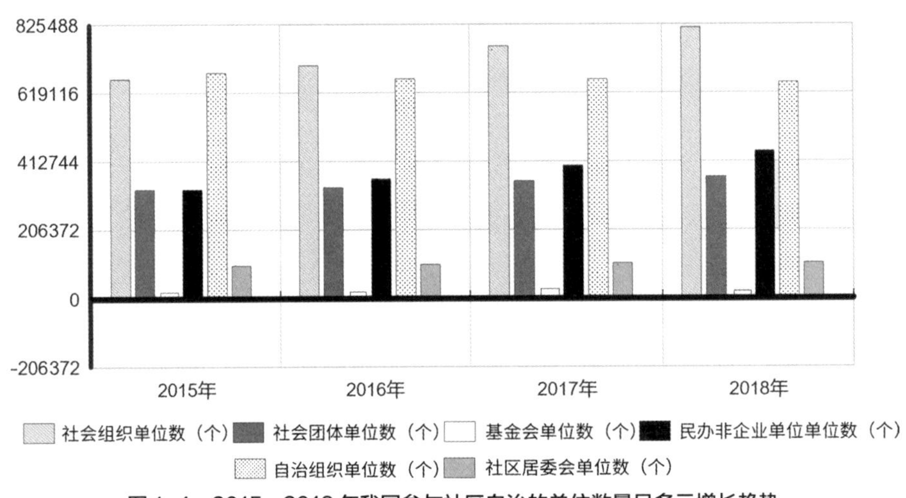

图 1-4　2015—2018 年我国参与社区自治的单位数量呈多元增长趋势

资料来源：《中国统计年鉴 2018》

然而，尽管一开始就做了良好的制度设计，也针对社区过度行政化的弊端，适度调整了政社关系，作了很多变革，但是社区自治仍旧发展缓慢，甚至停滞不前，与人们的主观愿望相去甚远（陈伟东，2004）。尽管各地进行了形式多样的社区治理模式的开发，但终究离不开重点项目的加持，与普通社区日常运行中的琐碎、无序状态难以匹配，常常使居住在社区中的居民感到无力应对。回顾近 20 年的社区自治实践和经验，社区发展和建设有显著的进步，但从社区意识认同的培育的角度来看，仍然达不到世界前列的水平。通过大量公共管理学和政治学的实践案例，分析我国城市社区发展中培育社区意识认同低效的原因，可以归纳为以下三个方面：

1. 自主结构的利益冲突

东西方国家积极探索社会基层治理的道路和模式，形成了东西方独具特色的社区治理样式和方法。欧美发达国家存在较强的自治主义传统，比较容易适应依靠社区内部资源推动社区发展的形式，例如美国自下而上的公民自治、德国权力钳制下的高度自治、英国政府较少干预的高度自治等。亚洲发达国家的行政主导力量更强，政府强制因素较多，社区居民多以表达意见为主，例如日本以行政单元为限的"地域中心模式"、新加坡政府主导的自上而下的行政控制模式（孟祥林，2019）。我国的社区治理经历了由外来到本土化的发展过程。党的十九大报告提出："打造共建共治共享的社会治理格局……发挥社会组织作用，实现政府治理和社会调节、居民自治良性互动。"这进一步明确了我国的社区自治模式，即："在党和政府领导下，通过一定的组织形式和参与途径，依法享有的对社区公共事务进行管理的权利，是社区居民实现自我管理、自我教育、自我服务、自我监督的一种基层民主形式。"

尽管明确了我国社区自治的"政府领导，组织参与，居民自治"治理模式，但在实际工作的开展中，不同主体之间易产生利益冲突。街道和社区居委会作为政府和部门的代理组织，在某种程度上，成了一个现有行政化体制的利益既得者，从而把民间自治组织造就成了行政体制的支持性力量。部分居民会把居民委员会视为异己的政府力量，从而采取敬而远之的消极不合作态度，由此导致居民委员会被社区居民边缘化，从而难以发挥动员社会组织和居民参与社区治理的作用（陈伟东，吴恒同，2015）。缺少活跃的社会组织的参与，物业管理成了主要的服务主体。但是，物业公司侵害业主利益的事件时有发生，物业冲突已成为社区矛盾的焦点。作为社区业主的维权组织，业委会不仅难以成立，而且运作成本很高，难以持续（卢玮静等，2016）。在多元主体的对立和冲突下，社区自治的发育很有可能持续受阻。

2. 空间形态的先天制约

我国社区自身的空间特性同样制约了社区自治进程的发展。不同于西方以中产阶级为主体、低密度独立式居住为主要形态的社区，近些年我国社区以高密度集合式居住为主。高密度集合式居住在建筑空间形态上表现为若干栋集合住宅与围合式公共空间构成的大型封闭式小区。居住在集合住宅组成的封闭小区，承受着独立住宅所不存在的普遍问题。大致分为三类：一是建筑形式衍生的问题，二是集合居住产生的相邻关系问题，三是高密度居住衍生的问题。建筑形式衍生的问题主要有：集合住宅本身具有的居住舒适度缺陷；住宅毗邻存在的连带性安全问题，最典型的就是火灾；高层建筑的高空抛物、高空坠落等问题。集合居住产生的相邻关系问题主要是：房屋装修对建筑物安全的影响，相邻居住产生的油烟、噪声、漏水等纠纷；建筑物共有共用部分使用侵犯他人和公共利益的行为，比如饲养宠物问题；公用设施更高的使用强度，意味着频繁忍受他人行为负外部性带来的侵扰。高密度居住衍生的问题主要是：社会关联度低，对地缘关系的社会支持需求弱，社会交往频次较低；生活关联度高，日常生活中共同使用小区公用设施设备和公共空间的相互影响，比如房屋装修改中造承重结构，阳台滴水等；关系脆弱性高，缺乏由此形成的人情润滑和维系，一旦在生活中发生利益碰撞和冲突，双方都倾向于一次性计算和分清是非对错，很容易导致关系永久性破裂，且缺乏社会性的关系修复机制（王德福，2021）。

可以认为，我国社区空间形态的特征所产生的陌生人之间的拥挤效应、人际交往问题、社区整合问题以及社区事务的数量、复杂程度等，都不是西方社区可以比拟的，在这样的基础上，社区意识的培育都面临着先天制约。

3. 居民参与的动力不足

实现社区自治是否有效最终取决于居民是否参与，而居民在多大程度和多大空间上参与和自治则最终取决于居民的主体性是否完全释放，即需求让居民表达、事务让居民决策和行动、效果让居民评价，充分体现居民的主体意愿和主体价值（许宝君，陈伟东，2017）。我国居民对社区公共事务参与的认识并不成熟。一方面，土地基础上建立起来的文化认同和地域观念不断淡化，社区内居民的自律性降低，邻里互动中冲突、矛盾增加。另一方面，利益观念渗透于居民市场交易之中，出现了拒缴物业费等种种搭便车行为（王振坡，2020）。业主在物业管理、公共设施和公共服务等方面已经产生一定程度的能动性参与，但城市社区治理在总体上仍然面临着居民参与不足的困境；居民虽有较强的参与意愿，但难以转化为积极地参与行动；由于在参与的内容上缺乏共同的议题，居民难以参与到社区公共事务的决策过程中；居民在社区治理中的“弱参与”导致治理模式难以从“他治”模式向“自治”或“共治”模式转变（方亚琴，申会霞，2019）。

综上而言，社区自治的确为我国培育社区意识认同、缓和邻里问题提供了一条可行之路。但也必须清晰地认识到，在我国社区发展语境中，仍然面临着上述这些本源性难题，导致社区自治进程迟缓、社区意识培育低效。当然，随着当前行政管理体制的改革，社区管理体制主体不清、结构混乱、职责不明的情况会逐步消除，但对于先天社区空间形态导致的邻里问题量多且杂、社区居民参与力度不足等难题，仍然需要更多的学科和公众力量的积极投入和探索。如何规避社区空间形态导致的弊端，同时增强居民集体行动的动力？社区意识认同的培育如何借助更多邻域的力量？只有在回答了上述问题后，才有可能形成我国新时代背景下符合国情、满足人民需求的高效社区自治模式，加速我国对社区意识认同的培育，也才有希望突破当前全球面临的邻里问题解决之道的瓶颈，打开新的视界。

第二节 科学问题的凝练

一、培育社区意识认同为导向的社区规划是国际社区发展趋势

空间干预和公共参与一直以来都是城乡规划学的重要议题。自社区形成发展以来，在近 200 年的时间中，社区行动、社区更新、社区营造、社区服务等不同阶段和形式的社区规划，始终扮演着引领和实践社区健康发展的角色。社区规划是在一定时期内城市社区的发展目标、实现手段以及人力资源的总体部署和全面的发展计划。由于“既重视物，更重视人”，强调居民的权益和发展，因此，社区规划是城镇化发展到一定时期的特定产物，也成为城市治理现代化的必然要求，同时也是衡量一个城市文明程度的标志之一（杨贵庆等，2018）。国内外城乡规划学界普遍认为，当前社区规划应该承担的任务，不仅在于提供一些设计优美的空间形态，还应该关注社区最核心的社会进程。通过转变社区环境影响社会和政治过程，赋予社区居民权利，共同创建和谐社区，应对小镇、城市、国家甚至世界范围内所面临的最具挑战性的问题，包括人际关系的疏远、犯罪、贫穷、对政治的漠然、对生活的无望和无助、政治边缘化以及环境品质恶化（威廉·洛尔，2011）。同时，我国不少学者也开始倡导，我国社区规划应当从技术指南走向一项社区公共议题，关心和满足人们对高品质生活的需求，与老百姓的期待对接，在高度异质性、原子化和流动性中寻求社区认同（郭紫薇，2021）。

社区概念本身源自于西方。西方发达国家和地区①的社区规划一直以来都在塑造和培育社区意识认同，试图以此重构情感凝聚与传统社会的美好生活。经典的国家与社会关系理论以及多中心治理理论和实践，也使得西方社区的治理和发展深受全球其他地区的追捧。通过回顾西方社区规划发展研究的成果及实践的成功经验，可以帮助我们进一步认知社区规划在培育社区意识认同方面有哪些前沿的研究进展，以此厘清当前我国社区自治背景下培育社区意识认同的方向和思路。

可以发现，关于社区的社会学研究和城乡规划学研究都已取得丰硕的成果。自 18 世纪以来，西方国家的社区研究和社区规划实践在社会变革进程中，呈现出相辅相成、螺旋纠缠的发展态势。一方面，以社会学为主的社区观察、社区研究和理论建构影响着社区规划项目的实践方式和内容；另一方面，以城乡规划学和建筑学为主的社区规划范式的摸索，同样改变着人们的生活方式，在改变中滋生许多新的问题，激发社区

① 本书探讨的西方发达国家与地区，主要为欧洲和北美洲，以英、法、美为主的代表国家。

西方社区意识培育的规划方法演变　　表 1–1

时间年代		邻里问题	社区研究	社区实践	规划方法
萌芽期	18 世纪末至 19 世纪末	工业化加速城市化进程衍生的生活拮据、住房紧张、环境恶化和公共卫生等问题，各种道德沦丧和犯罪事件蔓延（城市新移民问题、城市贫困问题、城乡差距问题）	斐迪南·滕尼斯（Ferdinand Tönnics）、格奥尔·西梅尔（Georg Simmel）等预示和观察到社区活动模式和社会关系将发生巨大的转变	埃比尼泽·霍华德（Ebenezer Howard）勾勒了“田园城市”模式及英国卫星城镇的建设实践，伊利尔·沙里宁（Eliel Saarinen）依据“有机疏散论”提出大赫尔辛基规划模式	通过社区规模特征和功能布局的可控性提出城市发展模式
扩张期	20 世纪初至 20 世纪中叶	城市发展模式转变，导致社会隔离和陌生感、公共活动场所缺失、交通拥堵等问题（贫富差距问题和城市贫困问题）	欧内斯特·伯吉斯（Ernest Burgess）揭示了著名的“同心圆”都市结构，说明了社区物质环境的组织关系对社会结构的影响	克拉伦斯·斯坦（Clarence Stein）的“雷德伯恩体系”、克拉伦斯·佩里（Clarence Perry）提出的“邻里单位”概念，概括了社区空间形式和功能的建设重点	通过物质空间的规划和设计营造社区感
转型期	20 世纪中叶至 20 世纪末	“二战”后形成了大量贫困、失业、社会秩序混乱、经济复苏缓慢等问题（经济衰退问题）	亨利·列斐伏尔（Henri Lefebvre）、曼努埃尔·卡斯特尔（Manuel Castells）、大卫·哈维（David Harvey）等提出以经济和政治结构的宏观视角研究城市的社会问题	联合国社区发展报告引领欧美发达国家及发展中国家制定社区战略发展规划、英国的自助式社区更新项目、美国盛行的社区发展公司	通过社区物质规划融合经济和社会的综合社区发展战略部署计划
拓展期	20 世纪末至今	经济发展转型，引发高失业率、贫困人口集聚、公共犯罪、种族隔离严重、人群健康等问题	马克·戈特迪纳（Mark Gottdiener）提出新城市社会学引发从宏观视角看待社区差异、威廉·威尔逊（William Wilson）的“邻里效应”、罗伯特·桑普森（Robert Sampson）的“集体效能”	新城市主义运动推动下的“公众参与规划”、美国的“社区行动计划”、英国的“社区战略”、法国设置的“街区议会”模式以及“资产为本”的社区发展模式	通过动员居民自我力量来提升社区力量

资料来源：笔者整理资料且自绘。

研究新一轮的讨论。在两者的不断变革中，以社区规划应对邻里问题的研究范式也在不断进化（表 1–1）。

总体而言，在国际社区发展领域已经达成一种共识：社区规划是培育社区意识认同，提高邻里问题解决有效性的必要选择，也是促进社会发展的题中之义。

二、西方集体效能理论为衡量社区规划培育效率提供重要契机

全球化与城市化的双重影响，导致邻里问题呈现出统一性和复杂性，迫使社区研究分析框架不仅要考虑地方差异，同时也要融合政治、经济因素。从地方政策、土地利用、住房条件等视角思考对社区发展差异的影响；从移民浪潮、种族隔离等视角观察社区意识认同的差异。如美国社会学家威廉·威尔逊（William Wilson）在 1987 年出版的《真正的穷人》中首次提出了“邻里效应”（concentration effects）的概念，

通过描述美国某些社区的贫穷生活，揭示了邻里特征（空间和社会双重特征）是造成许多社会问题出现的源头（威尔逊，2008）。社区特征受到社会经济地位和种族隔离的影响，少数族裔和移民群体促进了社区的空间流动，同时与犯罪、健康有关的很多问题与社区特征是捆绑在一起的。

实际上，在欧美的邻里效应理论讨论的热潮下，我国有部分学者开始关注并分析和总结了我国社区规划引入欧美邻里效应理论的可能性。汪毅较早地在回顾欧美的邻里效应理论的基础上，将邻里效应的作用机制归纳为社会化机制、社会服务机制、环境机制和区位机制 4 类大机制及社会风气、集体社会化进程等 11 类子机制，并总结得出在邻里效应的政策回应上美国偏向于“以人为基础的贫困人口分散策略”，而欧洲是以“以区域为基础的邻里复兴策略”为主（汪毅，2013）。盛明洁等基于中国语境下的“社会经济”“制度”“城市化”三条主线，建立了面向中国城市的邻里效应研究框架，包括指标内容、作用路径、数据采集和分析方法（盛明洁，运迎霞，2017）；孙瑜康、袁媛等以广州市鹭江村和逸景翠园社区为例进行对比研究，探究中国城市中不同邻里对居住在其中的青少年成长的影响（孙瑜康，袁媛，2014）。陈宏胜等基于社区调研数据，采用因子分析、回归分析和质性研究方法，研究广州市保障房社区对周边社区的影响（陈宏胜等，2015）。也有学者开始提出通过社区规划来消除邻里效应的负面影响。盛明洁等构建了基于邻里效应研究的社区规划框架，通过揭示不同社区要素对居民的作用结果和影响机制，明确社区规划中应当干预的核心指标及其阈值，从而在社区规划中引入一套自上而下的指标控制体系（盛明洁，运迎霞，2019）。

美国社会学家罗伯特·桑普森（Robert Sampson）提出了“集体效能”理论（collective efficacy），以此作为邻里效应的一种解释机制。假设当社区特性表现出人们处于相互不信任且隔离的状态时，凝聚力的丧失会导致更多的犯罪；反之，若社区展现出较高水平的集体效能，即形成较高的凝聚力共同面对和有效地解决问题，犯罪行为会遭到有力的抵制（桑普森，2018）。该理论在 21 世纪初主导了大量城市社会学工作者的研究，社会进程成为解释和调控邻里问题的重要因素。为了验证集体效能的实践作用，在美国芝加哥、纽约、洛杉矶、波士顿和巴尔的摩开展了“搬向机遇”项目（MTO）①（Michael et al,2002），即帮助贫困家庭从贫困、隔离的社区迁移至较富裕的社区。自 1994 年开始，为 4600 个低收入家庭提供了机会，从最贫困城市社区的公共住房搬到不太贫困社区的私人市场住房中，该实验的经验和结果直接促进了集体效能理论的发展和完善。

① MTO 是 move to opportunity 的简称，是由美国住房和城市发展部（HUD）主导的随机住房迁移实验。

可以预见，“邻里效应”理论的成熟和发展为通过政策制定、土地利用等宏观手段空间干预社区居民生活方式、培育社区意识提供了理论上的可能性；作为中介解释机制的“集体效能”的发现，进一步完善了通过社区规划增强集体效能、发挥邻里效应正向意义的完整的机制链条。同时，各地方社区都在努力发展公众参与的规划模式，其中，重视居民对社区的感知和情感态度导向的“以资产为本”的实践方法，再次为将带有心理学成分的“集体效能”纳入社区规划的培育方法提供了他山之石，有助于更好地解决邻里问题。

三、集体效能视域下社区规划本地化理论与实践研究亟待探索

尽管我国关于“集体效能”的研究由于开展时间较短，出现了理论积淀不足、核心概念不清与过程阐释乏力等方面的状况，但是，在我国社区自治基层治理模式的推动下，社区建制结构清晰和数据口径统一的天然优势，为“集体效能”理论研发提供了优质环境，势必会加速本土化研究的进展。同时，中国特色社会主义新时代更加关注人民的生活质量，重视规划先行的科学理念。因此，研究城市社区环境对集体效能的增效机制，将为利用规划调控手段空间干预社区居民生活方式、培育社区意识提供新的视角和技术方法，推进本土化“集体效能”和“邻里效应”的研究进程，对于当前理论研究的匮乏，会起到一定程度的补充和帮助作用。

其次，我国的社区规划和社区建设虽然起步较晚，但在国家社区现代化治理的背景下，快速完成了从“社区服务”至“社区建设”再到“社区治理”的转型。与此同时，从近 30 年的社区规划研究探索中可以发现，除了对我国居住区规划时期延续下来的带有本土化色彩的命题的深入研究以外，社区规划作为舶来品，也促使大量学者在不断地从西方搬运和吸收研究成果后，针对我国社区发展和建设的特点，进行了大量在地化尝试，如公众参与导向和社区治理导向的研究。对于在贫民窟和种族矛盾背景下产生的邻里效应导向的尝试，由于在社会经验和主要矛盾方面西方与我国的确存在较大差异，因此仅有的研究只停留在理论构想的阶段，相关的研究探讨缺乏在地化的实践和尝试。同时，也必须注意到，西方的贫富差距或许是城市化进程中逐渐积累的产物，在现阶段虽并未引起我国广泛的公众危机，但例如富裕群体聚居的封闭型高档小区和某些坐落于城市边缘地带的城中村等具有明显的空间分异特征的居住格局等现象，已经引起社会的高度关注。而我国幅员辽阔以及快速城市化的特征造成的城市聚集群体之间的刻板印象、地域偏见乃至排斥，或由于语言、文化差异导致的人际关系对立、疏远等现象，如不能有效遏制，必然成为严重的社会隐患。

当然，必须意识到，在借鉴西方社区研究理论资源的同时，必须要有中国问题

意识。大量事实证明：中国的城市化进程是独特的，西方发达国家的模式难以充分解释。我国的城市化进程并不是一个完整的整体，沿海和内陆，大城市、中城市和小城市之间都存在巨大的差异。这些差异不仅反映在社区的发展规模与发展模式等方面，同样也反映在不同的社会群体的生存方式及所爆发的社会问题上。更何况，随着人口流动性的不断增强，原本不相关联的社区问题会在同一个城市空间里产生各种意想不到的联系。城乡规划学为引领城市未来发展方向，综合部署空间布局、工程建设，服务公众的主要力量，面对即将爆发的社会问题，势必应当担负起先锋作用。

综上而言，笔者认为，西方近 30 年逐渐发展成熟的“邻里效应”理论，为通过政策制定、土地结构调整、住房条件制定、公共服务布局等宏观规划调控手段空间干预社区居民生活方式和行为提供了可能。作为中介解释机制的“集体效能”理论的形成，进一步完善了调控社区特征以提升邻里福祉、激发居民参与公共生活的积极性、提高社区意识认同培育效率的理论基础，也引发了城市规划参与改善人类生活福祉的路径探索，成为全球各国家和地区重点关注的科学问题。

本书以探寻如何应对现代城市居民普遍面临的邻里问题为出发点，在认识到我国社区发展的本土化特征以及社区意识认同培育低效的现实后，梳理并总结了西方在培育社区意识上的规划方法和理论演进，提出了通过社区规划增强集体效能，以培育社区意识认同的理论认识。以我国城市社区为研究对象，通过对重庆的调查和分析，探索城市社区如何增强社区集体效能以及社区规划如何介入调控的关键问题，提炼我国城市社区的增效机制，完善理论认识并总结本土化经验，优化我国新时代保障社区健康发展的规划干预方法和建设路径。

第三节 研究思路与内容

一、研究思路

基于科学问题的凝练，本书主要致力于解析城市社区对集体效能的增效机制，包括：

一是解读“增效的内在逻辑”。厘清城市社区增强集体效能的潜在路径，提炼潜在增效路径的构成成分，解读城市社区增强集体效能的内在逻辑。

二是揭示“增效的运转机理”。识别构成成分的增效效果，筛选潜在增效路径的核心组成成分，提取核心因子的优劣排序，揭示城市社区增强集体效能的运转机理。

三是提炼“增效的方法路径”。提炼成分的最优比例和空间驱动路径，结合我国社区规划的体系构架，提炼城市社区增强集体效能的增效方法和路径。

拟采取社会科学、行为科学和心理学的混合方法研究作为研究范式，建立“机制推导—要素分解—核心筛选—合成重组—空间决策”的顺序研究思路（图 1-5），结合定量研究和定性研究，解读增效的内在逻辑、揭示增效的运转机理以及提炼增效的方法路径。

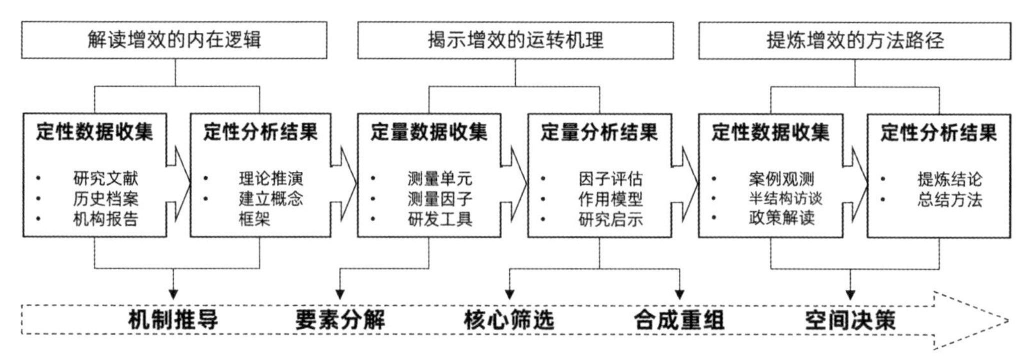

图 1-5　混合方法主导的研究思路

二、研究内容

遵循研究思路，综合归纳演绎、空间统计、数理统计、组态比较、规划技术等研究方法，围绕增效逻辑解析、增效参数测度、增效效果测算、增效路径提炼、增效方法和模式等主要内容进行研究，详见图 1-6。

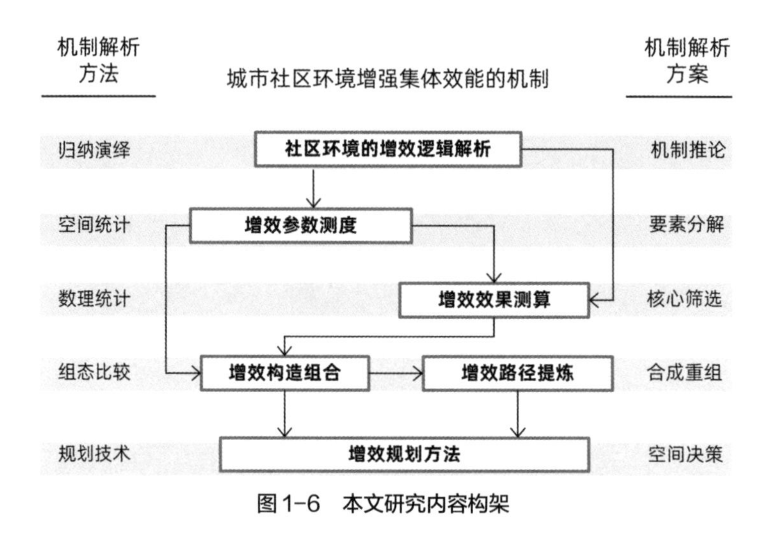

图 1-6　本文研究内容构架

展开为以下 5 个方面的内容，构成本书的章节组成：

（1）理论构建：社区环境的增效逻辑解析（第二章）

结合西方近 20 年的相关理论和实证研究，对集体效能的概念形成、发展脉络、功能路径与发生逻辑进行全面梳理，深入挖掘城市社区产生和影响集体效能的内在逻辑及增强集体效能的潜在路径，结合我国社区建设的现状条件和经验，从中寻找具有启示价值的思维方法，为之后章节的研究建立理论框架。

（2）解析方法（一）：社区环境的增效参数测度（第三章）

从实证调查出发，以我国西部人口数量最多的移民城市重庆为案例区域，随机选取重庆主城区社区人口和环境异质性极具典型性的 48 个社区为研究样本，对社区环境供给和支撑参数进行测度，包括社区环境因子的量化测度、社区集体效能的水平测度以及环境效应的空间测度。基于此，在要素分解过程中解析潜在增效路径的构成成分。

（3）解析方法（二）：社区环境的增效效果测算（第四章）

从数理统计学的视角，构建多元回归模型，测算社区环境因子与集体效能水平的变量关系，分析环境供给因子和支撑因子对集体效能的增效效果，提炼具备促进增效作用和具备抑制增效作用的环境因子优劣序列，进一步揭示环境供给效应和支撑效应的运作机理。基于此，通过增效效果的判别过程筛选出潜在增效路径的核心组成成分。

（4）解析方法（三）：社区环境的增效路径提炼（第五章）

基于组态比较思想，选取 48 个集体效能分别呈高、中、低水平的社区作为分析案例，具有显著增效效果的 23 个核心环境因子作为解释条件，运用模糊集定性比较分析方法，分析多元环境因子组态的因果路径关系，揭示促进增效的环境因子组合和抑制增效的环境因子组合，即较优的社区环境特征，同时总结、提升“促进增效组合、抑制增效组合”的空间驱动路径，进一步提炼城市社区环境的增效路径。基于此，通过因子合成重组的过程，整合和完善增效路径的成分最优比例和驱动力。

（5）实践方法：基于社区环境增效机制的社区规划方法（第六章）

总结城市社区的空间增效机制，回归目前我国的社区规划体系框架，将实验结论与实际应用融合，进一步提出社区规划衔接增效机制的工作框架以及发挥驱动动力的规划导向，阐述社区规划的增效原则、增效内容和增效模式，以指导并落实具体的工程实践项目。

第二章

理论构建：社区环境的增效逻辑解析

本章重点：作为研究的聚焦与核心理论范畴，对集体效能概念的辨析与准确把握对于全文的研究方向有着重要的指向意义。因此，本章将结合西方近20年的相关理论和实证研究，对集体效能的概念形成、发展脉络、功能路径与发生逻辑进行全面梳理，深入挖掘城市社区产生和影响集体效能的内在逻辑和增强集体效能的潜在路径，结合我国社区建设的现状条件和经验，从中寻找具有启示价值的思维方法，为之后章节的研究建立理论框架。

第一节　集体效能的概念认知与发展脉络

集体效能（Collective Efficacy）最初源自于西方心理学，美国著名心理学家、社会学习理论创始人阿尔伯特·班杜拉（Albert Bandura）在建构了自我效能理论之后，结合大量实证研究提出集体效能的概念。自我效能被定义为一个人采取行动以产生预期结果的能力（Bandura，1986），而集体效能被描述为一个群体的行动将影响他们寻求的未来的共同信念（Bandura，1997）。

20 世纪 80—90 年代初期，由于社会经济转型，美国城市出现社会暴力剧增、犯罪行为蔓延等严重的社会问题，以犯罪学家、社会学家、法学家为主的社会公众开始寻找能够有效控制犯罪增长的理论、方法和手段。美国著名社会学家罗伯特·桑普森（Robert Sampson）在此时提出了集体效能理论，并在 1997 年的《科学》（*Science*）杂志上发表文章，提出社区产生的集体效能能有效解释社区间的犯罪现象（Sampson，1997），可为研究社区特征与犯罪行为之间的关系提供有力的理论依据。2000 年以后，全球城市化进程加快，各国家和地区滋生了大量社会问题，美国的集体效能理论逐渐引起了学术界的重视，开展研究的领域越来越广，城乡规划学、城市社会学、人口学和公共健康学等学科开始运用该理论来研究城市发展进程对城市居民居住、生活和健康产生的影响。桑普森对集体效能的界定建立在对社区犯罪的解释层面，即“城市居民为了社区的共同利益所建立起来的相互信任与共同干预意愿的联系，社区的社会凝聚力和非正式社会控制水平共同决定了集体效能水平”[①]。

两派学说对集体效能的界定既有侧重点也有共同之处。从个人角度来讲，集体效能是一种“感知情景”，引导群体建立共同信念；从社区角度来讲，集体效能是一个社区的社会进程，反映了社区居民面对外部犯罪威胁时，内部之间形成凝聚力和行动力解决问题的能力高低。随着更多国家和地区积累了关于集体效能的实践经验，对于它的解释力度和认识广度有了新的拓展。不管怎样，当前已有的内涵拓展已经形成了与

① 该定义来自于罗伯特·桑普森在 2018 年出版的《伟大的美国城市》中文版。

社区意识认同的高度契合关系。首先，社区集体效能产生的社会凝聚力，其实质就是社区意识的一种，极易进行同质转化；其次，社区集体效能表现出对非正式社会控制的督促，通过开展公共的集体行动，加强社区内频繁的集体行动发生，则孵化出社区意识，如图 2-1 所示。综上所述，本书探讨的城市社区集体效能的内涵更接近社会学的解释[①]，即社区居民所在社区内部是否能够妥善处理外部威胁，充分利用本社区资源以谋求更好的发展、互相团结以追求一致目标、提高社会服务的社会进程水平。

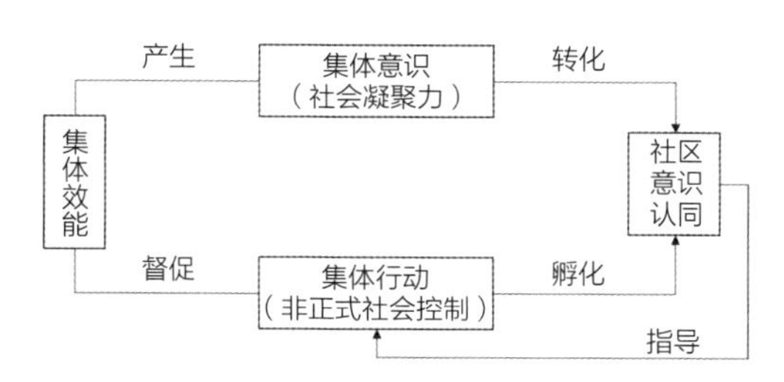

图 2-1 集体效能培育社区意识认同的契合关系

一、起源：解读社区犯罪

1982 年，美国学者詹姆斯 · 威尔逊（James Wilson）和乔治 · 凯林（George Kelling）首次提出“破窗假设”（Broken Windows Hypothesis）。以“破窗”为喻，形象地说明了无序的环境与某些犯罪之间的关系。例如一栋公共建筑物的一扇窗户损坏了并且没有及时得到修理，很快地，该建筑物的其他窗户也会被损坏。损坏者会认为，一直存在的坏窗户表明没有人关心它，那么，损坏其他更多的窗户也不会有什么不良的后果。威尔逊根据此现象指出，公共场所或邻里街区中的乱扔垃圾、乱涂乱画、打架斗殴、聚众酗酒、强行乞讨等这些较小的无序和破窗一样，如果得不到及时整治，就会增加那里的人们对犯罪的恐惧，导致社会控制力的削弱，从而引起更加严重的无序甚至犯罪；而如果警察和社区能够积极地干预这些可能诱发犯罪的无序环境，就可以有效地控制、预防和减少无序的累积和某些犯罪的发生。警察应该把他们的资源集中在那些制造犯罪恐惧和导致社区衰败的混乱问题上，即社区混乱导致更高的犯罪率（李本森，2010）。

“破窗理论”出现之后，以美国学者为首的学术界对此的论证和争议就没有间断过。由于“破窗理论”产生时缺乏严格的实证研究，一定程度上带有经验主义的色彩，

① 集体效能作为“感知情景”的心理学解释，其实也是社会学解释的组成部分和基础。但为了与国内外该领域达成表达和形式上的共识，故在后文研究文献归纳中始终以社会学集体效能为主。

而且缺乏严格的范畴和体系，其形象化的说法不可能完全周严，引起学界争论在所难免。美国西北大学的韦斯利·斯高更（Wesley Skogan）教授在20世纪80年代用了十多年的时间在芝加哥、纽瓦克、休斯敦、费城、旧金山、亚特兰大这6个城市的40个邻里，通过电话和面谈等方式采访了大约13000人，实地采集了大量的研究数据。根据这些数据，斯高更就无序与抢劫犯罪之间的变量关系进行了统计学上的回归分析等研究，他发现无序与抢劫犯罪之间存在很强的正相关关系，其相关系数高达0.80，有效地证实了“破窗理论”的存在（Skogan，1992）。美国芝加哥大学的伯纳德·哈考特（Bernard Harcourt）教授提出了质疑。哈考特认为，前者关于“破窗理论”的研究成果并不能证明无序与抢劫等犯罪相关。他在重新调取并分析了斯高更的调查数据之后，认为如果将纽瓦克的5个社区的数据包括进去，无序与抢劫犯罪之间就仅有很微弱的联系；相反，无序与抢劫之间则没有联系（Harcourt，2001）。可预见的是，美国学界关于“破窗理论”的争论仍将继续，因为任何社会科学的理论或者经验性的认知在实践中运行时，都必然会出现一定的偏差。

那么，无序的社区环境是否直接就会导致犯罪？又或者集体感知到的无序与观察到的无序是不一样的？带着这样的疑问，美国社会学者罗伯特·桑普森1997年在《科学》杂志上发表论文，提出社区居民之间的集体效能感，能有效解释社区间的犯罪现象。他认为，集体效能是社区居民为了社区的共同利益，相互信任与共同干预意愿之间的纽带，反映了社区的凝聚力和非正式社会控制状况。在分析了芝加哥的大量观察性数据后发现，社区里的集中劣势、移民浓度、住宅稳定性等因素能够解释70%左右的社区集体效能的差异水平；反过来，集体效能又在很大程度上发挥调节住宅稳定性和社区多重暴力不利因素的关联作用（Sampson，1997）。基于此，桑普森提出了著名的“集体效能”理论：当人们处于相互信任且相互支持的社区中时，他们会联合在一起抵制犯罪和威胁行为，即同一社区中的人们会形成较高的凝聚力去共同面对和有效地解决。换言之，不管社区是否处于混乱中，只要社区居民之间的集体效能非常活跃，就能有效地控制威胁行为的蔓延，进而阻止对社区安全的威胁和犯罪活动。

简单概括，集体效能在社区安全领域中的定义是与控制公共场所的共同社会期望相结合的社区中居民之间的凝聚力，特别是在控制了同一社区中的邻里特征后。集体效能可以解释不同社区之间具有差异性的犯罪率和公共场所无序现象。

二、拓展：解释邻里效应

邻里效应（neighborhood effect），亦即社区特征对于居民的态度、行为的影响。

自从该现象被提出以后，十几年来迅速吸引了美国和欧洲的社会学、政治学、经济学、地理学和心理学等多个学科开展深入探讨和研究。有关邻里逻辑的探索，最早可追溯到 20 世纪 90 年代英国学者亨利·梅休（Henry Mayhew）和查尔斯·布斯（Charles Booth）关于伦敦的城市研究。两位学者对邻里环境中的病理学的多重指标进行了详尽的记录和视觉描述，根据众多访谈和生态分析，梅休认为犯罪是在一些区域学习到和流传下来的，这些区域通常充斥着贫困、酗酒、不良住房和经济不稳定（Mayhew，1965）。此后，芝加哥学派将邻里研究带入了美国社会学研究的潮流。如美国社会学家、犯罪学家克利福德·肖（Clifford Shaw）和亨利·麦凯（Henry McKay）在 1942 年发表了著名的《青少年犯罪和城市区域》（*Juvenile Delinquency and Urban Areas*），认为芝加哥青少年犯罪率最高的地方是中央商业区附近和工业区附近转型中的破败地区，这些地区具有贫困、居所不稳定的特征，同样也是婴儿死亡率、低出生体重、肺结核、身体虐待等对儿童发育不利因素的高发区（Shaw & McKay，1972）。这些发现初步揭示了邻里发展会演变出相对统一的特征，甚至超越了居住于其中的特定族群的独特性。

近些年欧美学者对邻里效应的重视和关注，在相当程度上是由威廉·威尔逊在 1987 年的著作《真正的穷人》（*The Truly Disadvantaged*）所引发的。在威尔逊看来，美国城市里存在着一些这样的贫民区：失业率比较高，中产阶级纷纷迁移出去，低收入人口流入，老年贫困人口的比例增大，居民整体上趋于贫困化。贫民区的硬件条件（如学校的质量等）限制着居民的选择和机会，整个居民区也形成了不同于主流社会的价值观和社会规范。由于人们的日常生活是在这样的居民区里度过的，因而居民区就对居民的态度和行为产生了巨大的影响（威尔逊，2008）。1993 年，道格拉斯·梅西（Douglas Massey）和南希·丹顿（Nancy Denton）根据威尔逊的著作中的线索继续进行研究，但主要以种族隔离作为因果变量。1993 年发表的著作《美国种族隔离》（*American Apartheid*）表示，地理贫困现象的出现是由于宏观经济引起了更多的贫困，且这些贫困不均匀地分布在都市地区（Denton & Massey，1993）。这两本著作对邻里效应都有着强有力的陈述。

进入 21 世纪后，关于邻里效应的研究重点已经由最初的“效应是否存在”转向“效应机制构成”方面。美国学者范·哈姆和曼利（Van Ham and Manley）指出，邻里效应的存在性已经毋庸置疑，需要进一步研究的是何种机制导致了邻里效应的发生。尤其是最近的思潮将社会资本和社会关系网络带到了学术研究的前台。西方学者关于邻里效应机制的原创性理论概括至少有以下四种说法：一是埃伦和契克斯（Ellen & Turner）通过回顾现有的理论和经验文献，识别出的社区服务的质量、成人对儿童社会化的影响、同龄人影响、社会网络、与犯罪和暴力的接触、与经济水平和公共交通等硬件条件的物理距离和隔离六种不同的邻里效应作用机制（Ellen & Turner，1997）；二是斯莫尔和纽曼（Small & Newman）总结出的社会化机制（聚焦于邻里或社区的整体环境通过多种社会化进程对于个体的影响）、工具机制（关注个体行动如何受到社区整体环境的影响）两种邻里效应作用机制模型（Newman，2001）；三是桑普森等通过筛选众多操作定义、经验发现和理论取向，总结的社会联系与互动、社会规范与集体效能、机构资源、日常活动这四种相互联系但都有独立作用的邻里效应作用机制（Sampson et al，2002）；弗里德里希（Friedrichs）、加尔斯特（Galster）和马斯德（Musterd）总结出的社区资源、通过社会联系和相互关系实现的榜样效应、社会化和集体效能、居民对非正常状态的看法四种邻里效应作用机制（Juergen et al，2003）。在众多的机制解释研究中，当前以桑普森的说法获得了最为广泛的支持和后续验证。

桑普森总结的四种邻里机制包括：①社会联系与互动。在具体研究中，许多学者通过社会互动的频率、社会关系的密度或比邻模式来进行衡量验证。②社会规范与集体效能。强调的是社区成员之间的相互信任程度以及他们共享的某些期望，只有在此规范的基础上，社区成员才对社区具有某种集体控制能力，例如对未成年人的监管。③机构资源。指满足社区成员需要的机构，例如图书馆和学校的质量、数量与多样性。④日常活动。指与儿童的福利有关的土地使用模式以及日常活动的空间分布。在实际研究中，通常通过调查社区里的各个机构（例如学校、加油站、居住单元）的土地使用模式或空间分布轨迹来说明日常活动对儿童福祉的影响。

三、聚焦：调控邻里福祉

尽管对于邻里效应的解释机制目前仍处于持续的学术讨论和实证检验中，但不可否认邻里效应对居民就业、邻里满意度以及迁居意愿和行为等具有深远的影响（盛明洁，运迎霞，2017）。除此以外，居民健康和居住幸福感等邻里福祉方面，与邻里效应同样有密切的关系（O'Campo et al，2015）。有假设认为，只要积极推动邻里发挥正向效应，就能显著提升邻里福祉。随着集体效能的概念纳入邻里效应的解释框架，这种假设开始引发进一步的研究热潮。在欧美众多与邻里福祉相关的实证探索中，已有一些研究开始将集体效能作为社区层面需要考虑的一个重要因素。表 2-1 简单列举了 Web of Science 数据库 2005—2019 年在 *Public Health*、*Preventive Medicine*、*Social Science & Medicine*、*Journal of Criminal Justice*、*Journal of Environmental Psychology*、*Health & Place* 等期刊上关注度和引用率较高，将集体效能作为社区层面的自变量、邻里福祉作为因变量的实证研究样本。

集体效能作为研究邻里福祉的中介变量　　表 2-1

研究者	研究内容	社区层面因素	社区邻里福祉
C. R. Browning，et al，2005	青少年早期的性启蒙：父母和社区控制的关系（Sexual initiation in early adolescence：the nexus of parental and community control）	● 居所流动 ● 种族和民族 ● 集体效能 ● 社会支持 ● 经济地位	社区青少年性启蒙
D. Kerrigan，et al，2006	在易感染艾滋病毒 / 性传播感染的青少年中开展社区凝聚力感知和避孕套使用的调查研究（Perceived neighborhood social cohesion and condom use among adolescents vulnerable to HIV/STI）	● 集体效能 ● 社会支持	社区青少年避孕行为
C.Mair，et al，2008	社区特征与抑郁症状有关吗？一份批判性综述（Are neighborhood characteristics associated with depressive symptoms? A critical review）	● 社会交往 ● 集体效能 ● 社会支持 ● 社会融合 ● 社会联系 ● 社会参与 ● 社会资本	沮丧和抑郁症状
S.T.Ennett，et al，2008	青少年酗酒的社会生态（The social ecology of adolescent alcohol misuse）	● 集体效能	青少年酒精滥用
Yen et al，2009	老年人健康研究中的社区环境：一项系统性综述（Neighborhood environment in studies of health of older adults：a systematic review）	● 社会环境 ● 社会凝聚力 ● 社会支持 ● 集体效能 ● 和睦感	死亡率 发病率 生活质量 精神健康 体力活动
L.Dehaan，T.Boljevac，2010	成人和青少年的酒精致病率和态度：与农村社区青少年早期饮酒的关系（Alcohol prevalence and attitudes among adults and adolescents：their relation to early adolescent alcohol use in rural communities）	● 集体效能	青少年酗酒问题
C.Leal，B Chaix，2011	地理生活环境对心脏代谢危险因素的影响：系统综述，方法学评估和研究议程（The influence of geographic life environments on cardiometabolic risk factors：a systematic review，a methodological assessment and a research agenda）	● 社会联系 ● 社会资本 ● 集体效能	肥胖 高血压 2 型糖尿病 血脂异常 代谢综合征
D.Maimon，C.R.Browing，2012	未成年人饮酒、酒精销售和集体效能：饮酒研究中的非正式控制和机会（Underage drinking，alcohol sales and collective efficacy：informal control and opportunity in the study of alcohol use）	● 集体效能	未成年人饮酒
L.J.Samuel et al，2014	基于发展行为理论视角下社区社会资本概念的系统整合研究（Developing behavioral theory with the systematic integration of community social capital concepts）	● 邻里互惠 ● 信赖 ● 社区归属感 ● 集体效能 ● 社会资本	吸烟行为 体力活动 均衡饮食
P.O'Campo et al，2015	社区对健康和福祉的影响研究（The Neighbourhood Effects on Health and Well-being（NEHW）study）	● 邻里劣势 ● 社区资源 ● 集体效能	抑郁、焦虑、体力活动、慢性疾病

续表

研究者	研究内容	社区层面因素	社区邻里福祉
K. Glonti, et al，2016	社会心理环境：定义、测量和与体重状况的关系：一项系统性综述（Psychosocial environment: definitions, measures and associations with weight status-a systematic review）	● 社会资本 ● 集体效能 ● 社会支持和网络	肥胖
E.O. Olamijuwon et al，2018	南非成年人的社会凝聚力和自评健康状况：种族的调节作用（Social cohesion and self-rated health among adults in South Africa: The moderating role of race）	● 邻里居住时间 ● 安全感 ● 居住所在地 ● 社会参与 ● 集体效能	自评健康水平
C.T. Dawson et al，2019	感知社区社会凝聚力在社区结构劣势与青少年抑郁症状之间起调节作用（Perceived neighborhood social cohesion moderates the relationship between neighborhood structural disadvantage and adolescent depressive symptoms）	● 集体效能 ● 邻里安全感 ● 邻里结构不利指数	青少年抑郁症状

资料来源：作者自绘。

可以发现，集体效能的研究在社会学、儿童行为学、犯罪学、预防医学等众多研究领域已经积累了大量成果。众多实证结论中，虽然有一些特定区域的样本否认了集体效能对某类社区邻里福祉的影响作用，但大多数都指出集体效能水平的差异能够很好地解释邻里福祉的高低。如高水平的集体效能能够促进社区居民之间互相拜访和帮助、产生友谊，有助于更加便捷地获得改善邻里问题和矛盾的网络和服务（Kawachi & Berkman，2014）。尤其在社区居民健康方面，通过培养健康的生活方式、安全的公共活动空间、引导清洁卫生行为、提高住房和营养食品的可获得性，减少对健康的损害威胁（Rebeca et al，2012）。

经过数十年的研究和探索，桑普森在 2012 年发表了著作《伟大的美国城市》（*Great American City*），回顾了自 1997 年集体效能被提出以来欧美学术界所得出的众多经验结论，补充了邻里效应与集体效能、邻里福祉之间的机制关系。桑普森描绘了以集体效能为中介的邻里效应调控邻里福祉的概念性框架（桑普森，2018）。社区特征能够极大影响所在社区居住人群的暴力倾向和健康状况，尤其是青少年，其中集体效能扮演着调节机制的中介变量。政策和宏观进程能够改变社区特征，从而通过集体效能作用于邻里福祉，例如一段时期内新政策的颁布和社会运动对社区福祉的影响；个体属性和选择进程也能改变社区特征，从而透过集体效能作用于邻里福祉，例如不同经济个体对所居住社区的选择。当然，还存在其他机制起到中介调节作用。同时，也有学者发现社区福祉的变化反过来会对集体效能产生反馈效应，预测两者之间存在十分复杂的相互关系（图中虚线箭头表示），如图 2-2 所示。

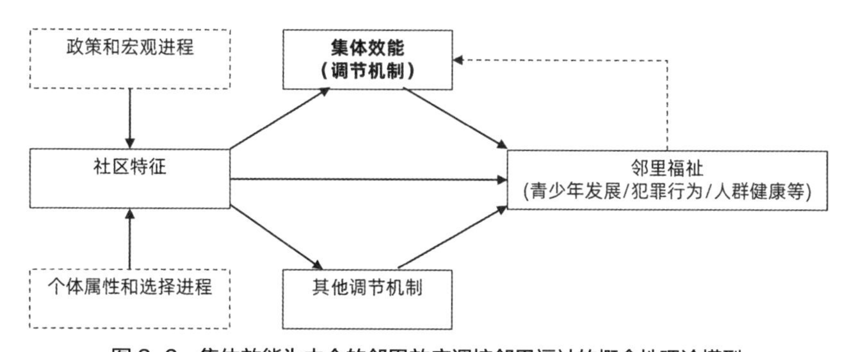

图 2-2　集体效能为中介的邻里效应调控邻里福祉的概念性理论模型

资料来源：根据“桑普森 . 伟大的美国城市 [M]. 北京：社会科学文献出版社，2018.”改绘

回顾西方社会学领域关于集体效能的认知进程和发展脉络，可以更加准确地认识到集体效能理论根植于社区、作用于邻里的特征。从最初对“破窗假设”的反驳、对社区犯罪现象的重新诠释，到发展成为社区邻里效应的有效解释机制，再到目前成为调控邻里福祉的核心因素之一，集体效能已经逐渐被大量实证研究量化以及肯定，证实了它在社区层面研究邻里问题方面具有突出的重要性。同时，根据桑普森的理论框架可以发现集体效能的发生与社区特征和社区福祉具有双向关系。可见，探索城市社区的邻里问题的可行路径，必须厘清社区特征、集体效能和邻里福祉之间的关系。

第二节　集体效能对邻里福祉的调控途径

集体效能的内涵和构成表明，社会凝聚力和非正式社会控制共同决定了人们是否存在集体意识和集体行动，两者是产生社区意识认同的重要前提。社区意识认同在化解邻里问题上具有关键作用，同时也可以看作其对邻里福祉的正向影响。厘清集体效能与邻里福祉的关系，能够加强关于西方集体效能理论对社区意识认同形塑功能的认识，同时也可为进一步探索社区特征与集体效能的关系提供可靠的依据。本节通过总结国内外学界将集体效能作为自变量，将社区儿童和青少年发展、健康以及治安等社区福祉作为因变量的实证研究成果，得出邻里福祉的调控途径，可概括为三类，分别是集体意识的心理暗示、集体行动的直接干预和间接干预。

一、集体意识的预先干预：建立社区规范

集体意识是社区能够建立和强化积极的社会规范的基础。有别于正式法规、条

例和准则的强制性约束，在日常邻里活动中，规范更能左右居民的生活习惯，且不易产生排斥心理。如在社区治安问题上，条例和法律旨在对已从事违法行为的惩戒和限制，规范能在产生违法行为的前期给予制止；又如在促进体育锻炼方面，条例和法律主要通过禁止销售违法药品或者通过其他安全规定，增加社区的安全感以吸引体育活动的发生，而规范要求形成社区邻里之间共同的健康生活目标和习惯，由此可增加户外体育锻炼的契机与提升交往的频率（Kawachi & Berkman，2003）。大部分实证研究主要围绕通过集体意识建立的社区规范预先制止犯罪行为、预防心理疾病（抑郁）等展开。

1. 监管社区治安

集体效能理论证实，不改变引起社区混乱的潜在力量而仅仅消除物理障碍（即“破窗”）是不会对社区犯罪率产生影响的。实际上，真正的犯罪驱动与邻里之间缺少频繁的互动相关，包括社区归属感和邻里关系的缺失（Sampson & Raudenbush，2001），这些都与是否存在良好的社区规范相关。社区犯罪往往来自于陌生群体的侵入，早期的非正式监管，如邻居对进入动机的询问、对潜在行为的制止，往往源自社区约定俗成的习惯。美国作家简·雅各布斯（Jane Jacobs）提出的“街道眼”十分形象地说明了加强邻居之间的目光监督、增加街坊相互碰面的机会，对于社区治安监管的重要性。集体效能虽然不会直接约束与谋杀有关的死亡行为，但可以通过提前建立社区规范，增强社区互动，带动地区治安状况的提升，从而达到降低谋杀率的目的。科恩等提出，集体效能可作为贫困地区产生不健康现象（高死亡率）的两种中介因素之一（另一个是破窗效应）（Cohen et al，2003）。其中，潜在的原因正是贫困地区非正式监管网络的完整。

2. 抑制精神抑郁

集体意识的提前干预同样来自于社区社会凝聚力的建立，许多研究发现，社会凝聚力与青少年抑郁相关。金斯伯里（Kingsbury）等通过在加拿大进行的一项纵向实验发现，较高程度的社会凝聚力与较少的青少年抑郁症状（Kingsbury et al，2015）的发生成正相关；赫德（Hurd）等分析在美国中西部城市的非洲裔青少年样本得出，社会凝聚力水平的提高与抑郁症状的减少明显相关（Hurd et al，2013）。除此之外，道森（Dawson）等发现社会凝聚力与青少年社会经济水平也关系密切：与那些生活在低社会凝聚力社区的人相比，生活在高社会凝聚力社区的经济贫困的人有更小的心理压力，同样的边缘人群包括残疾、被社会援助以及失业的人（Dawson et al，2019）。埃德姆（Erdem）也证实，当社区居民拥有较高的社会凝聚力感知水平时，会减弱社区结构缺陷对抑郁症状的影响（Erdem et al，2016）。

二、集体行动的直接干预：提供社会支持

已有学者根据非正式控制对犯罪行为的约束实例，将集体效能对犯罪行为的限制总结为两种方式：直接干预与间接干预（Warner，2014）。直接干预主要基于社会控制理论的早期著作，涉及发展组织控制和解决自身问题的能力。当干预涉及与罪犯接触时，通常会采用直接干预的形式，向罪犯阐明规范，防止未来的犯罪，同时也会向受害者提供相应的保护和安抚（Warner，2007）。这种保护和安抚可统称为社会支持。社会支持可以被理解为通过人与人之间的社会交往而获得情绪支持、物质援助和服务、信息与新的社会接触，从而能够更好地应对困难和挑战。对于一些社区的居民，除了自身工作和家庭压力以外，由于没有共同解决问题的准则，当地社区暴露出来的种种问题和矛盾也会对其产生压力，增加抑郁的想法。社会支持的提升，虽然不会帮助缓解大环境的矛盾，但可以直接给与精神和物质安抚，从而阻止自杀、危险性行为、反社会行为等的发生，尤其对社区青少年可以起到很好的保护作用。

1. 打消自杀倾向

社会支持会对家庭氛围产生良好的控制，反映在减少青少年的自杀企图等方面。美国学者迈蒙（Maimon）等曾以 990 名青少年为追踪对象，发现集体效能可以通过阻止自杀对社区产生保护作用。通过具体分析证实，家庭依恋和支持是其中重要的中介变量，在高水平集体效能的社区中，家庭依恋表现出更明显的有益影响，可减少青少年的自杀企图；高水平集体效能的社区环境可能会催生更多亲密的人际关系，例如熟悉的近邻和父母的亲密朋友，青少年能发展强大的人际关系，增强家庭之外的归属感（Maimon et al，2010）。

2. 限制反社会行为

反社会行为是早期儿童较常见的行为，包括攻击性行为和违法行为，对他人的身体或心理造成伤害，例如偷窃、撒谎、打架斗殴等。奥杰斯（Odgers）等发现在一些高水平集体效能的贫困社区，儿童学龄前的反社会行为水平较低，其中家庭因素对儿童的社会支持具有重要的影响；而在进入学龄后，集体效能对反社会行为的控制则表现得不明显（Odgers et al，2009）。薛等发现社区的集中劣势特征与儿童心理健康问题，包括外在行为的侵略和反社会行为，内在行为的抑郁、焦虑和躯体问题等有相关关系；控制集中劣势变量，社区集体效能和组织参与与儿童心理健康问题产生了更强的相关性，从而提出集体效能能够在儿童心理问题上调和或降低集中劣势的影响，组织参与则容易建立更多的社会支持（Xue et al，2005）。

三、集体行动的间接干预：整合机构设施

间接干预是指通过接触外界（除了社区居民的内部势力），通常是正式的社会控制代理人，以干预不良的邻里行为。在国外，大多数情况下，警察和正式组织中的专业人员是邻居召唤的对象。以虐待儿童的犯罪问题为例，集体行动的直接干预表现为邻居通过安抚儿童的父母或提供必要的物质和情感支持，以防止事态进一步恶化；而间接干预表现为邻居向地方儿童保护局或儿童福利院的专业人员求助，运用专业力量来制止儿童被虐待。间接干预的重要特征不仅是吸引外部机构资源从而达到对内部的有效控制，也可以限制设施资源。如：快餐店不用过多地宣传，可以间接减缓居民身体质量指数（BMI）的下降；控制可贩卖酒的商店数量，可间接减少国外青少年的过度饮酒问题；减少机动车交通设施，提升社区可步行性，会间接增加居民的体力活动。

1. 限制肥胖摄取

科恩等发现低水平集体效能与儿童和青少年的超重和肥胖有关，并探讨了两种解释。一种解释是在低水平集体效能社区的人们会承受更大的日常压力，因为他们会发现自己的社会支持水平较低，却常常被要求处理好个人的问题甚至参与所处社区的公共问题，还有他们自己的问题。早期研究证实，社会关系较少的人更有可能肥胖以及有较高的过早死亡率。另一种解释是社区具有较高的集体效能更容易采取政治行动，营造健康的地方环境，包括具备可步行的道路、配置完善的娱乐设施、远离交通和犯罪的危害，对体力活动和 BMI 产生影响，如推销高能量产品的快餐店或广告不能放在社区十分显眼的位置（Cohen et al，2006）。

2. 控制酗酒渠道

杰克逊（Jackson）等发现低水平的集体效能，显著地预示着增加青少年（16 岁以上）危险和经常饮酒的可能性（Jackson et al，2016）。同时，美国和荷兰的两项研究也发现，适度的社会凝聚力和酗酒之间存在着保护性关联的证据（Echeverría et al，2008; Kuipers et al，2012）。新西兰的一项研究表明，未发现社会凝聚力与饮酒有直接的相关关系（Lin et al，2012）。这显示出，不同国家、区域的售酒方式对两者的关系也有较大的影响。在新西兰的主要城市惠灵顿、奥克兰和克赖斯特彻奇等地，所有售酒的场所必须通过市议会来申请"酒牌"并缴纳申请费和年费，缴费多少因"酒牌"类型和使用"酒牌"的场所不同而有较大差异；相比之下，美国获取酒类的渠道则没那么严格。

综上所述，集体效能对邻里福祉的调控方式，可以总结为图 2-3。

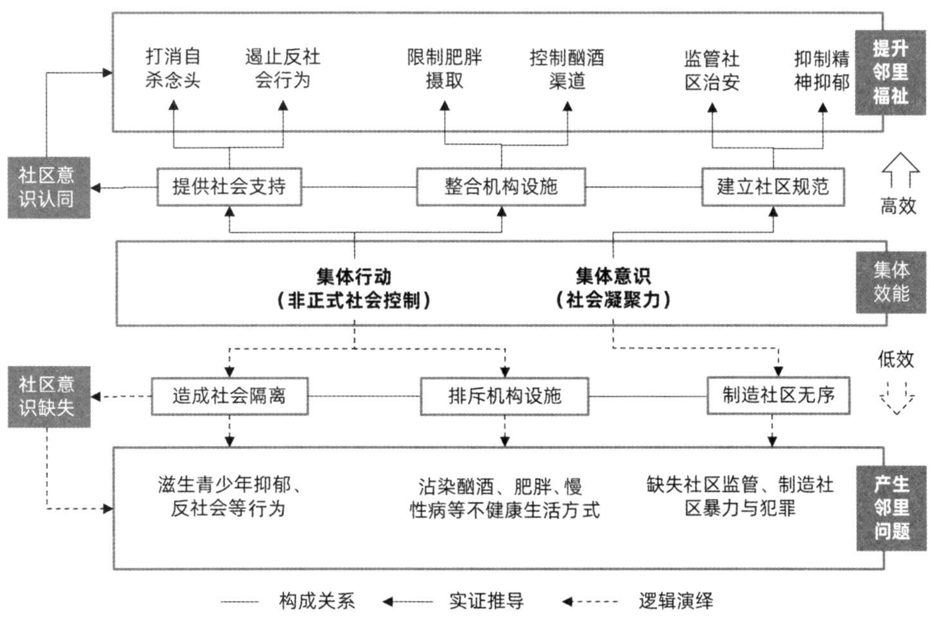

图2-3　集体效能调控邻里福祉的路径解析

一方面，通过集体意识能够建立社区规范，实现监管社区治安、抑制精神抑郁；通过集体行动能够提供社会支持，实现对自杀、反社会行为的直接遏止；还可通过集体行动整合机构资源，限制肥胖、酗酒等不健康生活方式的设施供给源头。同时，良好的社区规范一旦建立，会引导社区居民对机构资源进行慎重选择，提升社区内部的社会支持，培育社区意识认同。该途径表明了集体效能增强后，与社区意识认同产生的内在关系。

另一方面，可以通过上述关系进行推演：随着集体效能的降低，集体意识逐渐丧失，最后会形成社区无序状态；缺乏集体行动，造成个体和家庭的社会隔离，同时，也间接放弃了对机构设施的控制。最终的结果是滋生青少年抑郁、反社会等行为，沾染酗酒、肥胖、慢性病等不健康生活方式，缺失社区监管，导致社区暴力与犯罪等邻里问题的产生和爆发。同样地，也可以相信社会隔离、社区无序以及机构设施失控会导致社区意识缺失。

从已有实证结果和逻辑推理中不难发现，集体效能的水平高低会衍生出两种不同的邻里状态。高水平的集体效能培育社区意识认同，提升邻里福祉；低水平的集体效能缺失社区意识，产生邻里问题。该途径进一步佐证了通过提升集体效能能够强化社区意识认同，从而化解邻里问题的认识逻辑。从这个角度看，寻找到影响集体效能的因素是亟需探索的方向。

第三节　社区特征影响集体效能的内在逻辑

影响集体效能的因素较多，但目前已经挖掘出的信息并不完整。除了早期桑普森提出的有明显影响的集中劣势和居所流动以外，目前，还可以从有限的以集体效能为对象的系统评价类文章中找到其他线索。塞缪尔（Samuel）等从行为发展理论视角系统讨论了诸如集体效能、社会资本等的影响作用，认为通过提高社区集体效能能够解决目前不同社区的健康水平差距问题，但将集体效能作为变革的焦点和干预研究的衡量单位很难操作，因为提高集体效能的战略目前并没有得到很好的描述（Samuel et al，2014）。贝克（Beck）等指出建立社会资本，包括社会纽带、社会桥梁和社会杠杆，可以提高社会凝聚力和行动以及干预意愿，这些都被看作集体效能的关键组成部分（Beck et al，2012）。与此同时，通过社区赋权（社区作出选择并将选择转化为所期望结果的能力）和公民参与等形式，可以产生集体效能（Kleinhans & Bolt，2013）。反过来，可以通过教育、技能培训和讨论组等活动组织，让小组成员参与社区项目、志愿服务和宣传，培育集体效能，建立社会资本、公民参与和赋权感（Collins et al，2014）。上述潜在的影响集体效能的社会因素，多是在研究中根据不同变量关系的相关性推导而来。同时，虽然对社会资本与集体效能之间的相互转化讨论较多，但由于两者概念认知的部分重合，很难在具体操作中完成。

除此以外，科恩等较早地以集体效能为因变量，建成环境为自变量，发现了社区范围内是否存在公园绿地对集体效能水平的解释度较高（Cohen et al，2008）。由此开始了欧美学者从社区特征的视角揭示影响集体效能的因素的探索。正如第二章第一节列举的以集体效能为中介的邻里效应调控邻里福祉的概念性理论模型，实际上，许多学科都将社区特征对居民行为、心理的影响作为重要的研究方向，目前已经形成了许多经典的、运用广泛的理论。为了拓展社区特征影响集体效能的内在逻辑，有必要对这些理论进行梳理。

一、社区空间特征与集体效能

1. 理论基础：环境心理学视角

环境心理学于 20 世纪 60 年代末在北美兴起，此后开始在欧洲和世界其他地区迅速传播和发展。主要的代表人物包括爱德华 · 霍尔（Edward Halll）、罗杰 · 巴克（Roger Barker）、欧文 · 萨拉森（Irwin Sarason）、凯文 · 林奇（Kevin Linch）。该学科研究环境与人的心理和行为之间的关系，环境主要是指物理类环境，包括噪声、拥挤、空气质量、温度、建筑设计、个人空间等。

较早从环境心理学的视角研究城市的是美国城市规划教授凯文·林奇（Kevin Lynch）。他根据美国心理学家爱德华·托尔曼（Edward Tolman）提出的认知地图效应（Cognitive Map），对城市居民认知地图进行研究，在 1960 年出版的《城市意象》一书中详细介绍了美国的 3 个城市——波士顿、洛杉矶和泽西城市民的认知地图，其理论和方法很快在美国及世界其他地区被推广应用。他指出，环境意象是观察者与所处环境双向作用的结果，环境存在着差异和联系，观察者借助强大的适应能力，按照自己的意愿对所见所闻进行选择、组织并赋予意义。人们对城市意象中物质形态的研究内容可以归纳为五种元素——道路、边界、区域、节点和标志物（林奇，2001）。

以美国堪萨斯大学的心理学家罗杰·巴克（Roger Barker）为代表的行为场景理论表述认为环境与行为是双向作用的、生态上相互依存的整体单元：环境所具备的特征支持着某些固定的行为模式，虽然其中的使用者不断更换，但固定的行为模式在一段时期内不断重复，这样的环境成为场所，场所与其中人的行为共同构成了行为场景。同时，他也指出，通过对行为场景的观察，获取哪些场所需要发展、需要控制、需要更新和改造，应该成为环境行为研究者的重要任务之一，该理论为之后许多城市更新研究提供了丰富的理论依据（Barker，1968）。

美国著名临床心理学家欧文·萨拉森（Irwin Sarason）提出了心理社区感理论。他认为心理社区感是人与环境交互过程中所形成的感觉，具体而言，是与他人相似的一种感觉，一种被认可的相互依赖，一种为了维系这种依赖而给予他人所需的意愿和信任。该定义的核心思想包括个体不能脱离组织网络而存在，人与组织紧密相联，特别是当人们觉知到这种存在感时，他们更愿意将自己置于群体之中甚至牺牲自己的利益。在生活中，个体倾向于与相似的、邻近的人建立情感联结，同质的环境有助于个体社区感的形成（Neal & Neal et al，2016）。

综上而言，社区道路、住房、设施等反映了与物质空间相关的社区空间特征，它与包含集体意识心理的集体效能是存在相互作用关系的。美国学者科恩在研究社区建成环境与健康行为的过程中，首次引入集体效能作为解释变量，结果发现以物质空间为主的建成环境与集体效能有显著相关性，特别是酒精出口商店的密度、社区公园与快餐店的数量显著影响着集体效能水平（Cohen et al，2008）。澳大利亚学者福斯特（Foster）等探讨了新郊区住宅开发中的邻里设计与居民对犯罪的恐惧之间的关系，一个更适合步行的社区也是一个让居民感到更安全、集体效能更高的地方，低密度、曲线状的适宜步行的社区空间形态更利于商店、公园和公交系统的运行（Foster et al，

2010)。种种迹象表明，社区空间特征与集体效能发生有着明显的决定性关系。

2. 逻辑路线

那么，社区空间特征是如何影响集体效能的呢？上述理论表明，环境与个体行为、情感并不是单向影响的，它们之间存在较强的渗透性和互动性。集体效能首先作为一种感知情景，符合环境心理学中所公认的这类特质，即环境特质通过某种介质影响集体效能，集体效能也能通过介质的转换反馈到环境。正如以集体效能为中介的邻里效应调控邻里福祉的概念性理论模型中所提到的，集体效能影响邻里福祉是具有双向性的。将此理论认识带入社区空间特征，提出这样的假设：集体效能通过社会支持、机构资源和社区规范对邻里福祉进行调控，形成不同水平邻里福祉的社区特征；反过来，社区特征反馈在社会支持、机构资源和社区规范的影响上，产生对应水平的集体效能。

实际上，空间特征变化的确会与社区规范和社会支持产生相互影响。

社区规范方面，社区空间环境中出现建筑破损、车辆乱停、涂鸦乱画等空间现象，呈现出混乱无序的空间状态，居住在其中的居民往往处于松散的原子状态，虽然也存在不同的集体抗议，但仅仅依靠居民内部之间是很难达成有效的社区规范或共识的。社区空间呈现出井然有序的状态，社区居民对公共环境才会有期待、有愿景，从而发动集体行动。可以说，社区空间特征是能否产生社区规范的情境化表现。

机构设施方面，社区空间特征反映了一个社区的所有物质基础，当然也包括商铺、学校、医院等机构设施。在我国，社区公共服务设施空间分布一直是城市规划的重要内容，主要涉及向公众提供基本而有保障的教育、医疗、文体、养老、菜店（平价超市）、市政公用、环境卫生、绿化等服务设施。同时，一些商业机构虽然受到市场调控的力度较大，但总体量级和建筑空间形式，都是具有明确的规定和标准的。可以说，城市规划的工作内容已经证实了社区空间特征对机构设施的影响。

由此，将集体效能纳入分析，可概括出在社区空间特征层面，社区集体效能发生的逻辑路线，如图 2-4 所示。第一条逻辑：社区空间特征的规整和松散程度，反映了社区居民建立社区规范的难易程度；社区规范一旦建立，社区邻里福祉会表现出对社区治安的监管、对个体精神抑郁的压制，营造集体意识浓烈的生活情景，持续产生集体效能。第二条逻辑：社区空间特征提供不同的机构设施类型、规模和空间布局；合理布局的公共服务设施有利于促进居民形成健康的生活方式，表现出邻里福祉的整体提升，从而发动居民开展更多的集体行动，以保持现状，持续产生集体效能。尽管这两条逻辑的具体路径不同，但形成了初步的认识。通过社区空间特征的改变，在一定程度上能影响社区的集体效能水平。

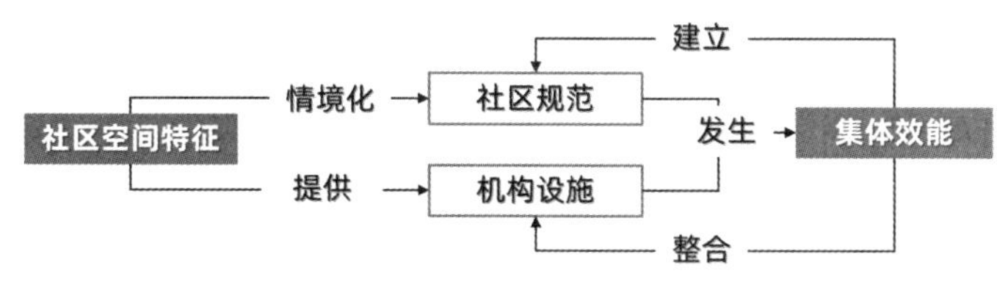

图2-4　社区空间特征影响集体效能发生的逻辑路线

二、社区结构特征与集体效能

1. 理论基础：城市社会学视角

人类是结构的一部分，结构形塑人的思想和行为，同时人们的行动也会有意无意地改变结构。20世纪初，以罗伯特·帕克（Robert Park）、欧内斯特·伯吉斯（Ernest Burgess）、路易斯·沃思（Louis Wirth）和奥蒂斯·邓肯（Otis Duncan）等学者为代表的芝加哥学派，借助生物学的概念解释了关于城市环境中人类行为与互动、城市空间与过程演变以及生活方式的研究，描绘出了在城市内部不同利益群体之间的竞争如何对城市人口适应环境产生影响，同时在此适应过程中如何改变环境的城市生物学过程。随着利益群体的不断演化、迁移和占据，许多社区内部产生了文化的同质性，并开始支配其居民的行为。文化的同质性便形成了社区的特性。美国后期产生的对贫民窟的文化理解以及对邻里效应的研究，都可以追溯到关于社区文化同质性的特定假设。

芝加哥学派的路易斯·沃思提出，同样是商品交易，城市中的购买者并不会想和贩卖者产生密切关系，但在乡村，可能购买者已经与贩卖者建立了初级关系，在交易过程中会产生交往。该理论同样适用于城市与农村地区中邻里关系的表现。沃思就此观察提出了城市“社区消失”的观点（路易斯·沃思，2007）。城市社会学家在研究中发现了城市邻里也具有充满活力的健康的初级关系和积极生活的社区证据，质疑了沃思的观点。不仅如此，直到20世纪80年代仍有大量社区田野调查结果，证实城市与乡村区位的影响和人与人的互动关系并无太大联系，人口的种族关系、经济水平以及性别等相互构成结构性差异。

随着新城市社会学的提出，许多学者将对社区内部结构的聚焦扩展到了更为宏观的层面。例如列斐伏尔依据资本投资、利润、租金、阶级剥削等经济范畴去分析城市现象，大卫·哈维提出的资本积累理论，通过资本循环投资揭示了城市发展的不平衡现象的本质。除此以外，戈特迪纳提出了房地产对城市增长方向的决定性影响以及政府干预的作用。介入宏观视野能更加清晰地厘清城市发展的分异以及社区发展特征的本质。由于美国移民浪潮的到来以及全球化经济复苏引发的贫富差距，城市中的贫民窟人口剧增再次引发城市社会学家的关注。吸收和融入了宏观的视角，对社区结构特征的理解，可以跳脱出单一的人口结构差异，如性别和年龄等，融入诸如集中劣势、移民浓度、居所流动等多元特征，从而在整体上反映出社区的文化和生态面貌。这也是桑普森在首次引入集体效能的社区研究中所观察的社区层面的变量。

2. 逻辑路线

已有城市社会学研究发现，社区结构特征的差异程度对于社区规范的建立极其重要。首先，社区规范的建立对人群的规模和密度有一定的范围要求，过少和过多的人口规模都不易形成统一的规范；其次，长久居住在一起的社会资本较高的群体更易达成共识，指引适应彼此生活习惯的规定，而目前城市中异质化严重的社区在建立社区规范时会遇到地方风俗、文化理解等方面的障碍，公租房社区因晒被子占用公共空间而引发矛盾的社会新闻就是很好的案例。又如移民浪潮下，本地与外地人之间相互看不顺眼，产生隔离和排斥感，无法共同参与社区活动。

社区的社会支持也会随着社区结构特征的变化而变化。例如老旧社区的住房结构较单一，人口流动性低，居委会工作人员对每个社区居民都十分了解，相互的社会支持水平较高，体现在日常生活中。而新建社区主要由商品房小区构成，住房结构比较复杂，有高层、多层和低层的混合，居委会工作人员很难与每个居民都有熟识的机会，除了重要事件的通知和上级政府传达的工作以外，基本不会与社区居民产生交集。居民本身的内部社会支持也存在差异，如住户搬迁的频次就与社会支持的力量呈负相关。

根据以上推断，可概括出社区结构特征层面，社区集体效能发生的逻辑路线，详见图 2-5。第一条逻辑：社区结构特征会影响社区的社会支持水平；主要源于结构特征决定了人群的结构，同时也决定了可以提供社会支持人群的数量。社会支持的提供，可以直接干预邻里如自杀、反社会等偏激行为，从而反向刺激集体效能的增强。第二条逻辑：社区结构特征作用于社区规范的建立；结构性特征可反映同质化和异质化群体建立社区规范的难易程度；一旦无法建立社区规范，制造社区无序，社区缺乏监管，引发更多犯罪和治安问题，居民之间无法达成共识和期望，很难发生较高的集体效能。通过社区空间特征的改变，在一定程度上能影响社区的集体效能水平。

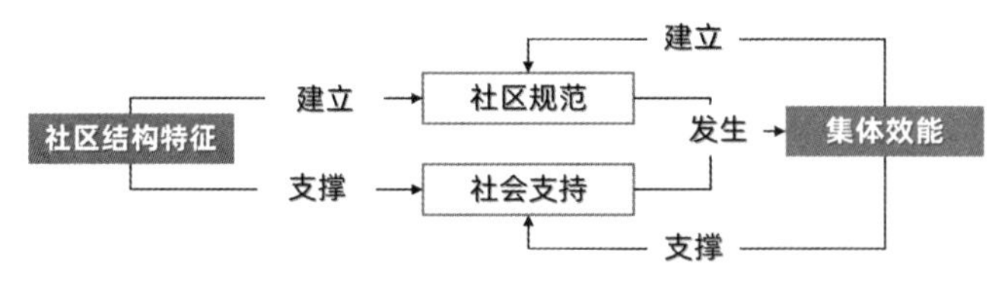

图2-5　社区结构特征影响集体效能发生的逻辑路线

综上所述，社区特征是个复杂的综合体，从环境心理学和城市社会学的视角，可以推断社区空间特征与社区结构特征的共同作用，会影响既反映居民整体心理感知又反映社区社会进程的集体效能。对此，笔者分别提出了社区空间特征与社区结构特征影响集体效能的内在逻辑。根据上一节，总结了集体效能通过建立社区规范、整合机构设施、提供社会支持等调控邻里福祉的途径。自此，结合两者，我们可以初步建立“社区特征影响—居民行为引导—集体效能发生”这一交互式网络的影响关系。以此关系进一步描绘出社区特征改变集体效能发生的逻辑框图，如图 2-6 所示。

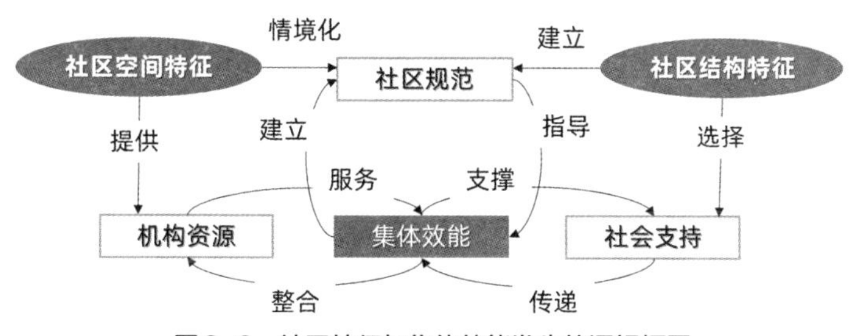

图2-6　社区特征与集体效能发生的逻辑框图

第四节　社区环境增强集体效能的潜在路径

综上，社区空间特征、结构特征与集体效能发生有着复杂的逻辑关系，可以清楚地表明：社区特征的差异会左右集体效能的发生与否；同时，改变社区特征达到某种状态，能够在一定程度上影响集体效能的水平。那么，如何做到对社区特征的调控呢？可以从社区空间特征和机构特征两方面来寻找线索。

社区空间特征，由社区内部的空间环境构成，包括自然方面的地形、地貌、水文、土壤和动植物情况以及人工建设方面的空间大小和规模、空间功能与设施、空间形式等。以城乡规划学和建筑学为主的研究领域，通过优化和改善社区空间环境，营造更适宜社区发展和人群需求的社区空间特征，已经积累了大量的研究成果和实践案例。例如自 20 世纪 50 年代开始，城市蔓延成为全世界许多发达国家发展面临的重要难题和城市发展的普遍面貌。早期研究发现，自从城市蔓延出现以后，城市中可观察到社会资本在减少（Wood et al，2008）。为了应对这一难题，美国城市规划领域提出并倡导“新城市主义”，该范式旨在通过创建适宜步行的社区环境（即步行友好型社区）来增加社会资本。根据“新城市主义”的描述，社区环境创建的规则遵循以下几点：能够方便地步行到达周边公园、公共交通换乘点和零售商店；需要高密度的集成住宅；通过更好的公共空间设计最大限度地增加社会互动的机会。伍德（Wood）等认为，创建适宜步行的社区环境主要在于减少了通勤时间而置换出更多的社交时间，在可步行的环境中拥有更多社交互动的机会，同时，靠近自然郊区也能获取归属感，容易进入产生正式互动的活动中心，如俱乐部和娱乐场所（Wood et al，2000）。除此以外，霍根（Hogan）等发现图书馆、学校或社区中心的存在可以通过增加社交互动和作为社区集体活动开展的场所来增加邻里社会资本，而酒精饮料贩卖商店可能会产生相反的效果（Hogan et al，2016）。

借助社区环境增加社会资本的驱动路径等相关实践研究思路，我们可以替换为集体效能进行三个方面的假设：首先，鉴于集体效能与居民健康行为等邻里福祉之间的密切关系，该路径可以帮助公共卫生研究人员和城市规划者理解物理环境如何帮助推动健康行为以及随之而产生的健康问题；其次，该路径可以驱使城市规划者通过改造社区环境来增强集体效能；最后，改造后的社区可以帮助研究人员进行评估和识别，以发现哪些环境特征对集体效能有更好的提升作用。

社区结构特征，则受到社区内部结构环境的影响。以社会学、流行病学为主的研究领域，在社区研究中更加关注人口构成差异形成的社区结构环境，它反映了社区的社会生态变化。社区结构环境作为反映社区结构特征变化的重要变量，被大量社会学研究证实与社区福祉水平有关。

可以发现，社区内部环境反映了社区的外显特征，包括社区空间特征和结构特征。通过在社区环境维度的调控，能够改变社区特征，从而实现对社区社会进程的影响。与此同时，系统动力学的基本思想赋予了该逻辑的理论基础。系统动力学（System Dynamic，简称“SD”）[①]是一门分析研究信息反馈系统的学科，其研究问题的过程实质上是一种寻优过程，通过寻找系统的较优结构和参数，以获取较优的系统功能（王其藩，1995）。增强社区集体效能的目的，本身就是最大化发挥社区处理邻里问题的功能和效率，符合系统动力学的探究范畴。依此类推，社区内部环境便是需要调控的参数，社区外显特征是需要寻找的较优结构和参数组合。自此，形成了社区环境增强集体效能的逻辑思路，即通过调控环境参数，形成较优特征构造，从而增强社区的集体效能，如图 2-7 所示。

① 系统动力学是复杂理论的横断科学，目前在公司管理、计算机、学习型组织建立、机械的物理和工程等方面都有广泛的运用，甚至在生命科学、行为科学、社会学等方面也有广泛运用。

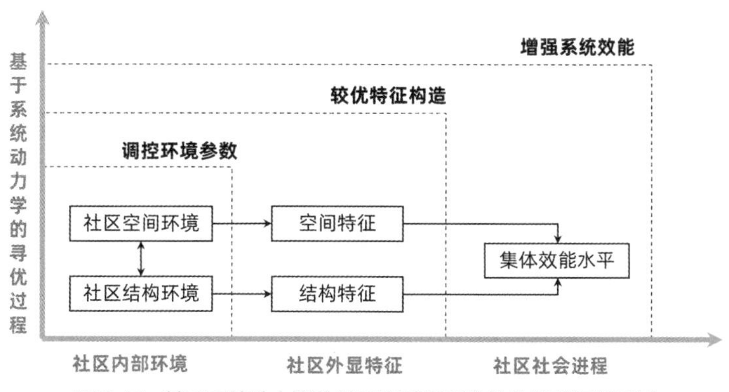

图2-7　基于系统动力学的社区环境增强集体效能的逻辑思路

一、社区空间环境：供给效应

社区空间环境的调控，其实质是在调整空间环境与社区居民需求的供给关系。供给关系建立在满足居民的日常生活需要的基础上，在空间功能、空间服务、空间流通方面提供物理保障，引导生活行为和活动的变化，从而实现社区社会进程的转变。

1. 功能供给：土地利用

反映空间功能供给关系最直接的是土地利用的变化，土地利用的变化也被证实与集体效能的非正式社会控制息息相关。帕金斯（Perkins）等认为土地的混合使用对社区辖内的犯罪有负面的影响。如社区中出现更多的商业类用地、工业类用地、教育类用地，都与犯罪行为增多有关。可能的原因是土地的混合使用赋予了社区更多的使用功能，容易吸引更多陌生人，同时会增大社区居民看管的盲区，形成极易诱发犯罪的环境，因而土地混合使用的邻里会比纯居住的邻里遇到更多的犯罪问题（Perkins et al，1993）。简·雅各布斯强调，虽然多样化的土地利用会吸引更多人，产生行人交通，但会使街道变得有趣、热闹和安全。其原因在于鼓励了对相邻建筑物的监视。她提到的“街道眼”，可作为街道的自我防范机制，即居民通过窗户可以看到发生活动的大街是否安全的一种自然监视（Jacobs，1984）。郭和沙利文等发现，土地利用的变化可以用来解释社区植被绿化与居民产生犯罪恐惧心理之间的联系。首先，植被绿化在不同土地上的实际分布反映了非正式监视的程度；其次，更多的绿地可以阻止暴力犯罪，源于自然环境能减轻精神疲劳，而精神疲劳是“暴力的心理先兆”（Kuo & Sullivan，2001）。进一步研究发现，城市中的绿地有助于增进居民的安全感，一是绿地空间本身提供了社交互动的场所，二是绿地相邻的建筑物的自然监视能力更强（Sullivan et al，2004）。库尔茨（Kurtz）等发现，在非居住用地比例更高的社区里，居民显示出较低的非正式社会控制水平，表现为邻居互相了解的程度和监控可疑活动的意愿较低。反过来，居住用地比例较高和居住密度较高的社区中，居民愿意在社区中行走和流转，他们会感到更加安全，可帮助减轻对犯罪的恐惧（Kurtz et al，1998）。

以小游园、街角花园、社区公园为主的绿地形式被证实与集体效能有密切的关系，主要体现在服务范围方面。科恩等发现，在社区 0.5 英里范围内是否有公园，比在人口普查区域（约 1~3 英里）内是否有公园，对集体效能水平的解释度更高，高水平集体效能社区的居民更愿意访问离家更近的绿地（Cohen et al，2008）。布罗伊尔斯（Broyles）等发现与集体效能概念相关的社会资本水平同样与公园绿地相关。社会资本水平越高的区域，每天观察到的公园用户数量越多，在公园内消耗的能量也越多，与社会资本水平较低的公园相比，社会资本水平高于平均水平的公园观察到的公园用户多于 3.5 倍，并且产生的体育活动量大于其 4 倍（Broyles et al，2011）。伦德（Lund）等发现，进入公园增加了无计划的互动，并对当地的社会资本产生了积极的影响（Lund，2003）。相比之下，荷兰的一项研究报告称，周围有更多绿地的人并没有显著增加支持性互动，但当周围 1km 范围内有更多绿地时，他们不太可能缺乏社会支持（Maas et al,2009）。集体效能与公园绿地的关系也可能体现在安全感的认知方面，当社区集体效能较高时，在公园里遇到醉汉的可能性更低。当然，拥有较差的设施与环境的公园被认为是有毒品或团伙活动的危险场所，从这个角度来看，公园绿地可能与集体效能有着相反的关系（Cohen et al，2008）。

2. 服务供给：商业业态

反映空间服务供给关系的主要代表是公共服务机构和商业服务机构。欧美国家研究发现集体效能水平与某些特定的商业服务机构有关，最显著的是具有售卖酒精饮料资格的商业服务机构。斯克里布纳（Scribner）等发现社区中售卖酒精饮料的店对于物理失序（涂鸦、饮酒广告、垃圾点）和社会失序（游荡、毒品销售、卖淫、争吵）来说，都是发生矛盾的空间焦点（Scribner et al，2007）。科恩等发现，随着酒精售卖商店密度的增大，呈现出集体效能水平降低的趋势，但由于酒精售卖商店的密度与社区劣势群体集聚程度也高度相关，所以无法表明是否酒精售卖商店与集体效能独立关联。尤其在某些乡村社区，大部分人使用自家酿制的酒精以及非正式供应商提供的酒精。西尔（Theall）等发现社区销售酒精的商业机构密度与社会资本之间也存在关联，似乎受到邻里安全感的影响，即社区销售酒精的商业机构可能会通过减少积极的社会网络扩张来阻碍社会资本的发展（Theall et al，2009）。实际上，售卖酒精的商业服务机构，例如酒吧、舞厅、俱乐部等，是大量流动人群出没的公共场所，被欧美一些国家看作混乱和不受控制的区域。高密度的售卖酒精的商业服务机构，增加了人们获取酒精的物理途径，从而有可能会影响饮酒群体的社会行为，例如不信任和不友善（Campbell et al，2009）。

同样被证实可能与集体效能相关的，还有售卖快餐食品的商业服务机构。诸如便利店、汽车餐厅等，服务的群体大多是外来通勤者，对于本地人而言，这些机构并不会成为邻里之间日常交谈和互动的场所，从而降低了邻里之间的互动频率（Cohen et al，2008）。

3. 流通供给：交通容量

反映空间流通供给关系的是交通容量的差异，主要反映在步行主导和机动车主导的设施容量方面。澳大利亚学者福斯特等研究发现，具有更多步行设施的社区与社区凝聚力成正相关关系，适宜步行的社区可引发更多当地人出行，让社区居民获得安全感和归属感（Foster et al，2010）。阿尔舒勒（Altschuler）等发现，社区交通状况与居民感受到彼此之间的友好和信任有关，当社区充斥着大量停放车辆时，居民之间可能难以建立更加友善的关系（Altschuler et al，2004）。阿尼森塞尔（Aneshensel）等也发现，更多混乱、有潜在威胁的机动车道、停车场等公共交通设施，迫使人们对户外活动更加谨慎，影响其出行的意愿，会在出行过程中产生撤回的意愿（Aneshensel et al，1996）。当然，通过调整社区交通的形式也可以对社区的社会凝聚力产生影响。布朗（Brown）和沃纳（Werner）等较早地发现，死胡同、端头路等街道形式与居民对犯罪的恐惧、社会凝聚力和个人健康相关（Brown & Werner，1985）。马尔兹巴利（Marzbali）等进一步证实，社区街道的连通性在居民健康和幸福感的差异中占相当大的解释比例。街道网络影响着居民的邻里互动形式，与居住在连通性较好街道的居民相比，居住在连通性较好街道的居民更容易感觉到对犯罪的高度恐惧和较低的社会凝聚力，从而对个人健康产生负面影响（Marzbali et al，2016）。同时，低密度、曲线状的社区设计更利于商店、公园和公交系统的出行，从而更适宜步行的社区。

不仅如此，也有学者提出了初步概念框架来假设空间环境与社会资本之间的关系，此框架可能同样适用于集体效能。伍德等将其称为“基于活动”和“基于意义”的两种途径：基于活动的路径，由建筑环境促成的机会和正式接触可以增加社会资本；基于意义的途径，强调感知在创造归属、依恋和社会资本中的作用（Wood et al，2010）。但并不是所有的社会资本和空间环境之间的关系都符合这个框架。例如空间密度被发现与步行相关的因子呈负相关（Cervero & Kockelman，1997）。一些人口密集的地区可能会吸引与当地联系最少的流动人口，他们没有车，只能在附近待很短的时间，因此需要方便地使用各种便利设施。伍德等在混合土地使用的类似负面结果的背景下讨论了这一点，称之为“局外人（或陌生人）假说”。事实上，密度可能存在一个阈值，超过该阈值，由于更好地到达目的地、绿地等而获得的社会资本收益将被大量与当地联系最少的个人的存在而导致的社会资本损失所抵消。其他高密度地区可能是社会经济地位较低的市中心街区，被城市衰败或不文明所困扰。花渊智也（Tomoya Hanibuchi）等研究发现关于密度的实证研究大多来自对日本的观察。同时，由于日本是一个民族相对单一的国家，探索社会资本与密度的更深层关系，还需要考虑人口多样性的因素（Hanibuchi et al，2012）。

二、社区结构环境：支撑效应

移民浪潮和贫富差距带来的空间分异，导致现代社区的人口结构在不断发生变化。西方频频出现的社会失序问题，不少来自于种族和民族集聚社区分异。社区结构的不断更替很大程度上增加了失序的可能性，同时也阻碍了本该起到控制作用的组织和机构的形成。可见，因社区结构形成的社会环境，是影响社区群体解决共同问题、形成共同目标的基础，起到结构支撑的作用。目前，与集体效能相关的社区人口结构的变化，主要源于社区群体的经济结构、流动结构、集聚结构支撑的强弱。

1. 层级结构：集中劣势

在西方国家，集中劣势反映了社区的经济地位、社会地位等层级结构的支撑状况。在 20 世纪 90 年代，美国的种族隔离和郊区化运动导致了低收入群体集中居住在城市中心地区的空间现象，包括少数族裔、单亲家庭。大量中产阶级搬迁至郊区，低收入群体集中在中心城区，造成社区的贫困集中化越来越显著。种族和空间分层造成了下层社会的孤立和隔离，从而引发了学界关于集中劣势在犯罪区域显著分布的讨论。在我国，种族问题并未带来如此影响巨大的空间现象，但随着城镇化进程的推进，大量农村人口涌入城市，为了解决低收入群体的住所问题而大规模建设的保障房，也逐步开始引发有关集中劣势的各类社会议题，例如某些保障房社区已出现“贫困符号化”的趋势。国内学者陈宏胜等发现，高达 57.7% 的周边社区居民认为保障房与普通商品房存在比较大的差别，商品房居民缺乏与保障房居民交往的动力（陈宏胜等，2015）。保障房居民和周边社区居民相互间存在社交隔离，直接降低了周边社区居民的社会融合度。

同时，在我国本土的集体效能与邻里犯罪研究中发现，广州大部分城中村存在集中劣势，且与居所流动性有着复杂的联系。某些城中村居民的社会经济地位高且具有较高的居所流动性，另一些城中村居民的社会经济地位高居所流动性反而很低。由于社会关系和社区凝聚力更可能与居住稳定性有关，它们也可能与社会经济地位没有线性联系（Jiang et al，2013）。

2. 流动结构：居所流动

社区流动结构的支撑程度主要源于居民的居所流动。居所流动是指一定时间和空间范围内个体居住地的变换和转移，可以是过去的一段时间内已经发生的居所搬迁，也包含预计在将来一段时间可能发生的居所搬迁。社会关系的形成是需要时间的。私房屋主更愿意持续、积极地参与邻里生活，久而久之，形成稳固的邻里关系。不断变换居所会导致个体的家庭环境和社会环境（如人际关系、就业条件等）随之发生改变，而生存环境的改变和特殊的生活经历及生活方式对个体的心理和行为又有着重要的影响。桑普森认为，在变革时期，更大的居住稳定性反过来被认为对社会凝聚力的水平产生了积极影响（Sampson，2001）。相比之下，居住环境的不稳定会切断现有的社会联系，扰乱社会网络的主流系统（Lang & Hornburg，2011）。这种影响在一个社区内的某些子群体中可能更为明显，例如女性更容易感受到住宅变动对发展非正式关系和当地友谊网络的影响（Mcculloch，2003）。

居所流动会导致集体效能发生变化。首先，居所流动导致个体居住条件的变化，不同的居住条件也会吸引或者排斥个体搬进或搬出（Shigehiro et al，2009）；其次，不同的个体不断搬进或搬出同一社区，那么社区群体结构环境则发生相应的变化，人际关系亲密度以及集体凝聚力等都会发生改变（Lina，2011）。特里普利特（Triplett）等总结了居所流动在非正式社会控制中起到重要作用的四个基本原因：首先，住宅的稳定性有助于制定明确的行为准则；第二，长期居住关系是发展和获得常规承诺途径的一个重要条件；第三，居住稳定性影响人际关系和友谊网络的发展和维护；最后，住宅稳定性影响社会资本和社会支持的产生和分布（Triplett，2003）。

3. 集聚结构：移民浓度

社区集聚结构的变化，主要取决于不同异质群体在单位社区群体中的含量和比例。在欧美国家，普遍认为居住在被剥夺邻里社区中将不利于个人发展，而被剥夺邻里社区常常与因大量移民而产生的少数族裔群体相联系。欧洲很多城市，生活在社会边缘地带的吉卜赛人的社区文化大多被认为处于一种亚健康的状态；美国华盛顿、费城、纽约等主要城市，非洲裔、白人和亚洲人之间的摩擦比比皆是，在迈阿密，非洲裔和拉丁裔居民之间的冲突也是随处可见（柳建文，2020）。在西方社区研究中存在一种族裔代理假设，即社会问题总是集中发生在那些少数族裔聚居的邻里社区。一方面是由于少数族裔群体的社会经济地位往往较低；另一方面也是由于少数族裔的住房选择有限，因此往往在不稳定的社区中生活（盛明洁，2017）。

我国大部分地区和城市，目前虽然不存在因大量移民问题带来少数族裔集聚而产生的住房歧视问题，但可以预见的是，全球化和城市化水平不断提升，城与城之间、城乡之间的人口流动性越来越高，伴随大量外省、村镇居民移民产生的多重“户籍”集聚情况将越来越明显。国家统计局公布的 2017 年户籍人口的城镇化率为 42.35%，与常住人口城镇化率相差 16.17 个百分点，这意味着中国城镇人口中有 27% 以上属于非本地户籍的外来人口，其中绝大多数属于进城农业转移人口。受到户籍制度的影响，很多进城农民未能与城市居民享受同等待遇，形成了“半城镇化”现象，即进入城市的农业转移人口因未获得城市户籍，不能享受与城市居民同等的公共服务，子女上学难、社保水平低、居住条件差。同样地，迁入本地的外省移民和当地居民在资源利用上存在争夺、在人际关系上存在地域歧视等现象也初露端倪。

三、基于环境效应的潜在增效路径

据此，基于系统动力学“通过调控环境参数—达到较优特征构造—增强社区集体效能”的寻优原理，融合社区空间环境和社区结构环境对集体效能的协同效应，基本形成了以环境供给效应和环境支撑效应为驱动动力的社区环境增强集体效能的潜在路径，以此为基础，构建了社区环境增强集体效能的供给和支撑效应理论模型，如图 2-8 所示。

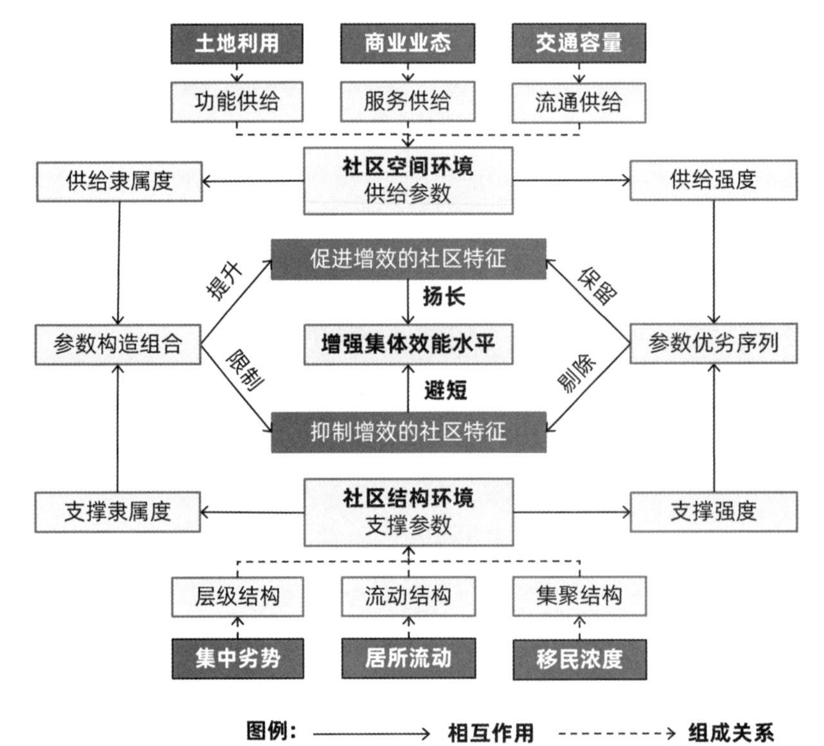

图2-8　社区环境增强集体效能的供给和支撑效应理论模型

社区空间环境的供给参数，主要体现在土地利用、商业业态和交通容量的供给变化上；社区结构环境的支撑参数，主要体现在集中劣势、居所流动和移民浓度的支撑变化上。依据参数的供给和支撑强度，即环境因素对集体效能的影响程度高低，可对参数进行增效效果的优劣排序。依据供给和支撑参数的隶属度，即在高水平集体效能社区中共有的环境因素的频率大小，可提炼构建高水平集体效能的参数构造组合。

1. 扬长：促进增效的供给与支撑

本着“扬长避短”的基本思想，按照参数的优劣序列，筛选出促进增效的社区环境因素；同时，检验促进增效的关键环境因素组合所展现的集体效能水平，提炼形成高水平集体效能的公有环境因素组合。提取促进增效的参数保留、组合提升的空间驱动路径，实现高水平集体效能的社区特征，达到“扬长”的目的。

2. 避短：抑制增效的供给与支撑

按照参数的优劣序列，筛选出抑制增效的关键环境因素；同时，检验抑制增效的关键环境因素组合所展现的集体效能水平，提炼形成高水平集体效能的公有环境因素组合。提取抑制增效的参数剔除、组合限制的空间驱动路径，实现高水平集体效能的社区特征，达到“避短”的目的。

第五节　本章小结

本章首先厘清了集体效能在西方国家（尤其是美国）的研究态势和发展。从早期起源，提出集体效能理论作为社区混乱、失序现象以及社区解组理论的解读切入点；发展中期，纳入更加广泛的邻里效应机制探索，理论本身迎来快速拓展和完善；到目前，理论的实践验证更加聚焦于调控邻里问题的社区层面的重要考虑元素，总结既有成果发现，解析集体效能与社区邻里暴力、健康等福祉的关系密切。

其次，以集体效能调控邻里福祉的视角，总结了集体效能在犯罪学、心理学、预防医学和城乡规划学领域的成果，归纳出主要的 3 类调节路径，即以建立社区规范为主的集体意识的提前干预、以提供社会支持为主的集体行动的直接干预、以整合机构设施为主的集体效能的间接干预，从而构建了集体效能对邻里福祉实施调节路径的概念框架。

然后，分别从环境心理学和城市社会学的视角，提出社区空间特征和社区结构特征影响集体效能的内在逻辑，从而总结了以集体效能为中介，“社区特征影响—居民行为引导—集体效能发生—邻里福祉差异”的逻辑关系。

最后，基于系统动力学的寻优过程，总结了“通过调控环境参数—达到较优特征构造—增强社区集体效能”的城市社区增效逻辑，构建了社区环境增强集体效能的供给和支撑效应理论模型。其中，通过社区空间环境的供给效应，即对土地利用、商业业态、交通容量等供给参数的调控，能够改变社区空间特征；通过社区结构环境的支撑效应，即对集中劣势、居所流动、移民浓度等支撑参数的调控，能够改变社区结构特征。

本着“扬长避短”的基本思想，按照参数的优劣序列，筛选出促进增效和抑制增效的社区环境因素；同时，检验促进增效和抑制增效的关键环境因素组合所展现的集体效能水平，提炼形成高水平集体效能的公有环境因素组合。提取促进增效的参数保留、组合提升的空间驱动路径，实现高水平集体效能的社区特征，达到“扬长”的目的；提取抑制增效的参数剔除、组合限制的空间驱动路径，实现高水平集体效能的社区特征，达到“避短”的目的。

第三章
解析方法（一）：社区环境的增效参数测度

本章重点：从实证调查出发，以我国西部重要的移民城市重庆为案例区域，选取重庆主城区社区人口和环境异质性极具典型性的48个社区为研究样本，对社区环境供给和支撑参数进行测度，包括社区环境因子的量化测度、社区集体效能的水平测度以及环境效应的空间测度。基于此，在要素分解过程中解析潜在增效路径的构成成分。

第一节　研究区域与样本

一、研究区域的确定

1. 已研究区域的特点

西方对集体效能的研究区域主要集中在美国伊利诺伊州的城市——芝加哥。从城市人口的集聚特征来看，芝加哥人口构成基本涵盖美国社会的主要族群，包括非洲裔、拉丁裔、白人、亚裔四类，城市人口构成拥有极高的移民异质性。2018 年，美国人口调查局的数据显示，当前四类种族人口分布均匀且混合程度高，如图 3-1 所示。同时，从城市的集中矛盾来看，芝加哥是美国暴力、种族隔离、犯罪等行为最严重的城市之一。尤其是种族隔离，其各项隔离指标都高于美国国家水平。

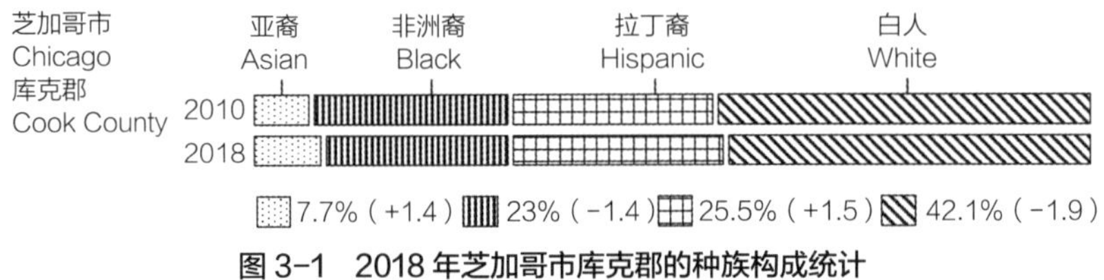

图 3-1　2018 年芝加哥市库克郡的种族构成统计

资料来源：美国人口调查局（United States Census Bureau）

从社区建制方面看，芝加哥有 77 个由高速公路、公园和主要街道为边界，地方政府正式划分的社区，平均每个社区有 3.7 万人；同时，也有 3000~5000 人的以行政目的而划分的人口普查区；还有包含约 1000 名居民的街区群[①]。这些职责清晰的调查单位，为完整的数据采集和分析提供了十分便利的平台。

从学术渊源来看，芝加哥学派的诞生和发展使得这个城市有着深入的社会科学研究渊源。“芝加哥邻里人类发展项目”（PHDCN）[②] 自 20 世纪 90 年代启动以来，对

---

① 数据来源于罗伯特 · 桑普森的《伟大的美国城市》。

② 迄今为止，PHDCN 项目已经审查了犯罪、暴力、司法干预、青少年性行为、药物滥用、复合剥夺、住宅流动性和心理健康等许多其他结果，社区数据和纵向研究是公开的，已被世界各地的研究人员使用。

6500 个儿童和家庭进行了纵向队列研究，对超过 8000 位芝加哥居民进行了有代表性的社区调查，对超过 20000 段街区进行了系统性的社会观察研究，记录了 1970—2000 年间 4000 多件芝加哥都市区的集体行动事件等。该项目推动了芝加哥一大批优秀的研究项目，其中就包括集体效能研究。

2. 研究区的选择

目前，以芝加哥为研究区域的社区研究项目，同时激励了澳大利亚、英国、哥伦比亚、瑞典、中国和非洲国家等地的集体效能研究。随着我国城镇化进程的大步迈进，依据我国社区居委会组织和管理社区公共事务的独特性，部分学者开始关注并开展针对我国城市的集体效能研究，包括在广州（Jiang et al，2010）、天津（Zhang et al，2017）等地的研究。这些城市是我国的大城市和移民城市。大城市以及移民城市是我国人口异质化的集中分布区，人口差异性与流动性均呈持续上升态势，同时，城市化水平高且蕴含丰富的居住模式，因而城乡规划视角下的移民城市的社区集体效能研究具有重要的实践意义。

自 1997 年成为直辖市以来，随着西部大开发的不断加快，重庆的流动人口数量快速增长。重庆市作为西部唯一的人口超大城市，也是移民城市之一，2019 年外出人口占常住人口的 36.89%，外来人口占常住人口的 5.72%，人口流动性高，异质化现象明显。从重庆市统计年鉴中可以发现，从 2010 年到 2018 年，随着城镇化率的不断攀升，重庆省际流入人口与省际流出人口数量均呈增长趋势。显然，人口流动对重庆市社区的发展和居住情况产生了巨大的影响。

重庆市的人口居住异质性空间格局呈现出明显的组团分布特征。主城区（包括都市功能核心区和都市功能拓展区，即通常所称主城区）包括渝中区、大渡口区、江北区、南岸区、沙坪坝区、九龙坡区、北碚区、渝北区、巴南区，其城市发展迅速，渝东北生态涵养发展区和渝东南生态保护发展区的城市发展相对迟缓。主城区具有“多中心、组团式”的城市空间结构，也形成了不同的组团发展分异。如：渝北区和江北区进行了大量的土地开发，形成了很多新的居住社区；渝中半岛原有土地开发受限，保留着许多老旧社区。在这种社区空间分布格局下，社区问题与人口需求间的不匹配问题日益凸显。

我国社区建制更加有利于数据的统一口径和采集。依据街道和社区居委会划分的社区管辖范围，不会产生重叠；同时，每个社区有独立的记录事务和事件的信息库，能够较完整地反映社区的发展脉络。另外，社区工作人员与居民有着良好的互动，社区网格员的设置便于及时掌握居民生活中的突出问题和矛盾的情况。

综上所述，拟选取重庆作为研究区，它符合以往西方社区研究，尤其是集体效能方面最初开展研究时所处的社会发展阶段的特点，同时也延续了集体效能本土化研究案例多样化、地域化的必然趋势。重庆 9 个主城区是近年来政府投入社区发展和管理的主要区域。选取渝中区、沙坪坝区、渝北区、江北区为调研对象，从社区发展特征来看，它们有着各自的特点。

渝中区是重庆的经济中心和老城区，地处重庆中心地区，面积为 20.08km^2，辖内常住人口 66 万人，是我国第一批“全国社区治理和服务创新实验区”之一；沙坪坝区是主要的文化中心，位于重庆市西南部，总面积 396.2km^2，辖内常住人口 115.2 万人，作为中国西部（重庆）科学城主战场，有科技工作者 10 万人、硕博士 3 万名，是重庆人口结构最年轻、最时尚、最具活力的城区；渝北区，地处重庆市西北部，是直辖后城市化的代表，辖区面积 1452km^2，城市建成区面积 202km^2，辖内常住人口 166.17 万人，经济总量连续九年位居全市第一，拥有全市最大的汽车制造基地和创新金融聚集地；江北区，地处长江、嘉陵江两江之北，面积为 220.77km^2，辖内常住人口 88.51 万人，金融机构近 490 家，上市企业总数、市值、区域经济证券化率和存贷款余额总量均居全市第一①。这 4 个区域人口流动性高，同时也是异质性社区最为集中的区域，拥有不同种类的混合社区，为本书提供了良好的研究素材。

二、样本社区的选取

样本社区采用三阶段的整群抽样设计。第一阶段选择了重庆主城 9 区中的 4 个极具代表性的区——渝中区、沙坪坝区、江北区、渝北区。第二阶段是从 4 个区域中随机挑选 16 个街道，街道是我国行政区划名称，下辖若干社区。根据人口规模相似性，在渝中区选取了解放碑街、上清寺街道、两路口街道、大坪街道，沙坪坝区选取了沙坪坝街道、渝碚路街道、覃家岗街道、石井坡街道，江北区选取了华新街街道、石马河街道、观音桥街道、五里店街道，渝北区选取了金山街道、人和街道、龙塔街道、龙山街道，共计 16 个街道。第三阶段是从每个街道中随机抽选 3 个社区，总共获取 48 个社区②。48 个社区中包含了比较典型的商品房小区、廉租房小区、公有住房小区、集资房小区、回迁房小区、安置房小区等各种类型，详见表 3-1。

---

① 以上数据来自渝中区、沙坪坝区、渝北区、江北区人民政府官方网站（更新于 2020 年底）。

② 最终社区样本的确定，同样参考了街道办的推荐，以确保社区类型的多元化。

调研社区名录　　表 3-1

序号	区域	街道	社区
1	渝中区	解放碑街道	民生路社区、自力巷社区、沧白路社区
2		上清寺街道	上大田湾社区、新都巷社区、学田湾社区
3		两路口街道	桂花园新村社区、中山二路社区、重庆村社区
4		大坪街道	袁家岗社区、肖家湾社区、马家堡社区
5	沙坪坝区	沙坪坝街道	劳动路社区、松林坡社区、一心村社区
6		渝碚路街道	杨公桥社区、汉渝路社区、站东路社区
7		覃家岗街道	新鸣社区、新立社区、马家岩社区
8		石井坡街道	中心湾社区、和平山社区、建设坡社区
9	江北区	华新街街道	董家溪社区、嘉陵社区、大兴社区
10		石马河街道	瑜康社区、南桥寺社区、玉带山社区
11		观音桥街道	建北社区、鲤鱼池社区、塔坪社区
12		五里店街道	红土地社区、黎明社区、刘家台社区
13	渝北区	金山街道	民心佳园社区、奥园社区、金湖社区
14		人和街道	邢家桥社区、万紫山社区、天湖美镇社区
15		龙塔街道	黄泥塝社区、龙头寺社区、鲁能西路社区
16		龙山街道	冉家坝社区、花园新村社区、松牌路社区

资料来源：作者自绘。

第二节　社区环境因子的量化测度

一、因子选取

1. 反映环境供给参数的因子

前面提出了社区空间环境的供给效应，总结了西方已有研究证实与社会凝聚力、非正式社会控制等相关的 3 类供给参数，分别为土地利用、商业业态、交通容量。结合我国城乡建设现状的体系和语境，进一步将参数细化为可观测和运算的环境因子。

土地利用反映了社区范围内土地功能的混合使用情况。在我国，用地分类有一套完整、科学的分类标准，通过单一用地面积占社区总用地面积的比值可以衡量某类用地的功能供给情况。选取文化设施用地占比 X1、教育设施用地占比 X2、体育设施用地占比 X3、医疗卫生设施用地占比 X4、社会福利设施用地占比 X5、绿地与广场用地占比 X6、商业服务业设施用地占比 X7 共 7 个指标。

商业业态反映了社区范围内的商业服务水平。与土地利用中商业服务业设施用地占比 X7 不同，服务水平更偏向于设施的多样性和丰富度。国外已有研究发现，售卖酒精以及快餐等的餐饮商业设施与集体效能有密切的关系。反观我国的商业业态现状，酒精和快餐的销售并未有十分严格和明确的销售平台，分布于各类商业服务业设施中；同时，由于中西方文化的差异，我国社区层面的商业服务业设施更加多元。例如我国社区服务设施按功能一般分为公益性服务设施和经营性服务设施两类，政府部门对社区服务有严格的规模限定和设计标准，公益性服务设施的规模和设计与社区服务人口规模挂钩，因此，该类设施并不能很好地反映各类社区商业设施的差异性。综合考虑以受市场变化影响较大的经营性服务设施数量来反映某类设施的服务供给情况，具体通过单一服务设施数量占社区总用地面积的比值来衡量。选取住宿服务设施密度 X8、餐饮服务设施密度 X9、购物服务设施密度 X10、娱乐休闲服务设施密度 X11、金融保险服务设施密度 X12、医疗卫生服务设施密度 X13 共 6 个指标。

交通容量反映了社区为车行、步行等多种出行方式提供的空间条件。出行方式与道路设施和步行设施的密度相关。通过单一交通设施数量占社区总用地面积的比值来衡量某类出行方式的服务供给情况。选取道路设施（专指快速路、主干路、次干路、支路）密度 X14、步行设施（专指人行道、地下通道、人行天桥、空中连廊、公共电梯及扶梯）密度 X15、停车场（库）密度 X16、轻轨和地铁站点密度 X17、公交站点密度 X18 共 5 个指标。

综上，选取了 18 类反映环境供给参数的因子，具体测算方法见表 3-2。

环境供给因子的选取 表 3-2

类别	参数	代号	环境供给因子	测算方法
社区空间环境	土地利用	X1	文化设施用地（A2）占比	社区内主要文化设施面积（hm^2）/ 社区总面积
		X2	教育设施用地（A3）占比	社区内主要教育设施面积（hm^2）/ 社区总面积
		X3	体育设施用地（A4）占比	社区内主要体育设施面积（hm^2）/ 社区总面积
		X4	医疗卫生设施（A5）用地占比	社区主要医疗设施面积（hm^2）/ 社区总面积
		X5	社会福利设施用地（A6）占比	社区内主要社会福利设施面积（hm^2）/ 社区总面积
		X6	绿地与广场用地（G）占比	社区内主要绿地与广场用地面积（hm^2）/ 社区总面积
		X7	商业服务业设施用地（B）占比	社区内主要商业服务业设施用地面积（hm^2）/ 社区总面积

续表

类别	参数	代号	环境供给因子	测算方法
社区空间环境	商业业态	X8	住宿服务设施密度	旅馆设施数量，包括宾馆、旅馆、招待所、服务型公寓、度假村（个数）/ 社区总面积
		X9	餐饮服务设施密度	餐饮设施数量，包括饭店、餐厅、酒吧（个数）/ 社区总面积
		X10	购物服务设施密度	零售商业设施数量，包括商铺、商场、超市、服装及小商品市场等（个数）/ 社区总面积
		X11	娱乐休闲服务设施密度	娱乐康体设施数量，包括网吧、歌舞厅、剧院（个数）/ 社区总面积
		X12	金融保险服务设施密度	金融保险设施数量，包括银行（个数）/ 社区总面积
		X13	医疗卫生服务设施密度	医疗卫生服务设施数量，包括诊所、药房、门诊（个数）/ 社区总面积
	交通容量	X14	城市道路（专指快速路、主干路、次干路、支路）密度	城市道路长度（m）/ 社区总面积
		X15	步行道（专指绿道、居住小区道路）密度	步行道长度（m）/ 社区总面积
		X16	停车场或停车库（泛指居住小区内外地上和地下、机动车与非机动车的停车）密度	停车场（库）（个数）/ 社区总面积
		X17	轻轨 / 地铁站点密度	轻轨 / 地铁站点数量（个数）/ 社区总面积
		X18	公交站点密度	公交站点数量（个数）/ 社区总面积

注：混合土地分类按《城市用地分类与规划建设用地标准》GB 50137—2011 所规定的土地分类编号统计。
资料来源：作者自绘。

2. 反映环境支撑参数的因子

社区结构环境的支撑效应，总结了西方已有研究证实与社会凝聚力、非正式社会控制等相关的 3 类支撑参数，分别为集中劣势、居所流动、移民集聚。结合我国社会发展现状的认知和语境，进一步将参数细化为符合我国国情的可观测和运算的环境因子。

集中劣势在西方是指少数族裔、由女性维持的单亲家庭、贫困人员等群体的集中分布情况。结合我国经济发展状况和居委会统计口径的限制，本书主要以单亲、低收入、低文化等单一群体家庭户数占社区总户数的比值来衡量社区集中劣势结构的支撑程度。选取单亲家庭密度 Y1、高中以下文化家庭密度 Y2、贫困家庭密度（以重庆市低保标准为界限，低于城乡低保每月每人 580 元收入的群体）Y3、失业人口密度 Y4 共 4 个指标。

居所流动反映了社区范围内在一定时期内或预计在将来一段时间内居民搬进或搬出的人口比例变化。笔者认为影响群体居所流动的指标与居所年份、居所迁入迁出率以及居所租赁情况十分密切。以单一居所数量占社区总居所数量的比值以及近 1 年迁入迁出社区的户数和租赁户数占社区总户数的比值来衡量社区居所流动结构的支撑程度。选取 20 世纪 80 年代居所密度 Y5、20 世纪 90 年代居所密度 Y6、21 世纪初居所密度 Y7、21 世纪 10 年代居所密度 Y8、迁入率 Y9、迁出率 Y10、租赁户数密度 Y11 共 7 个指标。

移民集聚在国外主要指不同国籍、种族、民族人口的集聚程度。在我国，该类人口集聚的现象并不明显。在重庆，近 20 年以来，快速城镇化带来了乡村人口、区县人口以及周边外省人口的大量迁移，这在我国当今一、二线大城市中是十分显著的现象。移民迁移使得社区人口主要由 6 种群体构成：本地户口的居民、区县迁入拥有本地户口的居民、外省迁入拥有本地户口的居民、居住于本地拥有区县户口的居民、居住于本地拥有外省户口的居民、居住于本地拥有农村户口的居民。以单一群体人数占社区总人数的比值来衡量社区移民集聚结构的支撑程度。选取本地人集聚度 Y12、本地区县迁入居民集聚度 Y13、外省迁入居民集聚度 Y14、本地农村人集聚度 Y15、本地区县人集聚度 Y16、外省人集聚度 Y17 共 6 个指标。

综上，选取了 17 类反映环境支撑参数的因子，具体测算方法见表 3-3。

环境支撑因子的选取 **表 3-3**

类别	参数	代号	环境支撑因子	测算方法
社区结构环境	集中劣势	Y1	单亲家庭密度	离婚（户）/ 社区总户数
		Y2	高中以下文化家庭密度	高中以下文化家庭（户）/ 社区总户数
		Y3	贫困家庭密度	贫困线以下的家庭户数（低于城乡低保每人每月 580 元）/ 社区总户数
		Y4	失业人口密度	失业人数（人）/ 社区总人数
	居所流动	Y5	20 世纪 80 年代居所密度	1990 年以前居住小区（个数）/ 社区居住小区总数
		Y6	20 世纪 90 年代居所密度	1991~2000 年内居住小区（个数）/ 社区居住小区总数
		Y7	21 世纪初居所密度	2001~2010 年内居住小区（个数）/ 社区居住小区总数
		Y8	21 世纪 10 年代居所密度	2011 年以后居住小区（个数）/ 社区居住小区总数
		Y9	迁入率	近 1 年迁入社区（户）/ 社区总户数
		Y10	迁出率	近 1 年迁出社区（户）/ 社区总户数
		Y11	租赁户数密度	拥有租赁（户）/ 社区总户数
	移民集聚	Y12	本地人集聚度	拥有本地户口（户）/ 社区总户数
		Y13	本地区县迁入居民集聚度	拥有本地区县迁入户口（户）/ 社区总户数
		Y14	外省迁入居民集聚度	拥有外省迁入（户）/ 社区总户数
		Y15	本地农村人集聚度	拥有本地农村户口（户）/ 社区总户数
		Y16	本地区县人集聚度	拥有本地区县户口（户）/ 社区总户数
		Y17	外省人集聚度	拥有外省户口（户）/ 社区总户数

资料来源：作者自绘。

3. 因子的在地化说明

需要说明的是，本着实证主义方法论的研究范式，一级参数的选择，如土地利用、商业业态、交通容量、集中劣势、居所流动、移民集聚等均来自于西方已有研究的成果和总结。对于一级参数下二级因子的选取，则重点考虑了东西方文化背景以及城市规划与建设差异的在地化问题。

供给参数方面，2012 年发布的《城市用地分类与规划建设用地标准》GB 50137—2011 为我国城市规划工作方面提供了强有力的支撑和保障，对主要土地使用性质进行标准化划分，实现了总体规划和控制性详细规划的编制、审批和管理等工作的统一统计口径，土地利用的 7 类因子均借鉴了该标准，针对商业服务业设施用地并不能完全反映社区内多元商业设施并存的现实状况，商业业态的 6 类因子参考了标准中 B 类用地小类的划分，交通容量的 5 类因子则摘录于当前重庆市市政设施以及交通整治的重要工作内容，如社区停车难的突出问题，同时也考虑到了因子数据采集的可行性。

支撑参数方面，集中劣势的 4 类因子源自于我国街道和社区居委会的“兜底”对象，涉及对低保家庭、文盲、闲散人员的重点救助和关怀。值得注意的是，独居老人也是居委会重点关怀的对象，但并未纳入因子，笔者考虑到独居老人的数量并不能反映社区处于一种集中劣势的状态，而更符合生命的规律，属于结构的自然异化，与西方的贫困异化并不等同。居所流动的 7 类因子，除了套用西方研究中主流的迁入、迁出和租户户数，还考虑到了影响居所稳定最重要的不同年限居住小区的数量。重庆自 1997 年成为直辖市后推出了公有住房使用权交易、房屋拆迁安置权交易等内容，2000 年实施了《重庆市城镇房地产交易管理条例》，成为全国首个实施套内计价购房的城市，推动全国地产巨头进入重庆开发的大盘时代，2010 年启动的公租房规划与户籍制度改革吸引了沿海产业和务工人员的转移，可以发现，不同年代有着各自十分鲜明的建设轨迹，对人员流动有着极大的影响。关于移民集聚的 6 类因子的选取，有我国快速城市化发展中出现的普遍的城乡融合现象，也有重庆本地城乡发展的现实背景。由于大城市在公共资源和服务方面的“滚雪球效应”以及我国交通基础设施建设完善而形成的便利，省外与城乡之间的人口流动规模和速率惊人，这类“移民”现象虽然带动了经济发展和信息传递，同样也映射了相当一部分的文化和地域的差异矛盾，在城乡融合的大背景下，这种矛盾是需要积极应对、解决而非为了某类政治考核而忽略的。重庆是集大城市、大农村、大库区、大山区为一体的直辖市，城乡二元结构矛盾尤为突出，主城经济圈对全市 38 个区县的吸引力度大，同时伴随房地产开发的热潮，江北区、渝北区等区域社区的区县人扎堆集聚现象十分突出，通过对当地街道和社区居委会的走访，区县人与本地人在小区菜地、老乡抱团、教育资源争夺等问题上有许多的投诉和调解案例。笔者认为，从长远发展来看，我国城乡融合和移民集聚的矛盾会逐步化解，但本书属于横断面研究，对于目前该阶段暴露出来的社会现象和问题，有必要将其融入研究之中，这是不可回避的现实背景。

二、数据采集

1. 运用 GIS 平台的空间数据统计

采集环境供给因子。首先运用测绘、拍照等实地调研手段以及对当地社区居委会人员的访谈，获取社区人口规模和占地面积等基本信息以及计算 18 类环境供给因子的初步数据。选取 2019 年 11 月至 2020 年 7 月间的工作日，工作小组分别至 16 个街道对 48 个社区进行多次现场取证。其次，对初步数据进行纠正和复核。其中，土地利用的 7 个因子（X1~X7）依据重庆市规划设计研究院提供的《2019 年重庆市主城区土地利用现状》等统计资料作为参考进行复核；商业业态的 6 个因子（X8~X13）依据 2020 年高德地图 POI 爬虫数据进行复核；交通容量的 5 个因子（X14~X18）运用国家地理信息平台的天地图（https：//www.tianditu.gov.cn/）对采集的数据进行纠正和复核。

具体方法如下：

土地利用的 7 个环境因子：GIS 平台 ArcToolbox—分析工具—叠加分析—相交，采用 48 个社区范围内的土地利用现状数据，运用属性表中的字段计算器，统计文化设施用地 X1、教育设施用地 X2、体育设施用地 X3、医疗卫生设施用地 X4、社会福利设施用地 X5、公共绿地 X6、商业服务业用地 X7 的规模。

商业业态指标的 6 个因子：运用高德地图的开放平台申请 web 服务的 AK 密钥，查找高德地图提供的 web api 下的搜索模块，使用 API 文档开发指南，调用高德地图 POI 搜索功能，根据关键词“住宿服务设施”“餐饮服务设施”“购物服务设施”“娱乐休闲服务设施”“金融保险服务设施”“医疗卫生服务设施”，搜索重庆主城九区内的地理位置信息。将地理位置信息导入 GIS，再次运用相交工具，采集 48 个社区范围内的商业设施分布现状数据。运用属性表中的字段计算器，统计 6 类因子的数量。

2. 运用分层抽样的人口数据统计

采集环境支撑因子。首先，根据社区辖内社区居委会、居住小区物业管理公司、链家网等中介公司提供的初始数据，在 2019 年 11 月至 2020 年 7 月间的工作日，工作小组分别至 16 个街道对 48 个社区的进行多次现场取证。其中，集中劣势的 4 个因子（Y1~Y4）由社区居委会提供；居所流动的 4 个因子（Y5~Y8）由辖内居住小区物业管理公司和链家等房屋中介公司提供，另外 3 个因子（Y9~Y11）由辖内居住小区物业管理公司提供；移民集聚的6个因子（Y12~X17）由社区居委会和社区派出所提供。其次，运用分层抽样估算二次数据，对初始数据进行对比和复核。具体操作：利用被选取的每个社区居委会提供的户口簿对住户进行 1% 的系统抽样获取（低于 1000 户的社区，抽取 5%）。随机确定一个起始点，以 8 户为间隔，选取调查住户，直到每个社区选取总户数的 1%。在社区网格员的协助下，运用电话采访获取并记录各指标统计情况。对于未完成的采访，研究团队再次从家庭花名册中随机选择新家庭进行替代访问。

三、测度结果

1. 样本社区信息描述性结果

所调查的 48 个社区的基本特征如表 3-4 所示。

社区样本基本信息　　表 3-4

属性	变量	样本数	比例	属性	变量	样本数	比例
居民户数	1000 户以下	2	4.17%	居民常住人口数量	5000 人以下	5	10.42%
	1000~3000 户	5	10.42%		5000~10000 人	8	16.67%
	3000~5000 户	24	50.00%		10000~20000 人	27	56.25%
	5000~10000 户	15	31.25%		20000~30000 人	5	10.42%
	10000 户以上	2	4.17%		30000 人以上	3	6.25%
社区辖内总面积划分	$10hm^2$ 以内	5	10.42%	辖内居住小区属性	廉租房	4	8.33%
	$10\sim20hm^2$	10	20.83%		公有住房	9	18.75%
	$20\sim30hm^2$	9	18.75%		集资房	10	20.83%
	$30\sim50hm^2$	12	25.00%		回迁房	1	2.08%
	$50\sim100hm^2$	7	14.58%		安置房	1	2.08%
	$100hm^2$ 以上	5	10.42%		商品房	43	89.58%

资料来源：作者自绘。

2. 环境供给参数的测度结果

土地利用的测度结果：8 个社区有文化设施用地，其中 X1 最高的是沧白路社区（0.12）；36 个社区有教育设施用地，X2 最高的是松林坡社区（0.74）；3 个社区有体育设施用地，X3 最高的是重庆村社区（0.30）；23 个社区有医疗卫生设施用地，X4 最高的是中山二路社区（0.22）；3 个社区有社会福利设施用地，X5 最高的是和平山社区（0.01）；21 个社区有绿地，X6 最高的是站东路（0.16）；33 个社区有商业服务用地，X7 最高的是站东路社区（0.24）。其中，民生路社区和大兴社区内无相应的土地利用指标，详见图 3-2。

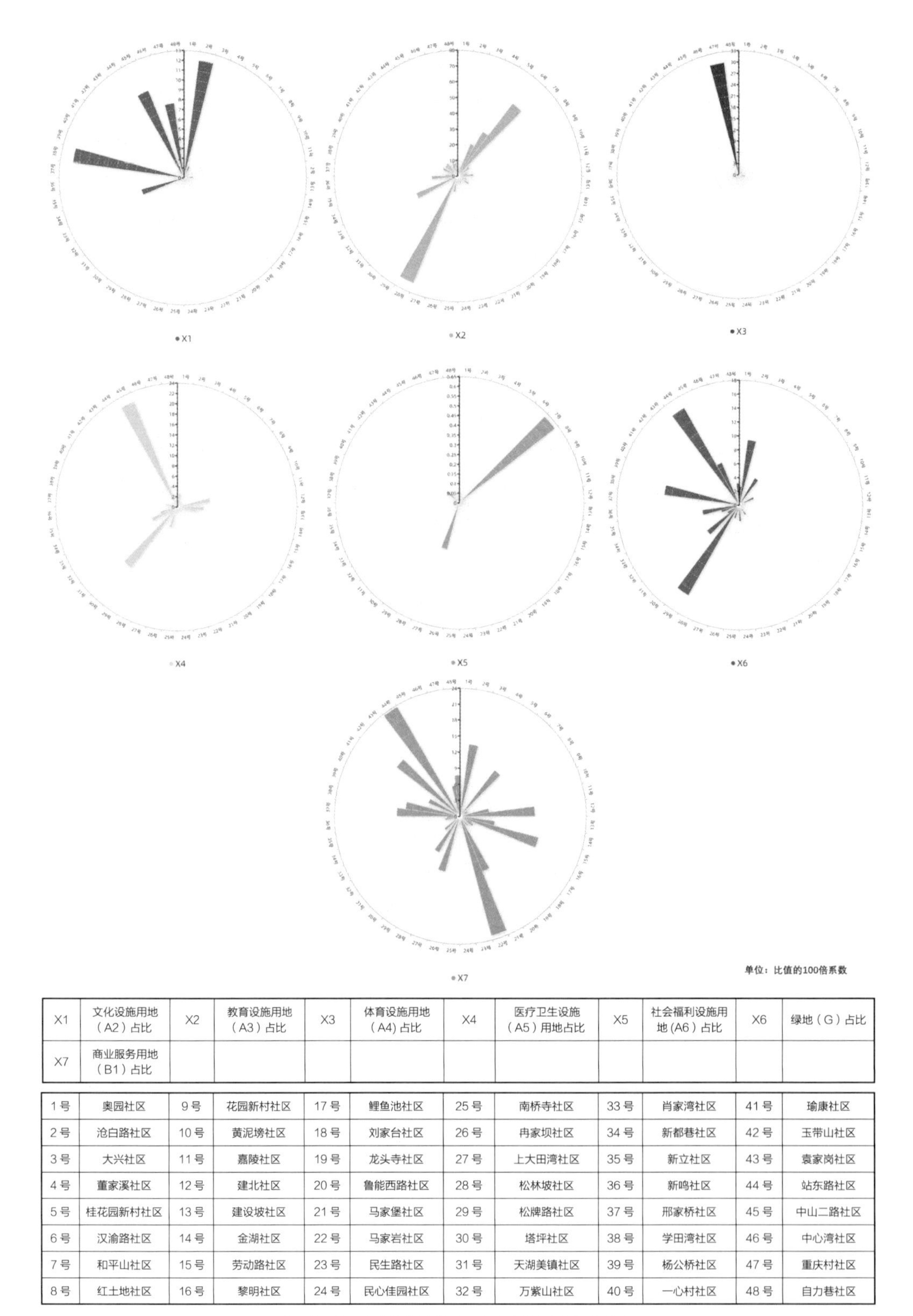

X1	文化设施用地（A2）占比	X2	教育设施用地（A3）占比	X3	体育设施用地（A4) 占比	X4	医疗卫生设施（A5）用地占比	X5	社会福利设施用地 (A6）占比	X6	绿地（G）占比
X7	商业服务用地（B1）占比										

1号	奥园社区	9号	花园新村社区	17号	鲤鱼池社区	25号	南桥寺社区	33号	肖家湾社区	41号	瑜康社区
2号	沧白路社区	10号	黄泥塝社区	18号	刘家台社区	26号	冉家坝社区	34号	新都巷社区	42号	玉带山社区
3号	大兴社区	11号	嘉陵社区	19号	龙头寺社区	27号	上大田湾社区	35号	新立社区	43号	袁家岗社区
4号	董家溪社区	12号	建北社区	20号	鲁能西路社区	28号	松林坡社区	36号	新鸣社区	44号	站东路社区
5号	桂花园新村社区	13号	建设坡社区	21号	马家堡社区	29号	松牌路社区	37号	邢家桥社区	45号	中山二路社区
6号	汉渝路社区	14号	金湖社区	22号	马家岩社区	30号	塔坪社区	38号	学田湾社区	46号	中心湾社区
7号	和平山社区	15号	劳动路社区	23号	民生路社区	31号	天湖美镇社区	39号	杨公桥社区	47号	重庆村社区
8号	红土地社区	16号	黎明社区	24号	民心佳园社区	32号	万紫山社区	40号	一心村社区	48号	自力巷社区

图3-2　土地利用（X1~X7）因子测算结果

商业业态的测度结果：39 个社区有住宿服务设施，其中 X8 最高的是站东路社区（5.83）；39 个社区有餐饮服务设施，X9 最高的是站东路社区（3.91）；41 个社区有购物服务设施，X10 最高的是自力巷社区（7.01）；44 个社区有娱乐休闲服务设施，X11 最高的是站东路社区（6.34）；40 个社区有金融保险服务设施，X12 最高的是自力巷社区（3.85）；40 个社区有医疗卫生服务设施，X13 最高的是站东路社区（0.85）。根据高德地图 POI 数据，新都巷和中心湾社区无标注的商业设施，详见图 3-3。

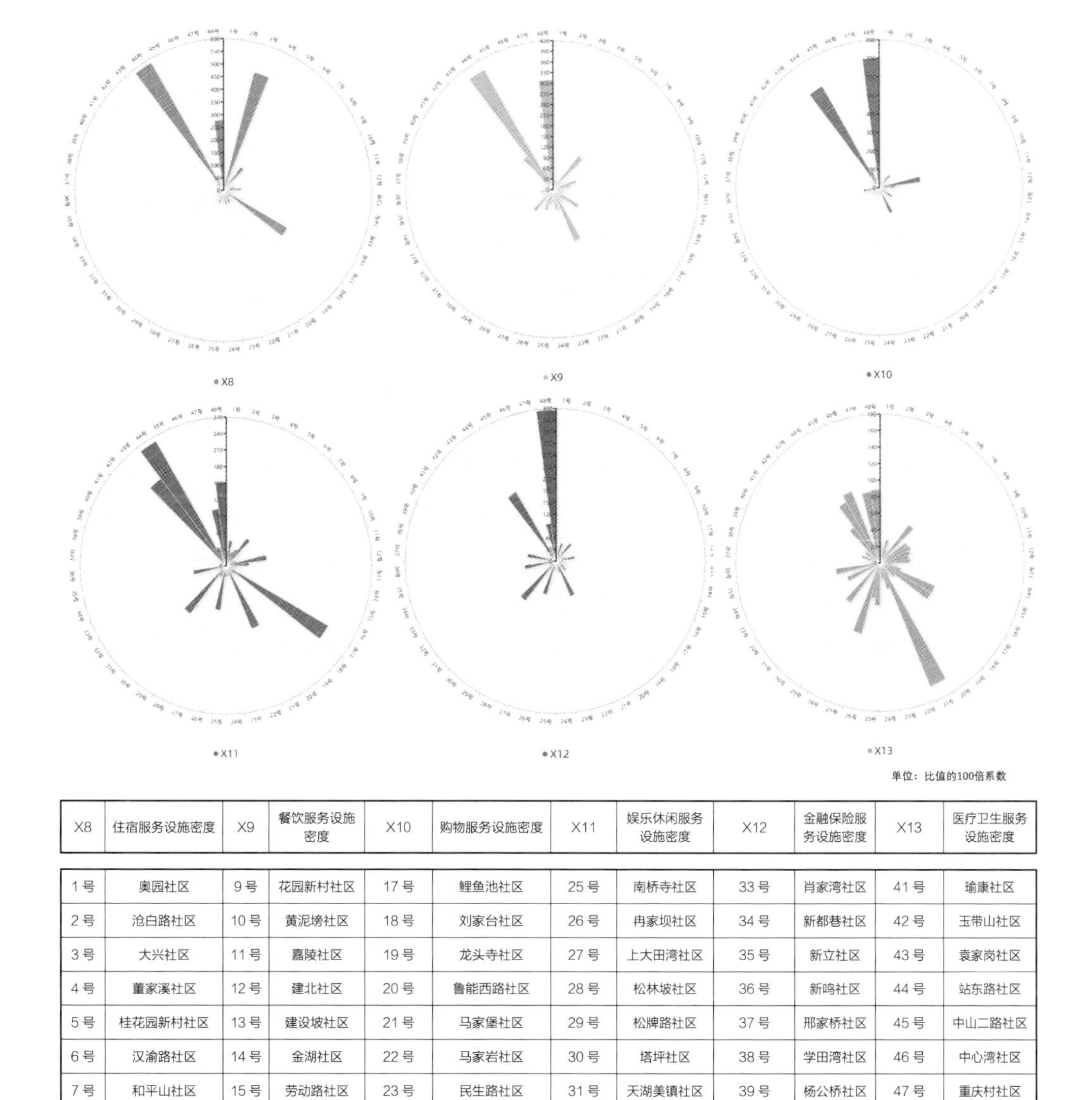

X8	住宿服务设施密度	X9	餐饮服务设施密度	X10	购物服务设施密度	X11	娱乐休闲服务设施密度	X12	金融保险服务设施密度	X13	医疗卫生服务设施密度
1 号	奥园社区	9 号	花园新村社区	17 号	鲤鱼池社区	25 号	南桥寺社区	33 号	肖家湾社区	41 号	瑜康社区
2 号	沧白路社区	10 号	黄泥塝社区	18 号	刘家台社区	26 号	冉家坝社区	34 号	新都巷社区	42 号	玉带山社区
3 号	大兴社区	11 号	嘉陵社区	19 号	龙头寺社区	27 号	上大田湾社区	35 号	新立社区	43 号	袁家岗社区
4 号	董家溪社区	12 号	建北社区	20 号	鲁能西路社区	28 号	松林坡社区	36 号	新鸣社区	44 号	站东路社区
5 号	桂花园新村社区	13 号	建设坡社区	21 号	马家堡社区	29 号	松牌路社区	37 号	邢家桥社区	45 号	中山二路社区
6 号	汉渝路社区	14 号	金湖社区	22 号	马家岩社区	30 号	塔坪社区	38 号	学田湾社区	46 号	中心湾社区
7 号	和平山社区	15 号	劳动路社区	23 号	民生路社区	31 号	天湖美镇社区	39 号	杨公桥社区	47 号	重庆村社区
8 号	红土地社区	16 号	黎明社区	24 号	民心佳园社区	32 号	万紫山社区	40 号	一心村社区	48 号	自力巷社区

图 3-3　商业业态（X8~X13）因子测算结果

交通容量的测度结果：X14 最高是民生路社区（484.98），最低是奥园社区（20.6）；X15 最高是花园新村社区（466.61），最低是马家岩社区（6.37）；X16 最高是鲤鱼池社区（2.38），最低是鲁能西路社区（0.06）。26 个社区内有轻轨或地铁站点，其中 X17 最高是民生路社区（0.2）；45 个社区有公交站点，X18 最高是站东路社区（0.79），见图 3-4。

3. 环境支撑参数的测度结果

集中劣势的测度结果：Y1 最高的是民心佳园社区（0.36），最低的是重庆村社

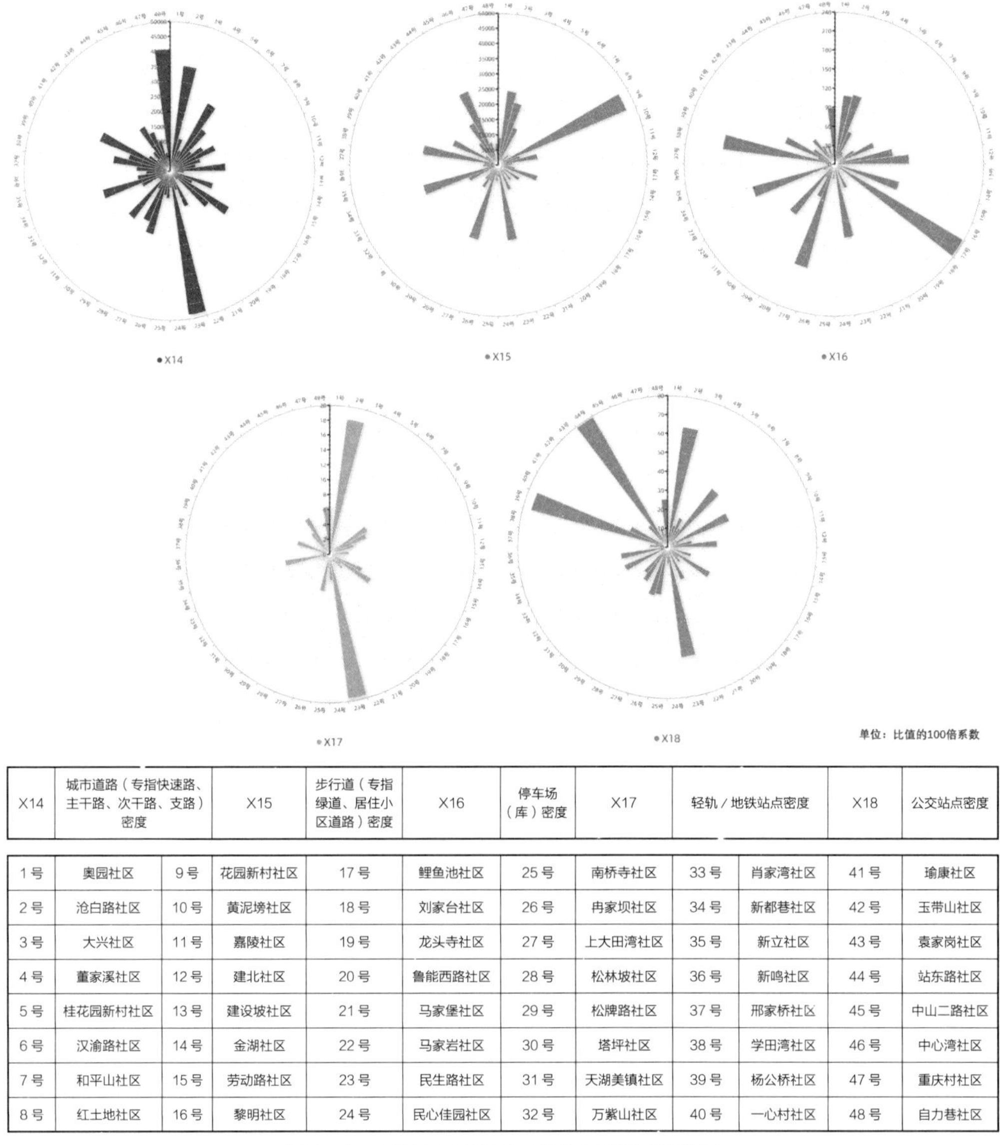

X14	城市道路（专指快速路、主干路、次干路、支路）密度	X15	步行道（专指绿道、居住小区道路）密度	X16	停车场（库）密度	X17	轻轨 / 地铁站点密度	X18	公交站点密度

1 号	奥园社区	9 号	花园新村社区	17 号	鲤鱼池社区	25 号	南桥寺社区	33 号	肖家湾社区	41 号	瑜康社区
2 号	沧白路社区	10 号	黄泥塝社区	18 号	刘家台社区	26 号	冉家坝社区	34 号	新都巷社区	42 号	玉带山社区
3 号	大兴社区	11 号	嘉陵社区	19 号	龙头寺社区	27 号	上大田湾社区	35 号	新立社区	43 号	袁家岗社区
4 号	董家溪社区	12 号	建北社区	20 号	鲁能西路社区	28 号	松林坡社区	36 号	新鸣社区	44 号	站东路社区
5 号	桂花园新村社区	13 号	建设坡社区	21 号	马家堡社区	29 号	松牌路社区	37 号	邢家桥社区	45 号	中山二路社区
6 号	汉渝路社区	14 号	金湖社区	22 号	马家岩社区	30 号	塔坪社区	38 号	学田湾社区	46 号	中心湾社区
7 号	和平山社区	15 号	劳动路社区	23 号	民生路社区	31 号	天湖美镇社区	39 号	杨公桥社区	47 号	重庆村社区
8 号	红土地社区	16 号	黎明社区	24 号	民心佳园社区	32 号	万紫山社区	40 号	一心村社区	48 号	自力巷社区

图 3-4　交通容量（X14~X18）因子测算结果

区（0）和黎明社区（0）; Y2 最高的是重庆村社区（1.03），最低的是天湖美镇社区（0.07）; Y3 最高的是民心佳园社区（0.03），有 20 个社区据统计没有贫困线以下的家庭；Y4 最高的是民心佳园社区（0.48），马家岩社区、中山二路社区、桂花园新村社区、民生路社区最低（0），详见图 3-5。

居所流动的测度结果：重庆村社区辖内居住小区全属于 20 世纪 80 年代的居所，学田湾、桂花园新村、自力巷社区辖内居住小区全属于 20 世纪 90 年代的居所，袁家岗、马家堡、肖家湾、万紫山、花园新村、松牌路、冉家坝、刘家台、渝康、大兴社

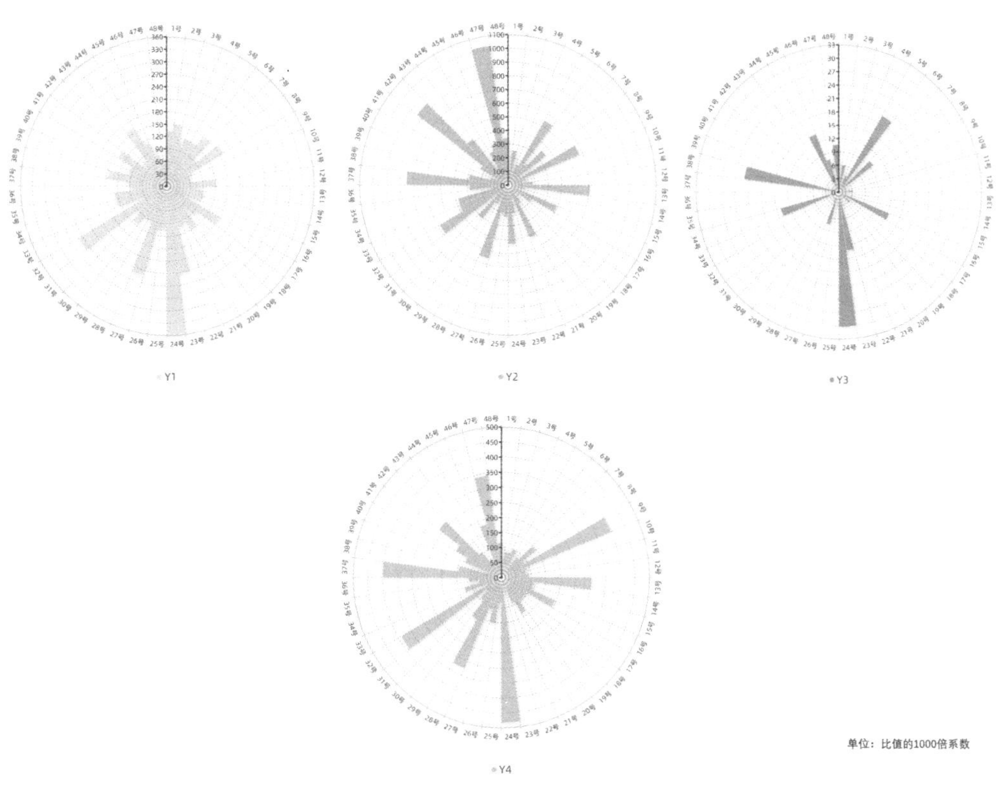

Y1	单亲家庭密度	Y2	高中以下文化家庭密度	Y3	贫困家庭密度	Y4	失业人口密度				

1号	奥园社区	9号	花园新村社区	17号	鲤鱼池社区	25号	南桥寺社区	33号	肖家湾社区	41号	瑜康社区
2号	沧白路社区	10号	黄泥塝社区	18号	刘家台社区	26号	冉家坝社区	34号	新都巷社区	42号	玉带山社区
3号	大兴社区	11号	嘉陵社区	19号	龙头寺社区	27号	上大田湾社区	35号	新立社区	43号	袁家岗社区
4号	董家溪社区	12号	建北社区	20号	鲁能西路社区	28号	松林坡社区	36号	新鸣社区	44号	站东路社区
5号	桂花园新村社区	13号	建设坡社区	21号	马家堡社区	29号	松牌路社区	37号	邢家桥社区	45号	中山二路社区
6号	汉渝路社区	14号	金湖社区	22号	马家岩社区	30号	塔坪社区	38号	学田湾社区	46号	中心湾社区
7号	和平山社区	15号	劳动路社区	23号	民生路社区	31号	天湖美镇社区	39号	杨公桥社区	47号	重庆村社区
8号	红土地社区	16号	黎明社区	24号	民心佳园社区	32号	万紫山社区	40号	一心村社区	48号	自力巷社区

图 3-5 集中劣势（Y1~Y4）因子测算结果

区辖内居住小区全属于 21 世纪初的居所，鲁能西路、民心佳园社区辖内居住小区全属于 21 世纪 10 年代的居所。有 17 个社区拥有 2 个时代的居住小区，有 13 个社区拥有 3 个时代的居住小区，有 1 个社区（塔坪社区）拥有 4 个时代的居住小区，详见图 3-6。

Y9 最高的是中心湾社区（0.18），最低的是上大田湾社区（0.03）；Y10 最高的是建设坡社区（0.11），最低的是重庆村社区（0.01）；Y11 最高的是民心佳园社区（1.00），最低的是重庆村社区（0）。除去公租房社区，租赁户数最多的是劳动路社区（0.69），详见图 3-7。

移民集聚的测度结果：Y12、Y13、Y14 反映的是社区居民拥有本地城市户口的结构特征，最高的是重庆村社区（1）。其中，有 46 个社区拥有户口从区县迁入本地的群体，最高的是鲁能西路社区（37.11%）；有 43 个社区拥有户口从外省迁入本地的群体，最高的是红土地社区（29.88%）。Y15 反映的是社区居民拥有本地农村户口的结构特征，有 29 个社区拥有该类群体，最高的是鲤鱼池社区（17.44%）。Y16 反映的是社区居民拥有本地区县户口的结构特征，有 44 个社区拥有该类群体，最高的是一心村社区（34.43%）。Y17 反映的是社区居民拥有外省户口的结构特征，有 35 个社区拥有该类群体，最高的是民心佳园社区（25.5%），详见图 3-8。

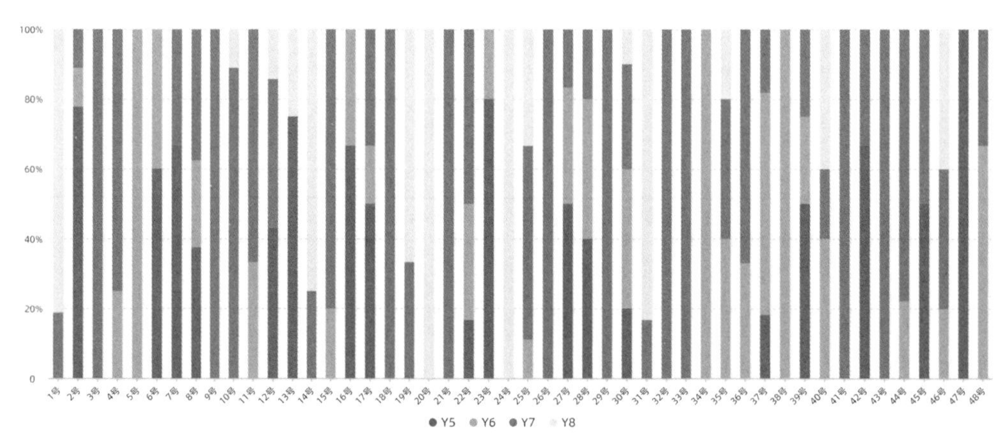

Y5	20 世纪 80 年代居所密度	Y6	20 世纪 90 年代居所密度	Y7	21 世纪 00 年代居所密度	Y8	21 世纪 10 年代居所密度				

1号	奥园社区	9号	花园新村社区	17号	鲤鱼池社区	25号	南桥寺社区	33号	肖家湾社区	41号	瑜康社区
2号	沧白路社区	10号	黄泥磅社区	18号	刘家台社区	26号	冉家坝社区	34号	新都巷社区	42号	玉带山社区
3号	大兴社区	11号	嘉陵社区	19号	龙头寺社区	27号	上大田湾社区	35号	新立社区	43号	袁家岗社区
4号	董家溪社区	12号	建北社区	20号	鲁能西路社区	28号	松林坡社区	36号	新鸣社区	44号	站东路社区
5号	桂花园新村社区	13号	建设坡社区	21号	马家堡社区	29号	松牌路社区	37号	邢家桥社区	45号	中山二路社区
6号	汉渝路社区	14号	金湖社区	22号	马家岩社区	30号	塔坪社区	38号	学田湾社区	46号	中心湾社区
7号	和平山社区	15号	劳动路社区	23号	民生路社区	31号	天湖美镇社区	39号	杨公桥社区	47号	重庆村社区
8号	红土地社区	16号	黎明社区	24号	民心佳园社区	32号	万紫山社区	40号	一心村社区	48号	自力巷社区

图 3-6　居所流动（Y5~Y8）因子测算结果

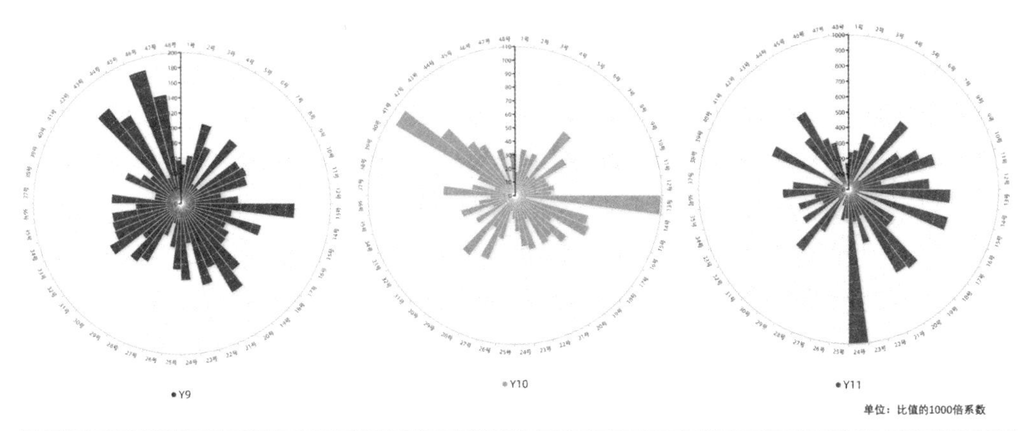

Y9	迁入率	Y10	迁出率	Y11	租赁户数密度						

1号	奥园社区	9号	花园新村社区	17号	鲤鱼池社区	25号	南桥寺社区	33号	肖家湾社区	41号	瑜康社区
2号	沧白路社区	10号	黄泥磅社区	18号	刘家台社区	26号	冉家坝社区	34号	新都巷社区	42号	玉带山社区
3号	大兴社区	11号	嘉陵社区	19号	龙头寺社区	27号	上大田湾社区	35号	新立社区	43号	袁家岗社区
4号	董家溪社区	12号	建北社区	20号	鲁能西路社区	28号	松林坡社区	36号	新鸣社区	44号	站东路社区
5号	桂花园新村社区	13号	建设坡社区	21号	马家堡社区	29号	松牌路社区	37号	邢家桥社区	45号	中山二路社区
6号	汉渝路社区	14号	金湖社区	22号	马家岩社区	30号	塔坪社区	38号	学田湾社区	46号	中心湾社区
7号	和平山社区	15号	劳动路社区	23号	民生路社区	31号	天湖美镇社区	39号	杨公桥社区	47号	重庆村社区
8号	红土地社区	16号	黎明社区	24号	民心佳园社区	32号	万紫山社区	40号	一心村社区	48号	自力巷社区

图 3-7　居所流动（Y9~Y11）因子测算结果

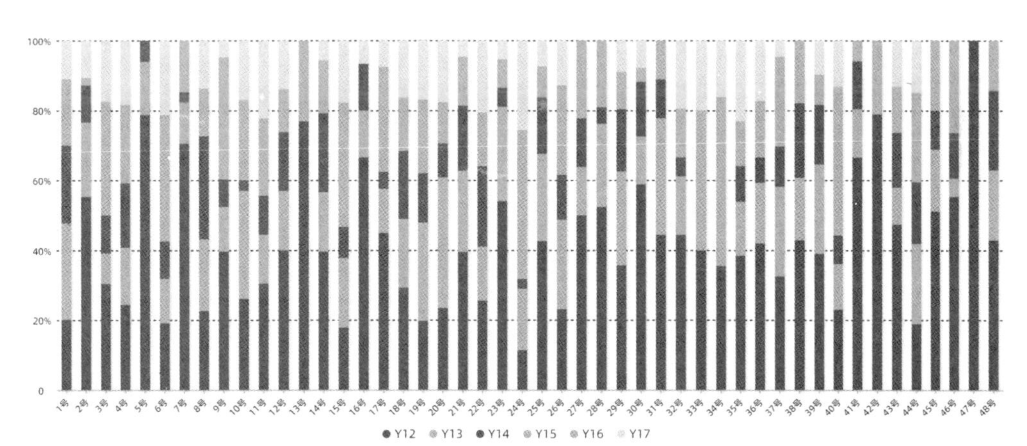

Y12	本地人集聚度	Y13	本地区县迁入居民集聚度	Y14	外省迁入居民集聚度	Y15	本地农村人集聚度	Y16	本地区县人集聚度	Y17	外省人集聚度

1号	奥园社区	9号	花园新村社区	17号	鲤鱼池社区	25号	南桥寺社区	33号	肖家湾社区	41号	瑜康社区
2号	沧白路社区	10号	黄泥磅社区	18号	刘家台社区	26号	冉家坝社区	34号	新都巷社区	42号	玉带山社区
3号	大兴社区	11号	嘉陵社区	19号	龙头寺社区	27号	上大田湾社区	35号	新立社区	43号	袁家岗社区
4号	董家溪社区	12号	建北社区	20号	鲁能西路社区	28号	松林坡社区	36号	新鸣社区	44号	站东路社区
5号	桂花园新村社区	13号	建设坡社区	21号	马家堡社区	29号	松牌路社区	37号	邢家桥社区	45号	中山二路社区
6号	汉渝路社区	14号	金湖社区	22号	马家岩社区	30号	塔坪社区	38号	学田湾社区	46号	中心湾社区
7号	和平山社区	15号	劳动路社区	23号	民生路社区	31号	天湖美镇社区	39号	杨公桥社区	47号	重庆村社区
8号	红土地社区	16号	黎明社区	24号	民心佳园社区	32号	万紫山社区	40号	一心村社区	48号	自力巷社区

图 3-8　移民集聚（Y12~Y17）因子测算结果

第三节 社区集体效能的水平测度

一、研究方法

1. 测度方法

由于所持理论观点的不同，各研究者对集体效能感所下的操作性定义以及分析的层面也存在着一定的差异。例如班杜拉认为，集体效能感是以个体为基础对团体能力的评估（Albert，2000）。理论观点及分析思路方面存在的分歧直接导致了研究者在测量时所用方法的不同。总的来说，集体效能感的测量方法主要包括以下三种：

（1）自我效能感总和法：用团体成员自我效能感评价的总和来评估集体效能感。此种方法没有把团体作为一个整体来考虑，因而无法解释团体内发生的组织和互动过程。

（2）个体评估平均法：用团体成员对团体能力的评价的均值来评估集体效能感。成员先分别用有关团体的多点量表来评定自己对团体能力的信念，然后计算成员反应的算术平均数。这种做法假设团体的“平均”反应可以准确测得团体层面的特质；而通过平均个体的反应，团体内的个体差异也被假设为可以忽略不计。

（3）团体讨论法：以团体成员在互动和讨论的基础上得出的一致意见来评估集体效能感。提供给团体一个单一的反应量表，并指导团体成员通过集体讨论的方式达成一个“集体”的反应结果。这种方法把团体作为一个整体来处理，并假设效能感是一个团体特质。

2. 量表开发

美国学者桑普森在1997年提出了社区集体效能的经典测量方法，包括非正式社会控制（informal social control）和社会凝聚力和信任（social cohesion and trust）两部分。非正式社会控制运用五级李克特量表测量，测量内容分为5个问题：①社区有孩子逃学，在街角闲逛；②有孩子在当地建筑物上喷绘涂鸦；③孩子对成人表现出言语的不尊重；④有一场打斗曾发生在您家附近；⑤离社区最近的消防站面临预算削减的威胁。社会凝聚力和信任同样运用五级李克特量表测量，测量内容分为5个问题：①这里的人们愿意帮助周边的邻居；②这是一个人际关系密切的社区；③周边的邻居是可以信任的；④邻居之间相处不太好；⑤邻居之间价值观不太一样。受试者对以上问题根据自身情况回答同意程度，从非常符合至非常不符合共分5级。该量表被证实在统计学上有较高的信度，一直作为欧美社区测量集体效能的主要方法。后续相关研究虽对测度内容有些删减（Cohen et al，2000；John，2016），增加了一些内容，例如贝莱尔（Bellair）

等将“非正式的监督”和“对青少年同伴群体的监控”纳入，但主体部分始终是围绕非正式社会控制和社会凝聚力和信任的（Bellair & Browning，2010）。

由于集体效能理论源于北美且带有强烈的西方主流价值观，其主张的情景、人与环境的互动理论仍然以个体为本位和出发点，这与我国所提倡的集体主义背道而驰。同时，我国的社区制度不同于西方，结构上更偏向地域式，居民间的亲密关系存在一定的人际距离，加之社区居委会等半行政力量的介入，在社会凝聚力和信任、非正式社会控制等核心概念和维度的定义上并不能照搬西方已有的理论模型。

因此，本书测量集体效能仍然以常规的李克特量表测量为基础，同时结合近几年国外学者对我国天津、广州等地的测量内容进行调整（Jiang et al，2000；Zhang et al，2000；Shen et al，2000），改变测量内容以更加贴近我国社区居民的现实生态情景。例如主要调整了非正式社会控制的测量内容，由5类组成，包括：①发现陌生人在社区内闲逛；②有人随意破坏社区公共资源，例如在建筑物上喷绘涂鸦、损害路面、采摘花卉、宠物随地大小便等；③社区邻居之间表现出言语的不尊重；④有一场邻里纠纷和打斗发生在您家附近；⑤社区内发生盗窃、抢劫等犯罪活动，详见表3-5。

测量集体效能的量表设计　　表3-5

序号	问题		回答
请您回想您所居住的社区内，是否有以下情况发生： （非正式社会控制）			
1	发现陌生人在社区内闲逛	1=非常不符合 2=不符合 3=一般 4=符合 5=非常符合	
2	有人随意破坏社区公共资源，例如在建筑物上喷绘涂鸦、损害路面、采摘花卉、宠物随地大小便等	1=非常不符合 2=不符合 3=一般 4=符合 5=非常符合	
3	社区邻居之间表现出言语的不尊重	1=非常不符合 2=不符合 3=一般 4=符合 5=非常符合	
4	有一场邻里纠纷和打斗发生在您家附近	1=非常不符合 2=不符合 3=一般 4=符合 5=非常符合	
5	社区发生盗窃、抢劫等犯罪活动	1=非常不符合 2=不符合 3=一般 4=符合 5=非常符合	
（社会凝聚力和信任）			
6	社区的人们愿意帮助周边的邻居	1=非常不符合 2=不符合 3=一般 4=符合 5=非常符合	
7	这是一个人际关系密切的社区	1=非常不符合 2=不符合 3=一般 4=符合 5=非常符合	
8	周边的邻居是可以信任的	1=非常不符合 2=不符合 3=一般 4=符合 5=非常符合	
9	邻居之间相处不太好	1=非常不符合 2=不符合 3=一般 4=符合 5=非常符合	
10	邻居之间价值观不太一样	1=非常不符合 2=不符合 3=一般 4=符合 5=非常符合	

资料来源：作者自绘。

二、数据采集

1. 问卷设计

采用实地访谈和网络问卷的方式，采集社区居民的量表，获取每个社区的集体效能水平。问卷设计分为三个部分。第一个部分是被采访者的个人信息，包括户籍、婚姻、经济等个体信息；第二个部分是集体效能，主要是非正式社会控制、社会凝聚力和信任的心理量表。

问卷起草后，首先由重庆大学建筑城规学院的 30 名研究生和教师组成的专家小组进行了讨论；其次，对重庆大学的大学生进行了预测，对问卷信度和效度进行了修订；然后，送至沙坪坝街道的松林坡社区进行二次预测，再次修改后形成最终问卷。

2. 实地采集

在 2019 年 11 月至 2020 年 7 月间，利用被选取的每个社区居委会提供的户口簿对住户进行系统抽样。随机确定一个起始点，以 8 户为间隔，选取调查住户，直到每个社区选取 30 户。对于完成的问卷低于 30 份的社区，研究团队再次从家庭花名册中随机选择新家庭进行替代访问。

3. 网络采集

在 2020 年 5 月至 9 月间，运用问卷网 App 2.3.7 版平台发放网络问卷。发放对象是每个社区的所有居住小区，通过微信平台的业主群、物管群，将问卷发送至社区居民手机。在信息化的时代背景下，利用网络平台进行调查无疑更加高效，操作性更强，是短期内快速获取多类型人群、覆盖多区域的全面数据的高效研究方法之一。

三、测度结果

1. 受访者信息描述性结果

通过实地采集和网络采集，共回收有效问卷样本 704 份。其中，网络采集剔除了 13 个不完整的样本[①]。受访者基本信息统计结果如表 3-6 所示。

受访者基本信息　　表 3-6

属性	变量	样本数	比例	属性	变量	样本数	比例
性别	男	366	52.04%	在业情况	在业	457	64.86%
	女	338	47.96%		不在业	247	35.14%

① 剔除的问卷填写信息不完整且时间低于 1 分钟，信息真实度存疑。

续表

属性	变量	样本数	比例	属性	变量	样本数	比例
年龄 / 岁	18 以下	5	0.74%	职业	管理人员	91	12.98%
	18~24	43	6.14%		有专业职称技术人员	60	8.45%
	25~30	128	18.18%		办事或一般业务人员	123	17.51%
	31~40	190	27.03%		商业和服务业一般工作人员	108	15.39%
	41~50	138	19.66%		有专业技术工人	17	2.41%
	51~60	100	14.25%		无专业技术工人	36	5.13%
	61 以上	99	14.00%		临时工	62	8.75%
婚姻状况	未婚	133	18.92%		其他	64	9.06%
	初婚	476	67.57%	不在业原因	失去工作	22	3.06%
	离婚	38	5.41%		待安置	9	1.31%
	再婚	29	4.18%		无劳动能力	6	0.87%
	丧偶	28	3.93%		待业	40	5.68%
文化程度	不识字	9	1.23%		在校学生	89	12.67%
	小学	45	6.39%		离退休	209	29.72%
	初中	109	15.48%		料理家务	43	6.12%
	高中、技校	107	15.23%		其他	22	3.06%
	中专	64	9.09%	月收入 / 元	1000 以下	64	9.09%
	大专	145	20.64%		1000~3000	228	32.43%
	本科及以上	225	31.94%		3000~5000	199	28.26%
户口所在地	本地城市	246	34.89%		5000~10000	150	21.38%
	本地城市（外省迁入）	93	13.27%		10000 以上	62	8.85%
	本地城市（区县迁入）	131	18.67%	房屋产权	租赁	195	27.76%
	本地区县	121	17.20%		全款购买	220	31.20%
	本地农村	55	7.86%		按揭购买	232	32.92%
	外省	57	8.11%		其他	57	8.11%
与户主关系	户主	294	41.77%	参加过社区组织	党团组织	85	12.04%
	配偶	152	21.62%		民主党派	2	0.25%
	子女	97	13.76%		宗教团体	3	0.49%
	孙子女	7	0.98%		文体团体（如演出队、篮球队等）	80	11.30%
	父母	59	8.35%		各类协会（如行业协会、兴趣协会）	36	5.16%
	祖父母	3	0.49%		志愿者组织	106	14.99%
	兄弟姐妹	14	1.97%		同乡会	17	2.46%
	其他	78	11.06%		业主大会	50	7.13%
居所家庭结构	独身	86	12.29%		其他团体	2	0.25%
	两口之家	133	18.92%		无	323	45.95%
	三口之家	253	35.87%				
	四口之家	126	17.94%				
	五口及以上	106	14.99%				

资料来源：作者自绘。

2. 集体效能分值描述性结果

运用 SPSS 20 汇总 704 份集体效能量表，计算各类分项均值，如表 3-7 所示。同时，利用 α 系数评价量表中各项得分之间的一致性，信度系数大于 0.8，说明本次量表结果可以接受，如表 3-8 所示。

分项内容评测结果　　表 3-7

序号	内容	均值	方差	最小值	最大值
非正式社会控制					
1	发现陌生人在社区内闲逛	3.36	3.61	1	5
2	有人随意破坏社区公共资源，例如在建筑物上喷绘涂鸦、损害路面、采摘花卉、宠物随地大小便等	3.25	3.43	1	5
3	社区邻居之间表现出言语的不尊重	3.78	4.03	1	5
4	有一场邻里纠纷和打斗发生在您家附近	3.97	4.36	1	5
5	社区发生盗窃、抢劫等犯罪活动	3.96	4.51	1	5
社会凝聚力和信任					
6	社区的人们愿意帮助周边的邻居	3.67	1.26	1	5
7	这是一个人际关系密切的社区	3.53	1.29	1	5
8	周边的邻居是可以信任的	3.59	1.13	1	5
9	邻居之间相处不太好	2.30	1.19	1	5
10	邻居之间价值观不太一样	2.91	1.14	1	5

资料来源：笔者自绘。

一致性检验　　表 3-8

可靠性统计量		
Cronbach's Alpha	基于标准化项的 Cronbachs Alpha	项数
0.886	0.869	10

资料来源：笔者自绘。

3. 社区集体效能水平测度结果

集体效能测算过程。集体效能水平由两个分量表的得分之和来反映。“非正式社会控制”分量表计算五项内容得分的总和；“社会凝聚力和信任”分量表中后两项为反向计数，计算前三项内容得分总和减去后两项得分的总和。按此规则，集体效能最高值为 38，最低值为 -2。

1）街道层面的结果

经过计算分析，得出了 16 个街道集体效能分值的分布情况，如图 3-9 所示。总体来看，704 份数据中分布异常值较少，仅五里店街道和人和街道等出现几处异常值，代表整体问卷结果比较理想，没有出现负分，分值分布在 5~38 以内。个体来看，解放碑街道、五里店街道和上清寺街道得分比较集聚；两路口街道的极大值是所有街道的集体效能最大值，建北社区的极小值是集体效能最小值。均值为 24.03，方差为 14.66；9 个街道得分高于均值，7 个社区的集体效能低于均值，图中 × 表示单个街道集体效能均值。

从街道隶属关系来看，横向对比所有街道，如图 3-10 所示，上清寺街道集体效能水平最低（18.56），大坪街道集体效能水平最高（29.05）；江北区的四个街道得分比较分散，分布在最高和最低两侧，渝中区的四个街道得分比较集中。集体效能在区域和街道中的分布，并未形成比较明显的地域规律。

2）社区层面的结果

经过计算分析，得出了 48 个社区集体效能分值的分布情况，如图 3-11 所示。总

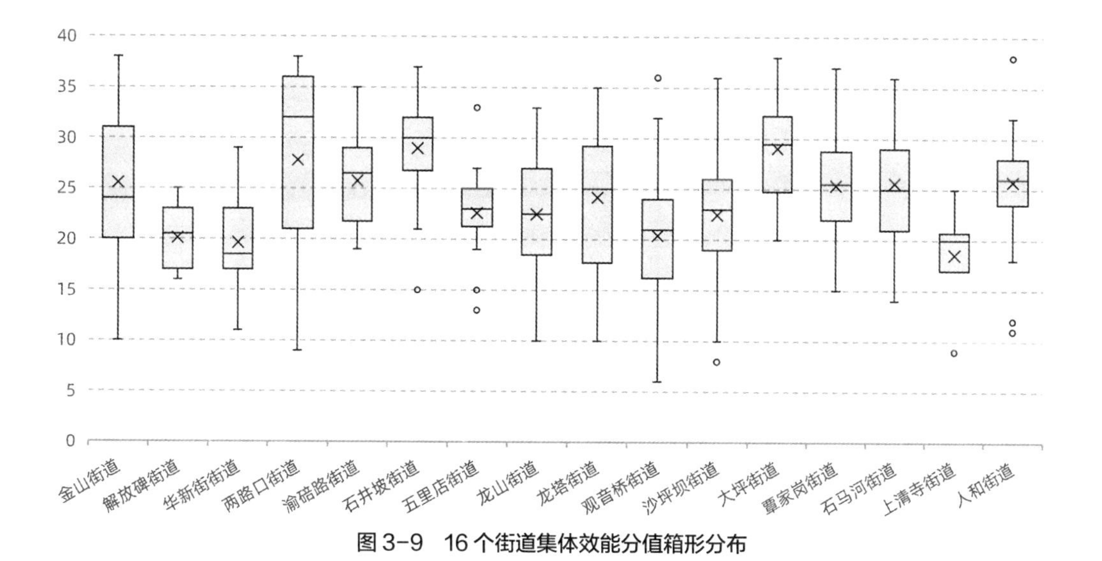

图 3-9　16 个街道集体效能分值箱形分布

图 3-10　16 个街道集体效能平均值排名

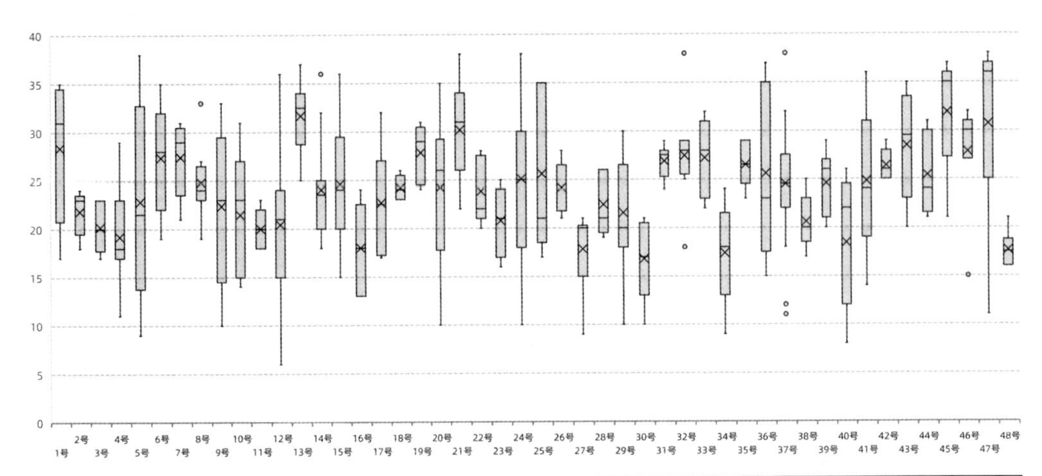

1号	奥园社区	9号	花园新村社区	17号	鲤鱼池社区	25号	南桥寺社区	33号	肖家湾社区	41号	瑜康社区
2号	沧白路社区	10号	黄泥塝社区	18号	刘家台社区	26号	冉家坝社区	34号	新都巷社区	42号	玉带山社区
3号	大兴社区	11号	嘉陵社区	19号	龙头寺社区	27号	上大田湾社区	35号	新立社区	43号	袁家岗社区
4号	董家溪社区	12号	建北社区	20号	鲁能西路社区	28号	松林坡社区	36号	新鸣社区	44号	站东路社区
5号	桂花园新村社区	13号	建设坡社区	21号	马家堡社区	29号	松牌路社区	37号	邢家桥社区	45号	中山二路社区
6号	汉渝路社区	14号	金湖社区	22号	马家岩社区	30号	塔坪社区	38号	学田湾社区	46号	中心湾社区
7号	和平山社区	15号	劳动路社区	23号	民生路社区	31号	天湖美镇社区	39号	杨公桥社区	47号	重庆村社区
8号	红土地社区	16号	黎明社区	24号	民心佳园社区	32号	万紫山社区	40号	一心村社区	48号	自力巷社区

图3-11　集体效能分值箱形分布

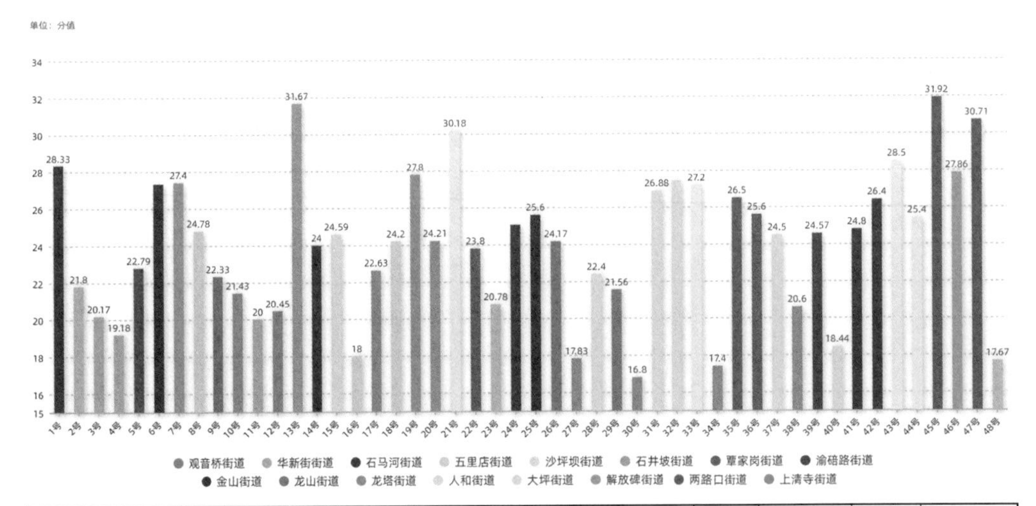

1号	奥园社区	9号	花园新村社区	17号	鲤鱼池社区	25号	南桥寺社区	33号	肖家湾社区	41号	瑜康社区
2号	沧白路社区	10号	黄泥塝社区	18号	刘家台社区	26号	冉家坝社区	34号	新都巷社区	42号	玉带山社区
3号	大兴社区	11号	嘉陵社区	19号	龙头寺社区	27号	上大田湾社区	35号	新立社区	43号	袁家岗社区
4号	董家溪社区	12号	建北社区	20号	鲁能西路社区	28号	松林坡社区	36号	新鸣社区	44号	站东路社区
5号	桂花园新村社区	13号	建设坡社区	21号	马家堡社区	29号	松牌路社区	37号	邢家桥社区	45号	中山二路社区
6号	汉渝路社区	14号	金湖社区	22号	马家岩社区	30号	塔坪社区	38号	学田湾社区	46号	中心湾社区
7号	和平山社区	15号	劳动路社区	23号	民生路社区	31号	天湖美镇社区	39号	杨公桥社区	47号	重庆村社区
8号	红土地社区	16号	黎明社区	24号	民心佳园社区	32号	万紫山社区	40号	一心村社区	48号	自力巷社区

图3-12　48个社区集体效能平均值排名

体来看，分布异常值较少，仅邢家桥社区出现几处异常值。个体来看，沧白路社区、嘉陵社区、刘家台社区、天湖美镇社区、玉带山社区得分比较集聚；桂花园新村社区、民心佳园社区、马家堡社区的极大值是所有街道的集体效能最大值，观音桥街道的极小值是所有街道集体效能最小值。均值为 24.01，方差为 10.05；27 个社区得分高于均值，21 个社区的集体效能低于均值，图中 × 表示单个社区集体效能均值。

从社区隶属关系来看，横向对比所有街道，如图 3-12 所示，塔坪社区集体效能水平最低（16.8），中山二路社区集体效能水平最高（31.92）；16 个街道的社区得分均比较分散，也未形成比较明显的地域规律。

第四节　社区环境效应的空间测度

通过第二章关于增效逻辑的解析，我们总结了从环境维度调控集体效能的 2 条环境效应，分别是社区空间环境的供给效应和社区结构环境的支撑效应。结合采集和测度的反映环境参数和集效能水平的数据，运用 GIS 平台将测度数据空间矢量化，运用空间统计手段揭示不同集体效能变化下环境参数的分布特征，对社区环境效应进行空间测度，考察我国城市社区环境效应的显著程度。

一、社区基础属性的效能差异

1. 社区用地规模与集体效能

选取调查的 48 个社区，在区位、外部环境、内部环境等多个方面都具有差异性，正如 3.2.3 节中样本社区信息的描述性结果所言。其中，差异较大的主要是社区用地规模和服务人口方面。西方研究中对于两者与集体效能的关系也有一定的讨论。如：社区辖内居住人口数量不能过大，对集体行动的呼吁会减弱；社区用地规模过大会涉及更多问题，不容易在短期内解决。由于社区管理体制的不同和发展速率的差异，调查区域的社区用地规模和服务人口（居住人口）均存在较大差异。因此，在对环境的供给和支撑效应进行空间测度时，首先需要探讨社区用地规模和服务人口的差异是否会产生较大的干扰。运用地理学的空间统计方法，对这个疑惑进行解析。

社区用地规模方面，按辖内面积可分为 6 类。100hm^2 以上的社区主要分布在渝北区北部、江北区西部，属于这两个区域内近几年集中建设和完善的城市开发区域，社区居委会设立较晚，因此覆盖面积较大。集体效能的空间分布较分散，有 4 个区域内都有水平较高的地区，如渝中区中部的马家堡社区、重庆村社区，渝北区北部的天湖美镇社区，沙坪坝区南部的马家岩社区、新鸣社区等。从两者的整体叠合关系来看，社区用地规模的异同对集体效能水平的集中式分布干扰较少。部分类型存在影响，例如 $10hm^2$ 以下的社区集体效能水平偏低，但随着面积的增加，集体效能水平分布开始宽广，分值变化更大，可覆盖所有社区，如图 3-13 所示。

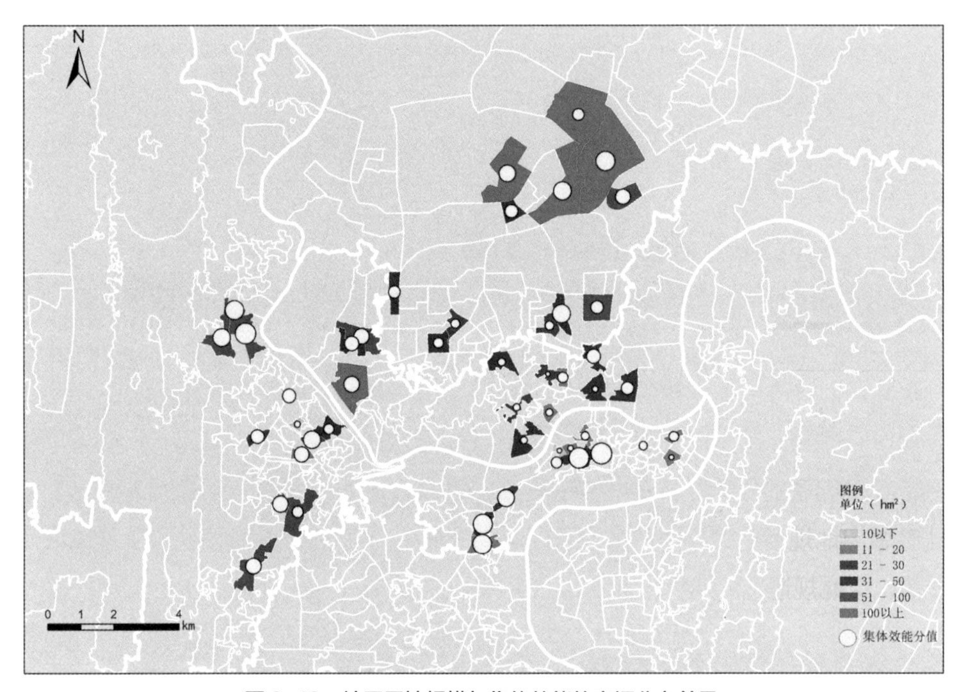

图 3-13 社区用地规模与集体效能的空间分布差异

2. 社区服务人口与集体效能

社区服务人口方面，按辖内居住人口可分为 5 类，居住人口与社区辖内面积有比较明显的正向关系，面积越大，居住人口就越多。当然，也存在一些变化，例如一心村社区、沧白路社区等居住人口多、辖内面积小的高密度居住社区。从集体效能与居住人口的叠合关系来看，在 5 类社区等级中，每类的集体效能水平分布都较广，分值变化较均匀，可以判断，社区居住人口的异同对集体效能水平的集中式分布干扰较少，如图 3-14 所示。

在实际的社区调查中可知，服务人口和面积均等的社区会存在环境过于单一的情况，例如老旧社区服务人口比较相似，但交通环境就比较单一，新开发的商品房社区大多经过统一规划，所配置的商业服务形式均为住宅底商，仅以所属面积作为判断依据，无法深入挖掘社区商业供给的差异。为了规避社区用地规模和服务人口的干扰，

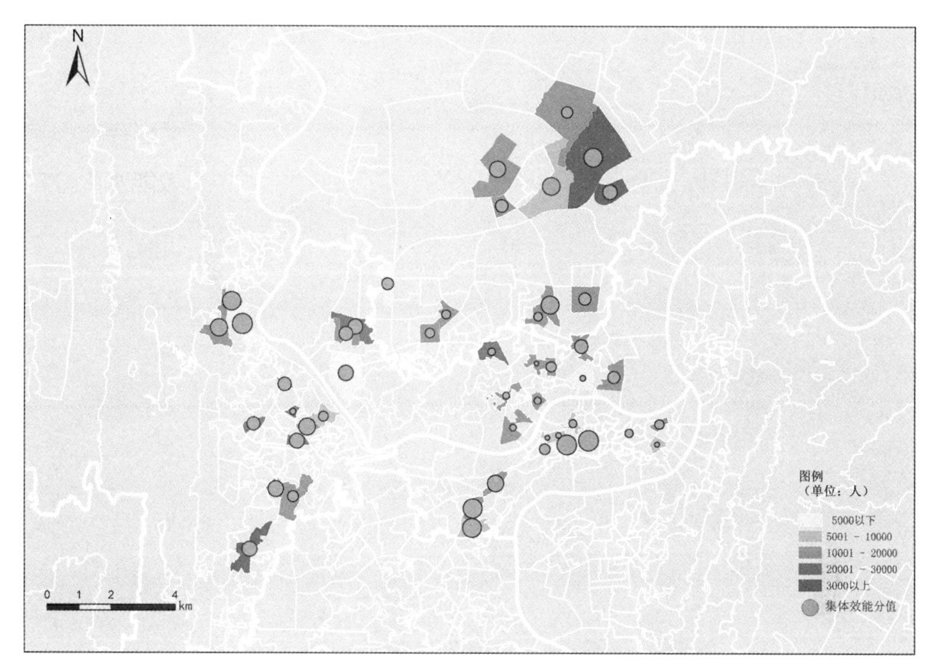

图 3-14　社区服务人口与集体效能的空间分布差异

笔者主要在因子的统一性方面进行了设计。例如：环境供给因子的密度，是所占面积与社区总用地规模的比值；支撑因子的密度，是所占规模与社区服务总人口或总户数的比值。以此规避用地规模和服务人口差异的干扰。

二、环境供给效应的空间测度

空间测度是为了直观判断本书所列举的社区环境因子，包括 6 类参数 35 类因子，是否对集体效能存在较显著的环境效应。为了衡量这种差异，采用 GIS 的空间定量符号化，对集体效能分值与环境因子数值进行归一化处理，得到单位环境因子内的集体效能分值大小（以下简称“归一化指数”[①]）。归一化的过程是一种线性变换，将数据改变后不会造成失真，反而能提高数据的表现。某社区的归一化指数越大，说明随着环境因子数值的变化，集体效能会产生更大的变化，反映出该环境因子对集体效能存在明显的效应。归一化指数还能够帮助我们更加直观地描绘该环境效应的空间分布。在早期的芝加哥调查中，环境效应的空间分布存在较明显的规律。贫困人口和种族人口结构与集体效能水平就存在明显的空间分布规律，越贫困的地方集体效能越低，如图 3-15 所示。

① 与概率论和相关领域中的归一化指数计算方式有所差别。严格意义上来讲，GIS 的分级色彩符号系统可有效表示量级现象中的差异。

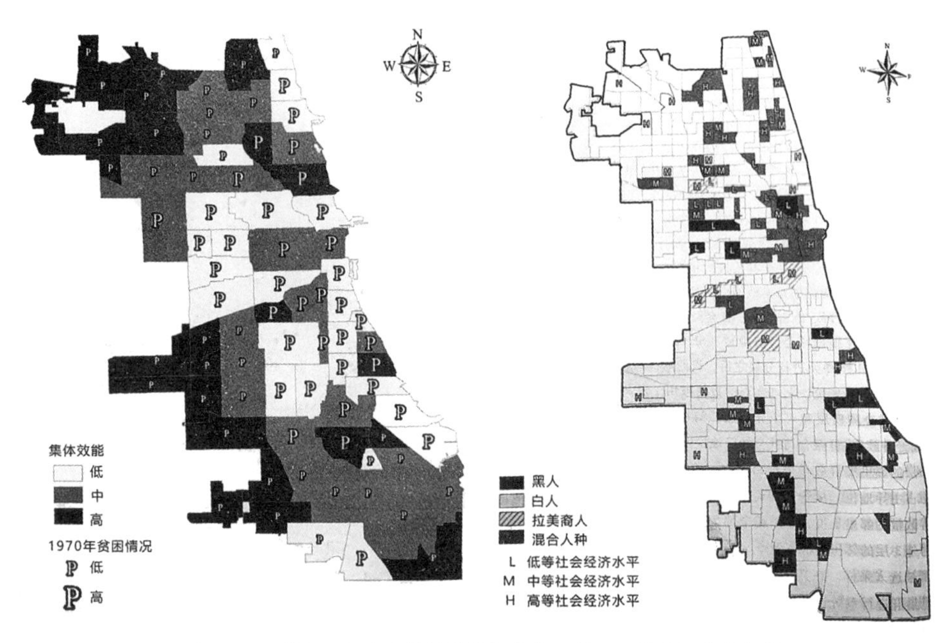

图 3–15　芝加哥调查中集体效能与结构环境因子的空间分布规律

资料来源：桑普森 . 伟大的美国城市 [M]. 北京：社会科学文献出版社，2018.

1. 功能供给特征

功能供给的空间测度，检验不同社区在 X1~X7 环境因子方面，对集体效能是否存在明显效应。通过归一化指数大小来反映关系的显著程度。

文化设施用地（X1）方面，主要分布在江北区中部、渝中区中部等 8 个社区。根据归一化指数的可视化表达，沙坪坝区的新鸣社区效应显著（38074），学田湾社区的效应不太显著（177.17）。新鸣社区在空间上靠近占地 7000m^2 的沙坪坝区图书馆新馆，可能是该现象产生的原因。教育设施用地方面（X2），分布在 4 个区域内的 36 个社区。其中黎明社区存在比较显著的效应（59400），松林坡社区的效应不太显著（30.43）。黎明社区辖内仅有一所劳卫小学，是重庆市重点小学，占地面积约 5157m^2。体育设施用地方面（X3），仅分布在渝北区中部、江北区西部的 3 个社区。其中，瑜康社区存在比较显著的效应（2411.73），金湖社区的效应不太显著（102.23）。医疗卫生设施用地方面（X4），分布在 4 个区域内的 23 个社区。其中，沙坪坝区的新鸣社区效应显著（23390），塔坪社区的效应最不显著（112.8）。社会福利设施用地方面（X5），分布在 4 个区域内 3 个社区。其中，玉带山社区存在显著的效应（31674.19），和平山社区的效应不太显著（4358）。绿地与广场用地方面（X6），分布在渝北区、沙坪坝区和渝中区的 21 个社区。其中，渝中区的重庆村社区对集体效能存在显著的效应（169388），沧白路社区最不显著（144）。商业服务业设施用地方面（X7），分布在江北区中部、渝中区中部的 8 个社区。其中，渝北区的万紫山社区对集体效能存在显著的效应（12625），建北社区最不显著（103）。详见图 3-16。

从空间分布来看，由于某些环境因子在社区内的缺失，使得土地利用对集体效能的供给效应并未在空间分布上呈现出明确的分布规律。

2. 服务供给特征

服务供给的空间测度，检验不同社区在 X8~X13 环境因子方面，对集体效能是否存在明显效应。通过归一化指数大小来反映关系的显著程度。

住宿服务设施方面（X8），归一化指数明显较高的社区，分布在渝北区以北、江北区以西。其中，天湖美镇社区表现出显著的效应（4417.48），中山二路社区的效应不显著（4.17）。餐饮服务设施方面（X9），在渝北区以北、沙坪坝区以西的区域呈现出较高的趋势。其中，民心佳园社区效应显著（1752.90），站东路社区效应极不显著（5.70）。购物服务设施方面（X10），仍然以渝北区以北为重点区域，渝中区中部的几个社区相比前两个环境因子表现出较显著的效应。其中，民心佳园社区效应显著（1855.20），渝中区东部的自力巷社区效应不显著（2.52）。娱乐休闲服务设施方面（X11），渝北区的天湖美镇社区效应显著（1104.37），渝中区肖家湾社区效应极不显著（9.76）。金融保险服务设施方面（X12），渝北区的趋势更加明显。其中，渝北区的天湖美镇社区对集体效能效应显著（4417.48），马家堡社区极不显著（4.59）。医疗卫生服务设施方面（X13），渝北区的天湖美镇社区对集体效能效应显著（1752.90），沧白路社区极不显著（18.69）。详见图 3-17。

由于 48 个样本中几乎所有社区均存在商业服务类设施，根据归一化指数的空间分布呈现出一条比较明显的空间规律。从服务供给的角度，渝北区和沙坪坝区供给效应明显高于江北区和渝中区。城市中开发建设较早区域内的社区，商业服务供给水平较低，对社区集体效能的供给效应似乎并不明显；反观城市中正处于开发建设的区域，对社区集体效能的供给效应似乎更加明显，这与当前开发小区更注重商业配套、区域商业体建造的趋势有关。

3. 流通供给特征

流通供给的空间测度，检验不同社区在 X14~X18 环境因子方面，对集体效能是否存在明显效应。通过归一化指数大小来反映关系的显著程度。

城市道路密度方面（X14），归一化指数明显较低的社区，主要为沙坪坝中部的一心村社区、劳动路社区、杨公桥社区、汉渝路社区，以及渝中区东部的沧白路社区、中山二路社区、自立巷社区等，都是两个区域的老旧社区。效应最显著的社区是渝北区的奥园社区（1.38），效应最不显著的是一心村社区（0.04），变化幅度不大。步行

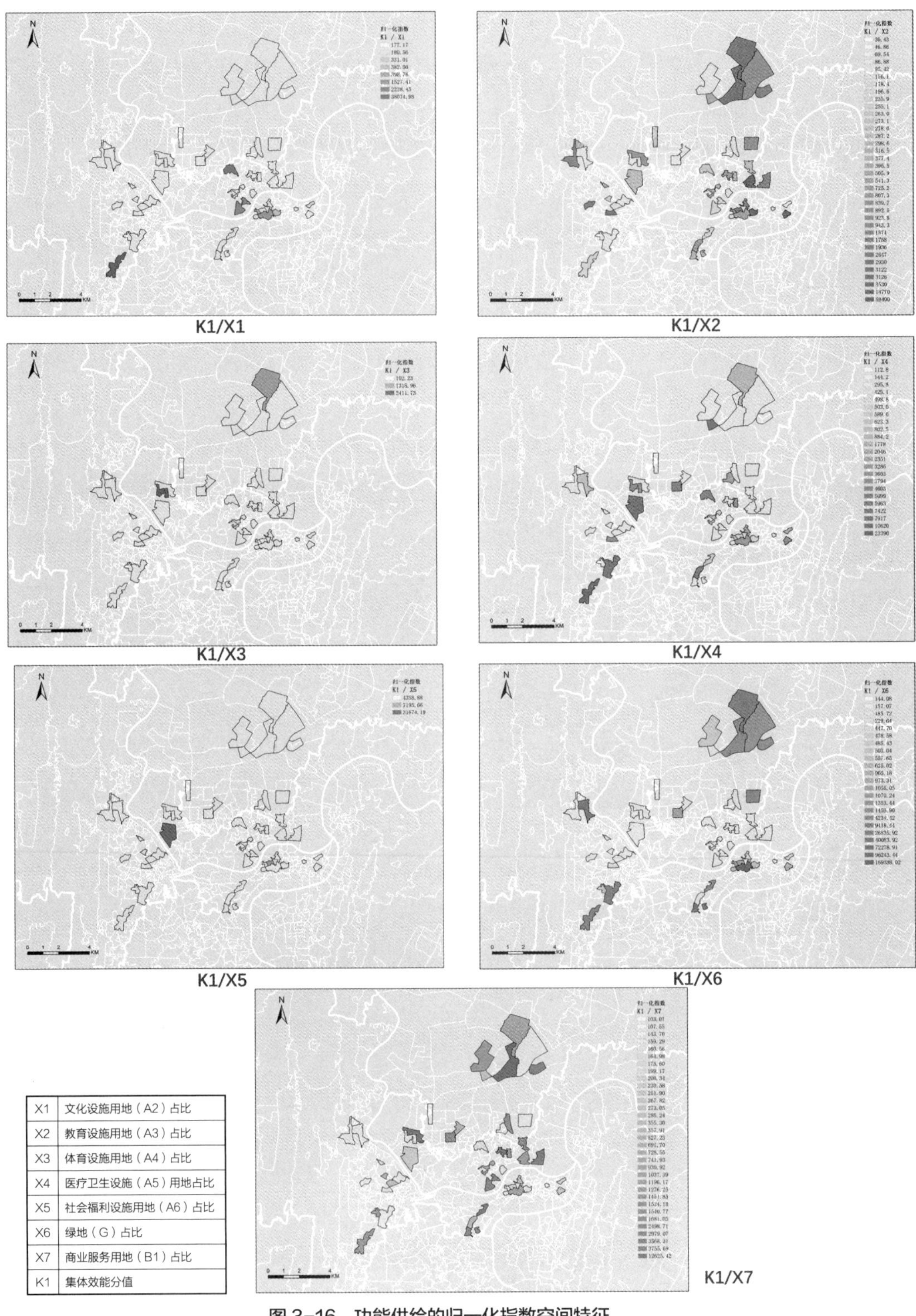

X1	文化设施用地（A2）占比
X2	教育设施用地（A3）占比
X3	体育设施用地（A4）占比
X4	医疗卫生设施（A5）用地占比
X5	社会福利设施用地（A6）占比
X6	绿地（G）占比
X7	商业服务用地（B1）占比
K1	集体效能分值

图 3-16　功能供给的归一化指数空间特征

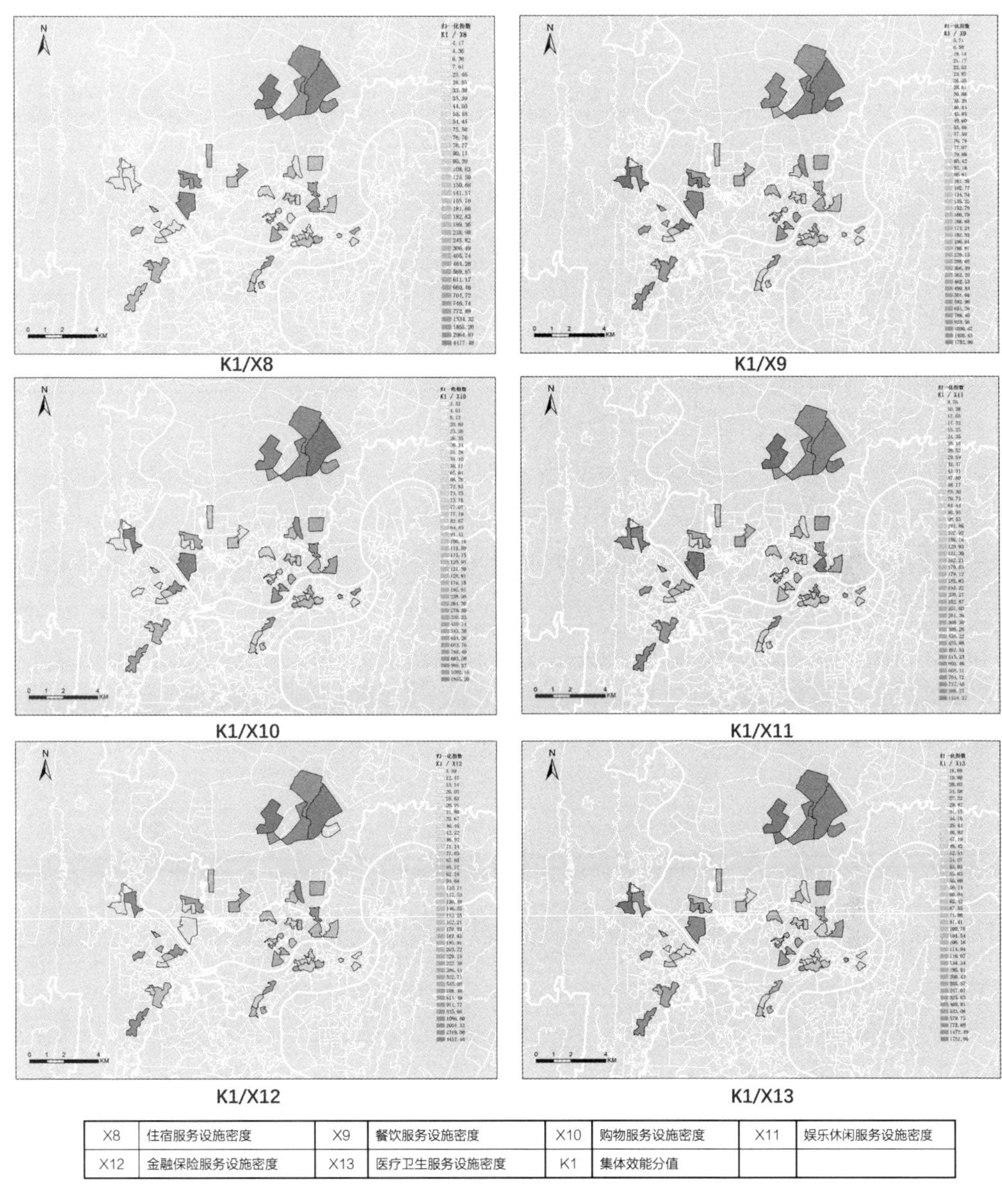

X8	住宿服务设施密度	X9	餐饮服务设施密度	X10	购物服务设施密度	X11	娱乐休闲服务设施密度
X12	金融保险服务设施密度	X13	医疗卫生服务设施密度	K1	集体效能分值		

图 3-17　服务供给的归一化指数空间特征

道密度方面（X15），归一化指数明显较高的社区，主要有渝中区的重庆村社区，江北区的刘家台社区、黎明社区，这些同样是两个区域的老旧社区集中的地区。效应最显著的社区是重庆村社区（3.74），效应最不显著的是花园新村社区（0.05）。停车场（库）密度方面（X16），归一化指数明显较高的社区，主要有渝北区的天湖美镇社区、奥园社区、万紫山社区。效应最显著的社区是天湖美镇社区（2279.42），效应最不显著的是学田湾社区（9.52）。轻轨 / 地铁站点密度方面（X17），仍有一半的社区辖内没有规划地铁站点。效应最显著的社区是奥园社区（3092.01），效应最不显著的是黎明社区（106.16）。公交站点密度方面（X18），归一化指数明显较高的社区，主要有沙坪坝区的马家岩社区、新鸣社区，渝北区的万紫山社区。效应最显著的社区是马家岩社区（2279.42），效应最不显著的是中山二路社区（32.05）。从已有社区的指数高低来看，变化幅度很大，详见图 3-18。

48 个样本社区的交通情况差异较大，根据归一化指数的空间分布，存在单个交通环境因子的规律性空间分布。同时，由于交通供给方式的不同，城市道路和步行道路供给，在相同的社区中会呈现出相反的效应结果；如，由于现代城市社区中普遍存在的停车难问题，城市开发新区的供给效应表现更加显著。

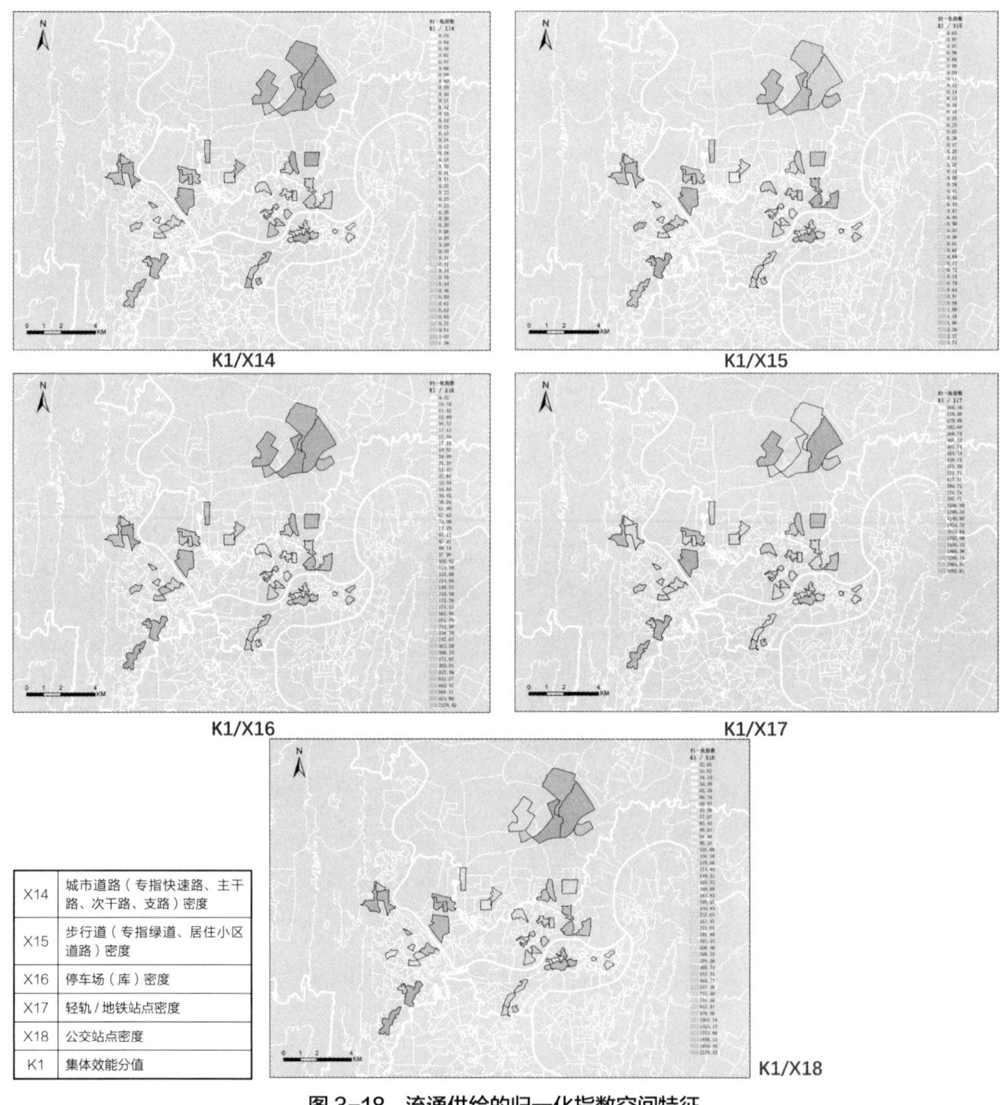

X14	城市道路（专指快速路、主干路、次干路、支路）密度
X15	步行道（专指绿道、居住小区道路）密度
X16	停车场（库）密度
X17	轻轨 / 地铁站点密度
X18	公交站点密度
K1	集体效能分值

图 3-18　流通供给的归一化指数空间特征

三、环境支撑效应的空间测度

1. 层次结构特征

层次结构反映了社区群体的经济社会差异。层次结构的空间测度，检验不同社区在 Y1~Y4 环境因子方面，对集体效能是否存在明显效应。通过归一化指数大小来反映关系的显著程度。

单亲家庭方面（Y1），存在于 46 个社区中，归一化指数较高的社区，主要有江北区的玉带山社区，渝北区的龙头寺社区和黄泥塝社区，渝中区的肖家湾社区等。效应最显著的社区是渝北区的玉带山社区（560.32），效应最不显著的是万紫山社区（70.22）。文化程度方面（Y2），存在于所有社区中，归一化指数较高的社区，主要有沙坪坝区、江北区的刘家台社区、渝北区的天湖美镇社区等。效应最显著的是天湖美镇社区（406.08），效应最不显著的是玉带山社区（29.95）。贫困家庭方面（Y3），存在于 28 个社区中，效应最显著的是天湖美镇社区（81418.52），效应最不显著的是玉带山社区（830.49）。失业人口方面（Y4），存在于 44 个社区中，分布情况与文化程度方面类似。其中，效应最显著的是天湖美镇社区（1640.03），效应最不显著的是玉带山社区（52.05）。从指数高低程度来看，后两者的变化差异较大，详见图 3-19。

48 个样本的层次结构情况差异较大，根据归一化指数的空间分布，存在某些整体上的规律。如天湖美镇社区在 Y2、Y3、Y4 方面均表现出最显著的支撑效应，玉带山社区在 Y2、Y3、Y4 方面均表现出最不显著的支撑效应，在 Y1 方面却是效应最显著的社区。

2. 流动结构特征

流动结构的空间测度，检验不同社区在 Y5~Y11 环境因子方面，对集体效能是否存在明显效应。通过归一化指数大小来反映关系的显著程度。

居所建设时间（Y5~Y8）方面，可以观察到，从 20 世纪 80 年代开始至今，每十年不同区域的发展方向。例如沙坪坝区从南边向西边的社区建设演进，渝中区由中部向两侧辐射，江北区从最先向南边滨江地带转为向西边发展，渝北区则一路向北拓展。在不同年代，影响集体效能的差异也在变化，至 20 世纪 90 年代建设更多社区之后，该结构的支撑效应最显著。迁入率和迁出率方面（Y9，Y10），存在于全部社区中。迁入率归一化指数较高的社区，主要有渝北区的奥园社区、江北区的玉带山社区、沙坪坝区的和平山社区，这些区域都是 2010 年后的新社区。效应最显著的社区是渝北区的奥园社区（923.65），效应最不显著是鲁能西路社区（151.98）。迁出率归一化指数较高的社区，除了分布在渝北区的万紫山社区、民心佳园社区以外，还有渝中区中部的重庆村社区、桂花园新村社区等老旧社区。效应最显著的社区是渝中区的重庆村社

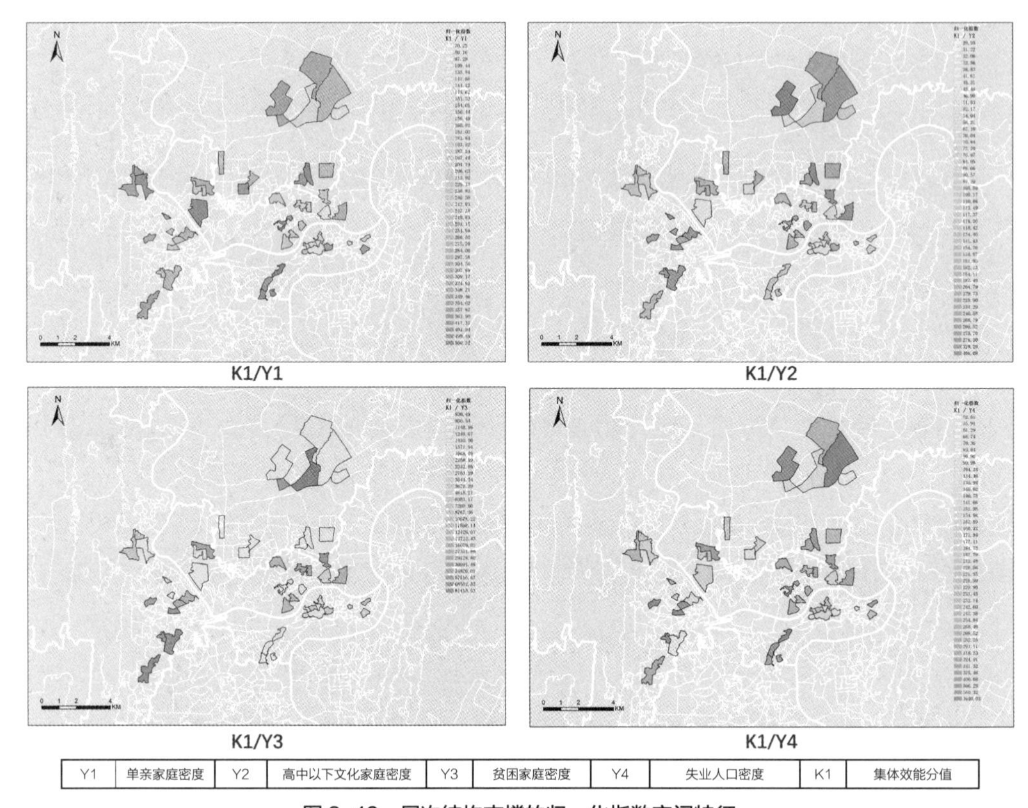

图 3-19　层次结构支撑的归一化指数空间特征

区（5500.53），效应最不显著的是沙坪坝区的建设坡社区（240.57）。租赁户数密度（Y11）方面，效应最显著的社区是渝中区的重庆村社区（499.49），效应最不显著的是沙坪坝区的建设坡社区（25.14），如图 3-20 所示。

就空间分布而言，迁入率和租赁户数密度对集体效能的环境效应空间分布十分相似，迁出率与迁入率对集体效能的环境效应空间分布呈反向。

3. 集聚结构特征

集聚结构的空间测度，检验不同社区在 Y12~Y17 环境因子方面，对集体效能是否存在明显效应。通过归一化指数大小来反映关系的显著程度。

本地人集聚度（Y12）、本地区县迁入居民集聚度（Y13）与外省迁入居民集聚度（Y14）相比，三者都拥有本地户口，但归一化指数分布具有差异。本地人集聚效应显著的是汉渝路社区（221.20），效应不显著的是黎明社区（27.29）；本地区县迁入居民集聚效应显著的是中心湾社区（531.93），效应不显著的是自力巷社区（65.25）；外省迁入居民集聚效应显著的是鲤鱼池社区（923.65），效应不显著的是自力巷社区（77.29）。本地农村人集聚度方面（Y15），归一化指数较高的社区，主要

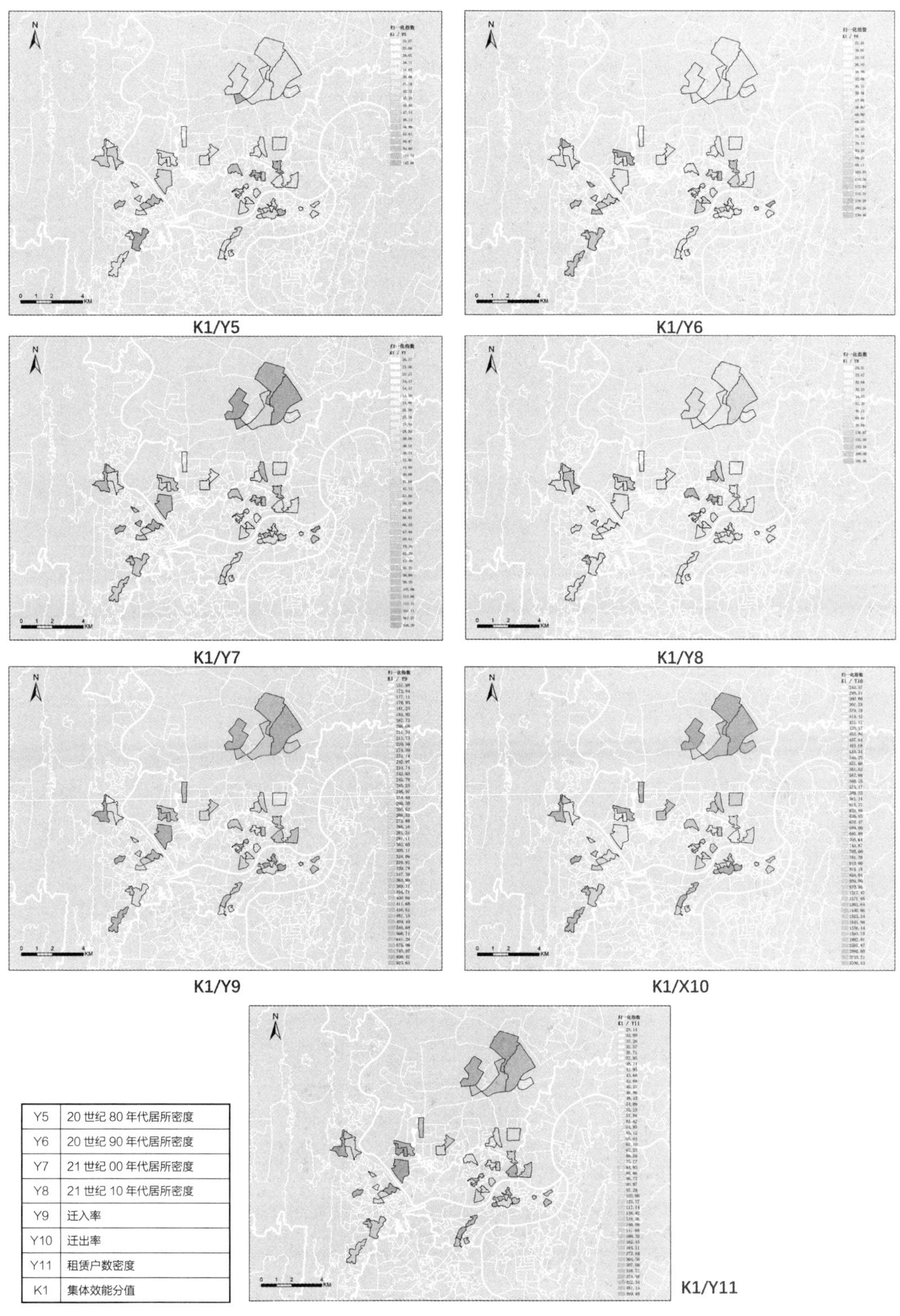

图3-20　流动结构支撑的归一化指数空间特征

有沙坪坝区以及江北区的南桥寺社区和瑜康社区等。效应最显著的社区是南桥寺社区（1239.77），效应不显著的是松林坡社区（108.75）。本地区县人集聚度方面（Y16），归一化指数较低的社区，主要有渝中区中部的老旧社区等。效应显著的社区是南桥寺社区（1267.03），效应不显著的是自力巷社区（53.57）。外省人集聚度方面（Y17），归一化指数较高的社区，主要有渝北区的奥园社区、金湖社区、邢家桥社区，江北区的南桥寺社区等，大致为 2000 年以后开发的社区。效应显著的是渝北区的金湖社区（923.65），效应不显著的是董家溪社区（151.98），详见图 3-21。

所有调查社区内都集聚了本书列举的群体。从空间分布结果来看，尽管本书所讨论的“移民”与西方概念有所不同，但基本可以认为，在重庆绝大部分社区中，本地、区县、外省不同群体混居的城镇化移民热潮已经非常普遍。不同集聚结构的支撑效应的空间分布也不同。其中，本地农村人集聚度支撑效应的空间分布与其他 5 类差异较大。本地人与本地区县迁入居民不太爱选择居住在渝北区。另外，自力巷社区对于本地区县迁入、外省迁入、本地区县人都是最不爱选择的区域。

通过对环境效应的空间测度，可更直观地看出不同社区在不同环境因子方面对集体效能环境效应的明显差异。可以看出，对于某些环境因子，是存在一些空间分布规律的，主要来自于区域内新区和老区的发展差异。对于某些社区，也存在一些空间分布规律，主要来自于环境因子的不同，如道路交通和步行道对于同一个社区呈现完全相反的结果。同时也可以判断，我国城市社区的环境特征与集体效能的关系在空间上并没有表现出美国芝加哥早期那么明显的地理空间分布规律。相较而言，空间分布比较均匀，规律并不明显。当然，仅通过环境数据和集体效能数据的空间统计结果，还不能够判定供给和支撑效应在集体效能方面的复杂性。为了揭示这种复杂关系，建立此基本认识之后，需要借助数理统计分析去实现更深一步的解析。

第五节　本章小结

本章首先分析了社区集体效能在美国研究区域（芝加哥）的特点，以此为基础选取国内有相似典型意义的西部移民城市重庆作为研究区域。基于人口和社区环境异质性，抽样选取重庆市主城 4 个区域 16 个街道的 48 个社区作为研究样本。

其次，通过因子在地化的分析，选取反映环境供给参数的 18 类因子（X1~X18）和反映环境支撑参数的 17 类因子（Y1~Y17），运用 GIS 平台的空间数据统计和分层

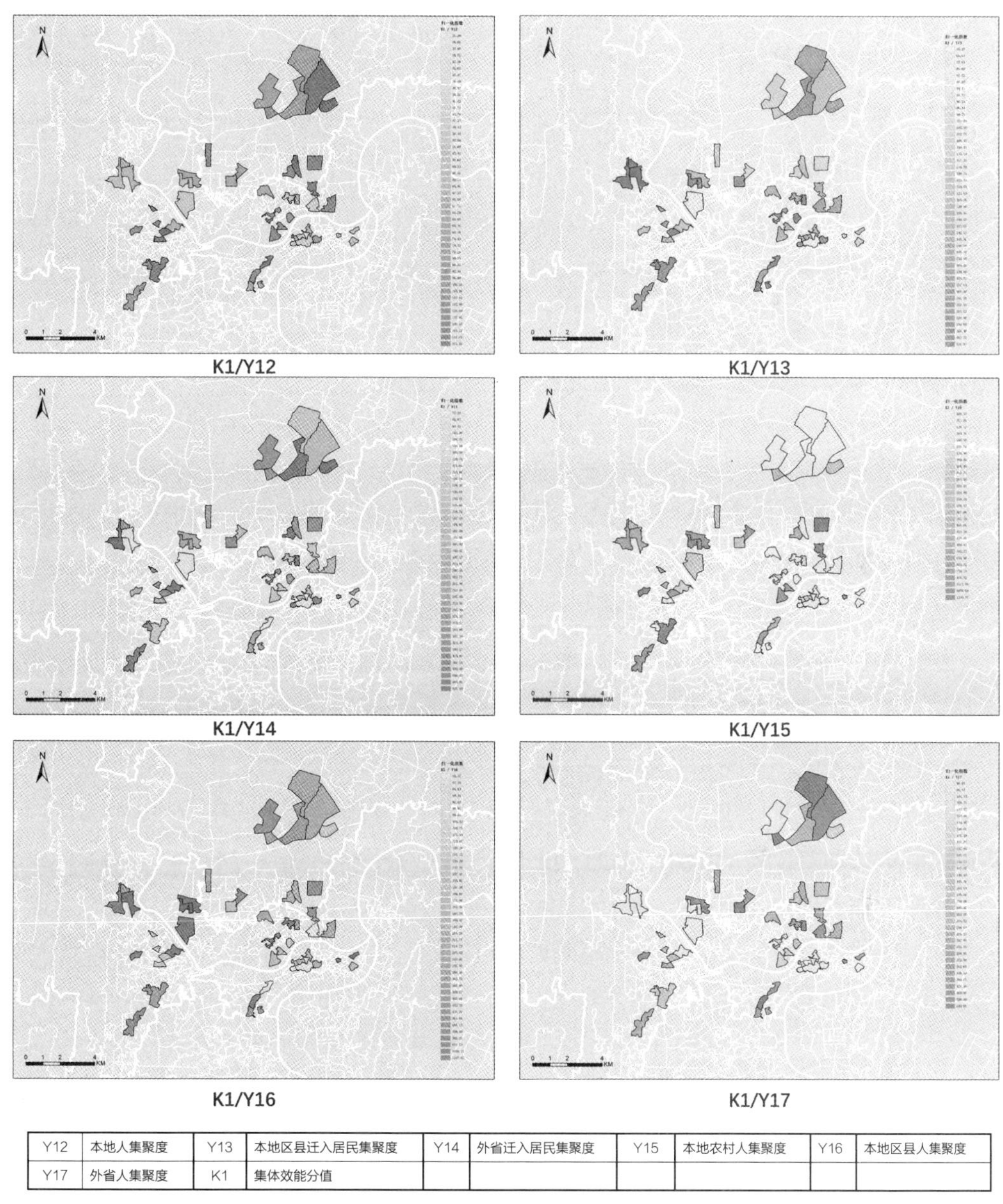

Y12	本地人集聚度	Y13	本地区县迁入居民集聚度	Y14	外省迁入居民集聚度	Y15	本地农村人集聚度	Y16	本地区县人集聚度
Y17	外省人集聚度	K1	集体效能分值						

图 3-21　集聚结构支撑的归一化指数空间特征

抽样的人口数据统计，对社区环境因子进行测度。

环境供给参数的测度结果如下：

土地利用的因子，X1 最高是沧白路社区（12.07%），X2 最高的是松林坡社区（73.62%），X3 最高的是重庆村社区（30.04%），X4 最高的是中山二路社区（22.13%），X5 最高的是和平山社区（0.63%），X6 最高的是站东路社区（16.17%），X7 最高的是站东路社区（23.62%）。民生路社区和大兴社区内无相应的土地利用指标。商业业态的因子，X8 最高的是站东路社区（5.83），X9 最高的是站东路社区（3.91），X10 最高的是自力巷社区（7.01），X11 最高的是站东路社区（6.34），X12 最高的是自力巷社区（3.85），X13 最高的是站东路社区（0.85）。根据高德地图 POI 数据，新都巷和中心湾社区无标注的商业设施。交通容量的因子，X14 最高的是民生路社区（484.98），X15 最高的是花园新村社区（466.61），X16 最高的是鲤鱼池社区（2.38），X17 最高的是民生路社区（0.2），X18 最高的是站东路社区（0.79）。

环境支撑参数的测度结果如下：

集中劣势的因子，Y1 最高的是民心佳园社区（0.36），Y2 最高的是重庆村社区（1.03），最低的是天湖美镇社区（0.07），Y3 最高的是民心佳园社区（0.03），Y4 最高的是民心佳园社区（0.48）。居所流动的因子，有 17 个社区拥有 2 个时代的居住小区，有 13 个社区拥有 3 个时代的居住小区，有 1 个社区（塔坪社区）拥有 4 个时代的居住小区，Y9 最高的是中心湾社区（0.18），Y10 最高的是建设坡社区（0.11），Y11 最高的是民心佳园社区（1.00），除去公租房社区，反映的租赁户数最多的是劳动路社区（0.69）。移民集聚的因子，Y12、Y13、Y14 反映社区居民拥有本地城市户口的结构特征，最高的是重庆村社区（100%），Y15 反映社区居民拥有本地农村户口的结构特征，最高的是鲤鱼池社区（17.44%），Y16 反映社区居民拥有本地区县户口的结构特征，最高的是一心村社区（34.43%），Y17 反映社区居民拥有外省户口的结构特征，最高的是民心佳园社区（25.5%）。

然后，以桑普森提出的社区集体效能的经典测量方法，结合本土化社区生态情景，研发了围绕非正式社会控制与社会凝聚力和信任的五级李克特量表，对样本内 704 名居民的集体效能感进行实地测量。综合分析，均值为 24.01，方差为 10.05；27 个社区得分高于均值，21 个社区得分低于均值。塔坪社区集体效能水平最低（16.8），中山二路社区集体效能水平最高（31.92）；16 个街道的社区得分均比较分散，也未形成比较明显的地域规律。

最后，通过采集和测度的反映环境参数和集体效能水平的数据，运用空间统计手段揭示不同环境参数集体效能的分布特征，借用归一化指数衡量不同社区在集体效能的供给和支撑效应的空间分布上的差异。结果显示，不同社区在不同环境因子方面对集体效能的效应显著程度具有明显的空间差异。可以看出，对于某些环境因子，是存在一些空间分布规律的，主要来自于区域内新区和老区的发展差异；对于某些社区，也存在一些空间分布规律，主要来自于环境因子的不同，如道路交通和步行道对于同一个社区呈现完全相反的结果。相较而言，我国城市社区的环境特征与集体效能的关系在空间上并没有表现出类似于美国芝加哥早期那么明显的地理空间分布规律。

第四章

解析方法（二）：社区环境的增效效果测算

本章重点：以测度结果为基础，从数理统计学的视角，构建多元回归模型，测算社区环境因子与集体效能水平的变量关系，分析环境供给因子和支撑因子对集体效能的增效作用，提炼具备促进增效效果和具备抑制增效效果的环境因子优劣序列，进一步揭示环境供给效应和支撑效应的运作机理。基于此，通过增效效果的判别过程筛选出潜在增效路径的核心组成成分。

第一节 测算框架的构建

一、测算依据

在建构概念框架时，基于社区环境效应提出了城市社区潜在的增效路径，并提出了6类潜在增效路径的构成成分，3类供给参数分别是土地利用、商业业态、交通容量，3类支撑参数分别是集中劣势、居所流动、移民浓度。为了更好地明晰增效路径的构成成分，需要依据对集体效能的增效效果进行因子筛选，提炼具备促进增效效果的核心环境因子序列和抑制增效效果的核心环境因子序列。本书对集体效能的增效效果测算，主要采用社会学和其他社会科学领域常用的数理统计学的变量关系来解释，通过测算变量的相关关系，反映环境因子对集体效能的增效效果，详见图4-1。

在借鉴已有理论研究或范式的基础上，进行更具竞争力的因子筛选。首先，依据环境因子与集体效能变量是否具备相关关系，来判定环境因子是否具备显著的增效效果；其次，根据正负相关关系，来判定环境因子的促进和抑制作用；根据高低相关关系，来判定环境因子的核心或边缘作用；最后，提炼具有核心效果的环境因子序列，进一步明晰城市社区增效路径的构成成分。

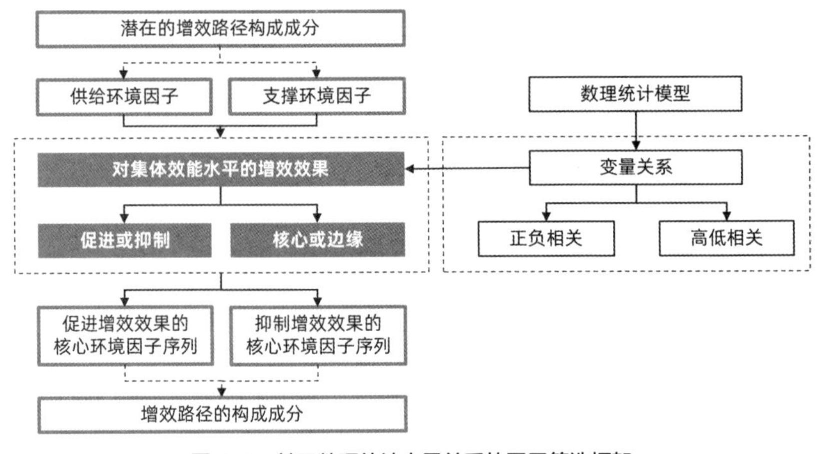

图4-1 基于数理统计变量关系的因子筛选框架

二、变量关系

1. 自变量：社区环境因子

自变量即原因变量，在研究设计中能引起因变量变化的条件或因素。社区环境因子是自变量。选取第三章中提出的反映增强集体效能的 6 类环境参数的 18 类供给因子（X1~X18）和 17 类支撑因子（Y1~Y17），共 35 类环境因子作为自变量。

2. 因变量：集体效能水平

因变量即结果变量，由自变量的影响而发生变化。因变量为社区的集体效能水平。集体效能的变量数值依据 704 名社区居民对 48 个社区的集体效能量表分数，进行衡量。

3. 潜在自变量：个体差异因素

潜在自变量，是除了明确的自变量以外能使因变量发生变化但被控制了的条件和因素，也可以称为控制变量。在已有对社区环境影响集体效能的研究中，社区特征作为自变量的研究结果占大部分，但也有人关注是否存在个体差异的影响。实际上，在西方的研究中，除去研究方法的限制，对集体效能产生影响的变量也涉及一些个体差异，如年龄、性别、国籍等，但并非是重要的因素。

在结构环境因子的选取中，考虑了西方研究证实的具有影响的几类反映个体差异的因素，例如 Y1 单亲家庭户数、Y2 高中以下文化家庭密度、Y3 贫困家庭密度、Y4 失业人口密度、Y12 本地人集聚度、Y13 本地区县迁入居民集聚度、Y14 外省迁入居民集聚度、Y15 本地农村人集聚度、Y16 本地区县人集聚度、Y17 本地外省人集聚度。但有部分因素，如年龄、性别等，是否会对集体效能产生较大的影响，仍然需要进一步考察。潜在自变量为个体特征，涉及性别、年龄、婚姻状况、文化程度、户口所在地、与户主关系、居所家庭结构、在业情况、职业、月收入、房屋产权等（图 4-2）。

三、分析过程

根据变量之间的关系和研究目的，本书利用统计学的多元回归分析（Multiple Regression Analysis），建立多个自变量与一个因变量之间的线性或非线性数学模型数量关系式，来反映变量之间的关系。具体的步骤如下：第一步，借助 IBM SPSS Statistics 20 软件，对数据进行预处理，对有序变量进行分类处理，对连续性变量进行中心化处理；第二步，对潜在自变量进行相关关系分析，筛选具有显著相关关系的潜在自变量；第三步，运用 SPSS Statistics 20 进行回归分析，通过共线性诊断对潜

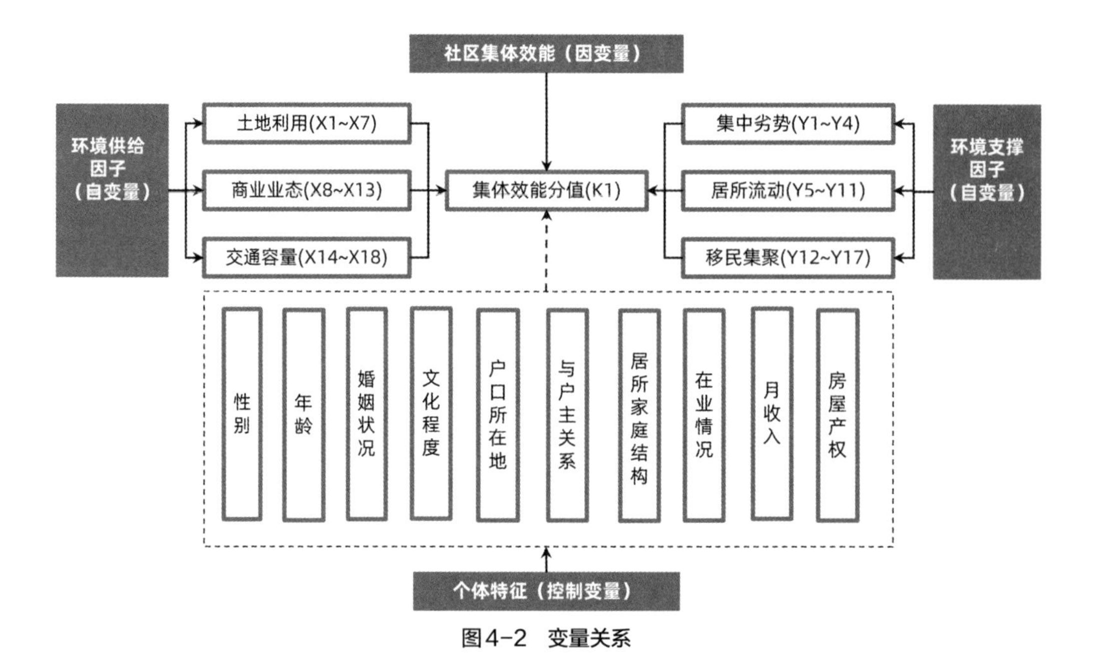

图4-2　变量关系

在自变量进行检测，通过方差膨胀因子（VIF）检验自变量之间是否存在多重共线性，从而选取合适的回归模型；第四步，选择适宜模型建立的软件，如 Stata、R、SPSS 等，构建回归模型，探究多个自变量与因变量的相关关系，剔除相关性不显著的变量，筛选出相关性显著的关键变量；第四步，以相关性系数作为判断依据，总结社区环境因子对集体效能增效效果的优劣排序，详见图 4-3。若的确存在影响较大的潜在自变量，则需要增加自变量。因此，首先对潜在自变量和因变量进行数理分析。

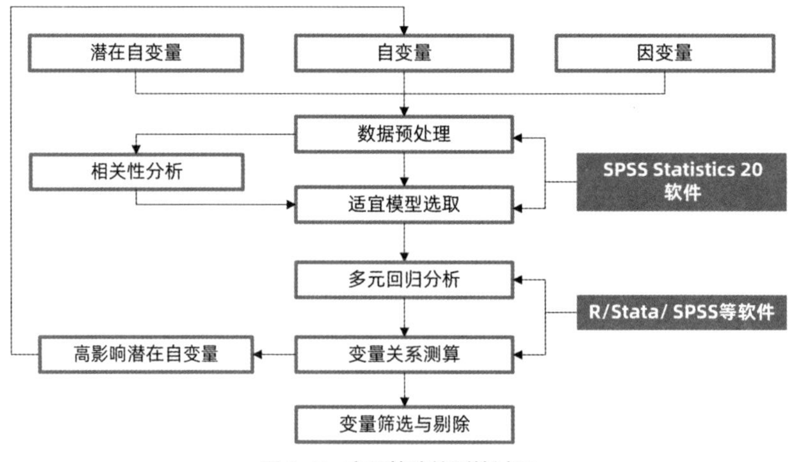

图4-3　变量筛选的测算过程

第二节　个体变量与集体效能变量关系的测算

一、相关性分析

潜在自变量的差异与数据采样的受访者的分层随机性相关。前面已经列举了受访者在性别、年龄、婚姻和文化程度方面的数据分布情况，受访者家庭基本情况以及受访者经济收入情况等，结果发现整体采样比较均质。因此，将这些变量都作为潜在自变量考虑，具体为性别、年龄、婚姻状况、文化程度、户口所在地、与户主关系、居所家庭结构、在业情况、职业内容、月收入、房屋产权。运用 SPSS Statistics 20 的相关分析，对 11 类个体变量进行相关关系分析。

11 个潜在自变量的相关性分析　　表 4-1

	集体效能	性别	年龄	婚姻状况	文化程度	户口所在地	与户主关系	居所家庭结构	在业情况	职业内容	月收入	房屋产权
集体效能	1	0.110*	0.100*	0.034	−0.077	−0.069	−0.023	0.005	0.087	0.027	−0.153**	−0.029
性别	0.110*	1	−0.101*	0.042	0.035	0.022	0.057	0.092	0.001	0.091	−0.206**	0.037
年龄	0.100*	−0.101*	1	0.475**	−0.528**	−0.164**	−0.130**	0.130**	0.288**	0.104	−0.052	0.011
婚姻状况	0.034	0.042	0.475**	1	−0.330**	−0.091	−0.102*	0.086	0.015	−0.022	0.014	0.107*
文化程度	−0.077	0.035	−0.528**	−0.330**	1	0.006	−0.080	−0.130**	−0.283**	−0.315**	0.307**	0.122*
户口所在地	−0.069	0.022	−0.164**	−0.091	0.006	1	0.320**	−0.085	−0.037	0.075	−0.055	−0.230**
与户主关系	−0.023	0.057	−0.130**	−0.102*	−0.080	0.320**	1	−0.199**	0.060	0.287**	−0.064	−0.298**
居所家庭结构	0.005	0.092	0.130**	0.086	−0.130**	−0.085	−0.199**	1	0.122*	−0.187**	−0.096	0.318**
在业情况	0.087	0.001	0.288**	0.015	−0.283**	−0.037	0.060	0.122*	1	0.020	−0.400**	−0.009
职业	0.027	0.091	0.104	−0.022	−0.315**	0.075	0.287**	−0.187**	0.020	1	−0.308**	−0.323**
月收入	−0.153**	−0.206**	−0.052	0.014	0.307**	−0.055	−0.064	−0.096	−0.400**	−0.308**	1	0.140**
房屋产权	−0.029	0.037	0.011	0.107*	0.122*	−0.230**	−0.298**	0.318**	−0.009	−0.323**	0.140**	1

*. 在 0.05 水平（双侧）上显著相关。

**. 在 0.01 水平（双侧）上显著相关。

资料来源：作者自绘。

结果如表 4-1 所示，与集体效能在 0.05 水平上显著相关的仅有性别（0.110*）和年龄（0.100*），其他因素均不相关；在 0.01 水平上显著相关的仅有月收入（-0.153**），其他因素均不相关。可以认为，在本次调研中测定的性别、年龄和月收入与集体效能水平有一定的关系。

二、模型选择与分析

1. 共线性监测

方差膨胀系数（Variance Inflation Factor，VIF）是衡量多元线性回归模型中多重共线性严重程度的一种度量，它表示回归系数估计量的方差与假设自变量间不线性相关时方差的比值。

表达式如下：

$$VIF = \frac{1}{1-R_i^2} \tag{4-1}$$

其中，R_i 为自变量对其余自变量作回归分析的负相关系数。方差膨胀系数 VIF 越大，说明自变量之间存在共线性的可能性越大。一般来讲，如果方差膨胀系数超过 10，则回归模型存在严重的多重共线性。

运用共线性诊断对性别、年龄和月收入 3 个潜在自变量进行分析，如表 4-2 所示。

3 个潜在自变量的共线性诊断 表 4-2

潜在自变量	t	*Sig.*	容差	VIF
性别	2.196	0.029	0.943	1.060
年龄	1.855	0.064	0.982	1.018
月收入	-2.379	0.018	0.952	1.050
因变量：K_1				

资料来源：作者自绘。

性别、年龄和月收入 3 个潜在自变量的 VIF 均小于 10，表明可以以最小二乘法进行回归分析。

2. 多元线性回归分析

运用 SPSS Statistics 20 的回归分析，对性别、年龄和月收入 3 个潜在自变量与集体效能建立普通最小二乘法（OLS）的线性回归模型。

线性回归是指对参数 β 为线性的一种回归（即参数只以一次方的形式出现）模型。

表达式如下：

$$y_t = \alpha + \beta x_t + \mu_t \tag{4-2}$$

其中，y_t 被称作因变量、x_t 被称作自变量，α、β 为需要以最小二乘法去确定的参数，或称回归系数，μ_t 为随机误差项。

普通最小二乘回归是最简单的线性回归模型，也称为线性回归的基础模型。通过一系列的预测变量来预测响应变量，也可以说是在预测变量上回归响应变量。基本原则就是最优拟合曲线应该使各点到直线的距离的平方和（即残差平方和，简称 RSS）最小。

表达式如下：

$$RSS = \sum_{t=1}^{T}(y_t - \hat{y}_t)^2 = \sum_{t=1}^{T}(y_t - \hat{\alpha} - \hat{\beta}x_t)^2 \tag{4-3}$$

OLS 线性回归的目标是通过缩小响应变量的真实值与预测值的差值来获得模型参数（截距项和斜率），就是使 *RSS* 最小。

三、回归分析结果

模型摘要表（表 4-3）表明，性别、年龄、月收入等 3 项指标只能解释集体效能变化的 3.5%（调整 R 方为 0.035）。这表明本次研究中测定的性别、年龄、月收入指标不能较好地解释集体效能水平的差异，即性别、年龄、月收入指标对集体效能水平具有较低的影响。

回归模型的模型摘要表　　**表 4-3**

模型	R	R 方	调整 R 方	标准估计的误差	Durbin-Watson
1	0.207[a]	0.043	0.035	6.57981	1.450
预测变量：（常量），月收入，年龄，性别					
因变量：集体效能					

资料来源：作者自绘。

模型系数表（表 4-4）表明，性别（0.029）、年龄（0.064）、月收入（0.018）等 3 项指标的显著性检验结果（*Sig.*）均大于 0.05，表明该自变量在本模型中没有统计学意义，应当在回归模型中删除相应变量。

综上，经分析表明，本次测量的 11 类潜在自变量对集体效能水平的影响不大，故不需要对原有的自变量进行补充。

回归模型的系数分析表　　表 4-4

模型	非标准化系数		标准系数	*t*	*Sig.*	相关性			共线性统计量	
	B	标准误差	试用版			零阶	偏	部分	容差	*VIF*
性别	1.608	0.732	0.115	2.196	0.029	0.131	0.114	0.112	0.943	1.060
年龄	0.421	0.227	0.096	1.855	0.064	0.090	0.096	0.095	0.982	1.018
月收入	−0.642	0.270	−0.125	-2.379	0.018	−0.153	−0.123	−0.122	0.952	1.050
因变量：集体效能										

资料来源：作者自绘。

第三节　环境变量与集体效能变量关系的测算

一、模型选择与演算

1. 共线性监测

首先，运用共线性诊断对 35 个自变量进行分析，如表 4-5 所示。

35 个自变量的共线性诊断　　表 4-5

自变量	*t*	*Sig.*	容差	*VIF*
X1	0.860	0.406	0.177	5.635
X2	−0.359	0.726	0.228	4.386
X3	0.154	0.881	0.271	3.694
X4	−0.774	0.454	0.090	11.076
X5	0.281	0.784	0.505	1.979
X6	−0.434	0.672	0.205	4.872
X7	0.001	0.999	0.356	2.806
X8	−0.230	0.822	0.169	5.930
X9	−0.085	0.934	0.015	66.329
X10	0.249	0.808	0.028	35.999
X11	0.612	0.552	0.049	20.341
X12	−0.237	0.817	0.025	39.544
X13	0.130	0.899	0.153	6.538
X14	−0.226	0.825	0.069	14.594
X15	0.117	0.909	0.061	16.466
X16	−0.895	0.388	0.056	17.799

续表

自变量	*t*	*Sig.*	容差	*VIF*
X17	−0.689	0.504	0.093	10.719
X18	0.532	0.604	0.178	5.607
Y1	0.046	0.964	0.001	1087.759
Y2	0.641	0.534	0.012	83.236
Y3	0.490	0.633	0.186	5.376
Y4	−0.840	0.417	0.013	77.746
Y5	0.869	0.402	0.105	9.492
Y6	−0.769	0.457	0.220	4.547
Y7	0.554	0.590	0.275	3.642
Y8	0.645	0.531	0.150	6.658
Y9	0.302	0.767	0.000	5519.120
Y10	0.853	0.410	0.093	10.715
Y11	−0.273	0.789	0.000	7438.689
Y12	−0.150	0.883	0.086	11.562
Y13	0.514	0.617	0.064	15.744
Y14	−0.916	0.378	0.048	20.625
Y15	−0.147	0.886	0.080	12.444
Y16	−0.020	0.984	0.031	32.129
Y17	−0.029	0.977	0.061	16.470
因变量：K_1				

资料来源：作者自绘。

结果表明，有 21 类自变量的 *VIF* 远大于 10，可以认为这些自变量之间存在严重的多重共线性，即以 *X*、*Y* 组成的回归矩阵存在严重的多重共线性。

因此，按照传统的最小二乘回归方法分析已不可靠，需要寻求新的方法，解决回归中的多重共线性问题。

2. 模型适宜性

在统计学中，解决回归中的多重共线性问题的传统方法有主成分回归、岭回归。这两种方法虽然都能解决回归的多重共线性问题，但是在数据量比较大的时候，计算成本很高。并且，上述两个方法都不具有变量选择的能力，即它们所有的回归系数都不为 0，这样在作决策的时候非常不方便。尽管我们可以根据回归系数的数值大小作决策，但如果出现数值相差不大的情况，在作取舍的时候可能会错过重要的变量。为此，美国斯坦福大学统计学家蒂施莱尼（Tibshirani）在 1996 年提出了革命性的套索算法（The

Least Absolute Shrinkage and Selection Operator，简称 LASSO），表达式如下：

$$\hat{\beta}=\arg_{\beta}\min\frac{1}{2}\left\|Y-X\beta\right\|_2^2+\lambda\left|\beta\right| \tag{4-4}$$

其中，$\hat{\beta}$是 LASSO 估计的回归系数，Y是自变量向量，X是回归的设计矩阵，λ为一个恒大于 0 的惩罚参数。

LASSO 的表达式就是在传统的最小二乘回归的基础上加上了一个绝对值的惩罚项，这个惩罚项会使一些不重要或者多余的变量的回归系数变成 0。这个使一些变量系数变成 0 的能力就是变量选择，即选择少数变量来解释和预测因变量的趋势。值得一提的是 LASSO 可以处理高维大数据，并且计算的速度非常快（Efron et al，2004；Friedman et al，2007）。

但是在收集的数据中有一些变量之间虽然有一定的相关性，但又不能完全替代，比如说土地利用这一方面，社会福利占地多的小区，其他的占地如文化设施占地、教育设施占地基本上都比较多，而 LASSO 方法却不能选择出相关性比较高的变量，它只会舍弃其他而只保留一个（Hui et al，2005）。为解决这一类问题，2005 年，Zou 等人在套索回归的基础上引入系数的二次惩罚，提出了一种新的变量选择方法——弹性网（Jiang et al，2006）。

表达式如下：

$$\hat{\beta}=\arg_{\beta}\min\frac{1}{2}\left\|Y-X\beta\right\|_2^2+\frac{1-\alpha}{2}\left\|\beta\right\|_2^2+\alpha\left|\beta\right| \tag{4-5}$$

弹性网是结合了 LASSO 的绝对值惩罚和岭估计的二次惩罚的一种组合惩罚方式。它有着 LASSO 的稀疏特点，也继承了岭估计的稳定性。它不仅能解决大量数据回归中的多重共线性问题，还能选出相关性程度高的变量，有效地处理高维低样本数据资料。综合以上特点，选用弹性网来检验社区环境对集体效能的影响。

3. 算法框架

首先将观测的 35 个环境因子作为自变量组成设计矩阵，将集体效能作为因变量，对数据进行预处理。处理完数据后，使用统计计算 R 软件，加载 glmnet 包，计算弹性网回归。在计算弹性网回归的时候，需要选择合适的惩罚参数，在 glmnet 包中有选择惩罚参数的准则，称之为交叉验证（Cross Validation）。结合实验目的，基于交叉验证选择出的惩罚参数数值，筛选结果变量。

交叉验证是用来验证分类器性能的一种统计分析方法，基本思想是在某种意义下对原始数据（dataset）进行分组，一部分作为训练集（training set），另一部分作为验证集（validation set）。首先用训练集对分类器进行训练，再利用验证集来测试训练得到的模型（model），以此来作为评价分类器的性能指标。常见的交叉验证方法有Hold-Out Method，Leave-One-Out Cross Validation，K-fold Cross Validation（K- 折交叉验证，记为 K-CV）。采用五折交叉验证的方法，将原始数据分为 5 组（一般是均分），每组子集分别做一次验证集，其余的子集作为训练集，这样会得到 5 个模型，用这 5 个模型最终的验证集的分类准确率的平均数作为此分类器的性能指标。

二、模型估计结果

首次运用交叉验证方法选择出的惩罚参数数值是 1.56，载入参数，计算弹性网回归，最终在 35 个因变量中筛选出 7 个有线性相关关系的变量。交叉验证方法选择惩罚参数是拟定最大程度的筛选规则，强调变量相关的惟一性。本次实验更偏向于获取明显相关的变量的集合，识别产生拐点变化的惩罚参数数值，以获取更多影响明显的变量，保证最终结果的群组性和环境的真实性[①]。因此，通过减少惩罚参数，获取更多的回归结果，以此判断变量影响的连续变化。

以此将惩罚参数调整为交叉验证选出的惩罚参数的 1/4、1/3、1/2、2/3、3/4，分别为 0.39、0.52、0.78、1.04、1.17、1.56，带入计算弹性网回归系数，详见图 4-4。当惩罚参数小于 0.78 时，筛选出的变量数量无变化；当惩罚参数大于 0.78 时，筛选出的变量数量有骤减趋势。0.78 则是具有拐点变化的惩罚参数数值。因此，可判定此时筛选的结果在一定程度上获取了所有有明显相关关系的变量。

最终在 35 个因变量中筛选出 23 个有明显线性相关关系的变量，具体结果如表 4-6 所示。

1. 筛选变量的结果分析

结果显示，回归系数不为 0 的变量有 23 个，分别为文化设施用地占比（X1）、教育设施用地占比（X2）、医疗卫生设施用地占比（X4）、绿地与广场用地占比（X6）、商业服务业设施用地占比（X7）、住宿服务设施密度（X8）、购物服务设施密度（X10）、娱乐休闲服务设施密度（X11）、金融保险服务设施密度（X12）、医疗卫生服务设施密度（X13）、城市道路密度（X14）、步行道密度（X15）、停车场密度（X16）、单亲家庭密度（Y1）、高中以下文化家庭密度（Y2）、贫困家庭密度（Y3）、失业人口密度（Y4）、20 世纪 90 年代居所密度（Y6）、迁入率（Y9）、外省迁入居民集聚度（Y14）、本地农村人集聚度（Y15）、本地区县人集聚度（Y16）、外省人集聚度（Y17）。

---

① 不同的回归模型根据自身的计算法则筛选出的有效变量是有差别的。不同于其他回归模型，筛选结果是惟一的。弹性网能帮助快速识别变量之间影响的连续变化，找到极值、拐点的存在，从而挑选符合预期筛选目的的变量集合。

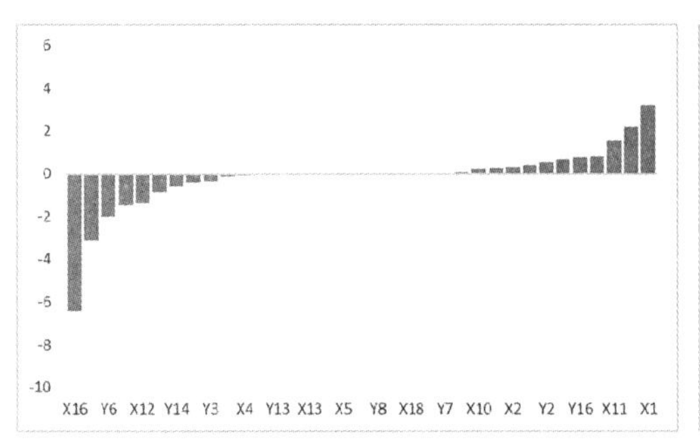

惩罚参数=0.39

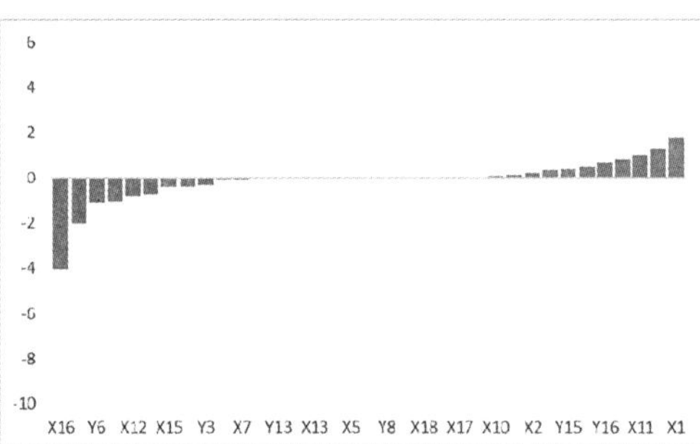

惩罚参数=0.52

惩罚参数=0.78

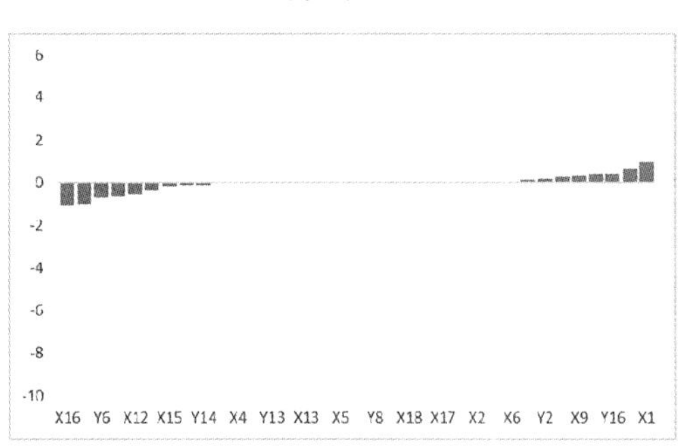

惩罚参数=1.04

惩罚参数=1.17

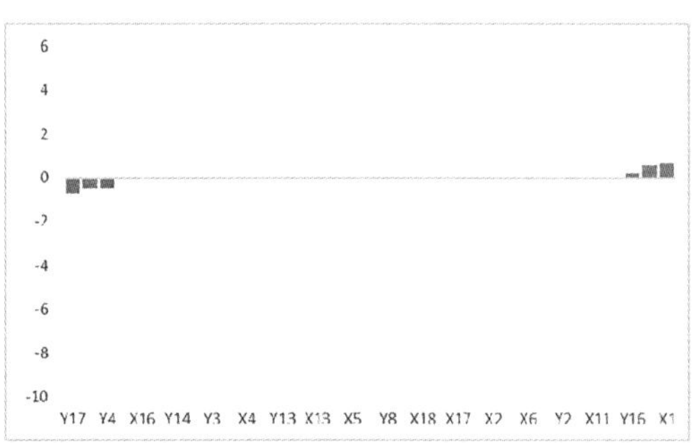

惩罚参数=1.56

图4-4 惩罚参数变化下的变量筛选结果

弹性网计算环境因子的回归结果 表4-6

供给环境变化	回归系数	支撑环境变化	回归系数
X1	1.163***	Y1	0.388***
X2	0.169***	Y2	0.276***
X3	0	Y3	-0.261***
X4	-0.097***	Y4	-0.817***
X5	0	Y5	0
X6	0.082***	Y6	-0.707***
X7	-0.081***	Y7	0

续表

供给环境变化	回归系数	支撑环境变化	回归系数
X8	-0.035***	Y8	0
X9	0.509***	Y9	0.783***
X10	0.026***	Y10	0
X11	0.672***	Y11	0
X12	-0.687***	Y12	0
X13	0	Y13	0
X14	-0.586***	Y14	-0.375***
X15	-0.370***	Y15	0.343***
X16	-2.086***	Y16	0.578***
X17	0	Y17	-1.259***
X18	0		

注：*** 代表显著水平小于 0.001

资料来源：作者自绘。

其中，与自变量呈正相关的变量，回归系数为正，共有 11 个，包括文化设施用地占比（X1）、教育设施用地占比（X2）、绿地与广场用地占比（X6）、购物服务设施密度（X10）、娱乐休闲服务设施密度（X11）、餐饮服务设施密度（X9）、单亲家庭密度（Y1）、高中以下文化家庭密度（Y2）、迁入率（Y9）、本地农村人集聚度（Y15）、本地区县人集聚度（Y16）。对于以上这些社区环境因子来讲，分值越大，表现为社区的集体效能水平越高。

与自变量呈负相关的变量，系数为负，共有 12 个，包括医疗卫生设施用地占比（X4）、商业服务业设施用地占比（X7）、住宿服务设施密度（X8）、金融保险服务设施密度（X12）、城市道路密度（X14）、步行道密度（X15）、停车场密度（X16）、贫困家庭密度（Y3）、失业人口密度（Y4）、20 世纪 90 年代居所密度（Y6）、外省迁入居民集聚度（Y14）、外省人集聚度（Y17）。对于以上这些社区环境因子来讲，分值越大，表现为社区的集体效能水平越低。

2. 剔除变量的结果分析

与自变量没有线性相关关系的系数为 0，总共有 12 个，分别为体育设施用地占比（X3）、社会福利设施用地占比（X5）、医疗卫生服务设施密度（X13）、轻轨 / 地铁站点密度（X17）、公交站点密度（X18）、20 世纪 80 年代居所密度（Y5）、21 世纪初居所密度（Y7）、21 世纪 10 年代居所密度（Y8）、迁出率（Y10）、租赁户数密度（Y11）、本地人集聚度（Y12）、本地区县迁入居民集聚度（Y13）。

第四节　环境因子的增效效果分析

一、环境供给因子的增效效果

根据结果发现，18 个环境供给因子中，对集体效能有显著增效效果的因子共有 13 个，其中促进增效的因子有 6 个，抑制增效的因子有 7 个。促进增效最核心的是文化设施用地占比（1.163），最边缘的是购物服务设施密度（0.026）；抑制增效最核心的是本地区县人集聚度（-2.086），最边缘的是购物服务设施密度（-0.035），详见图 4-5。

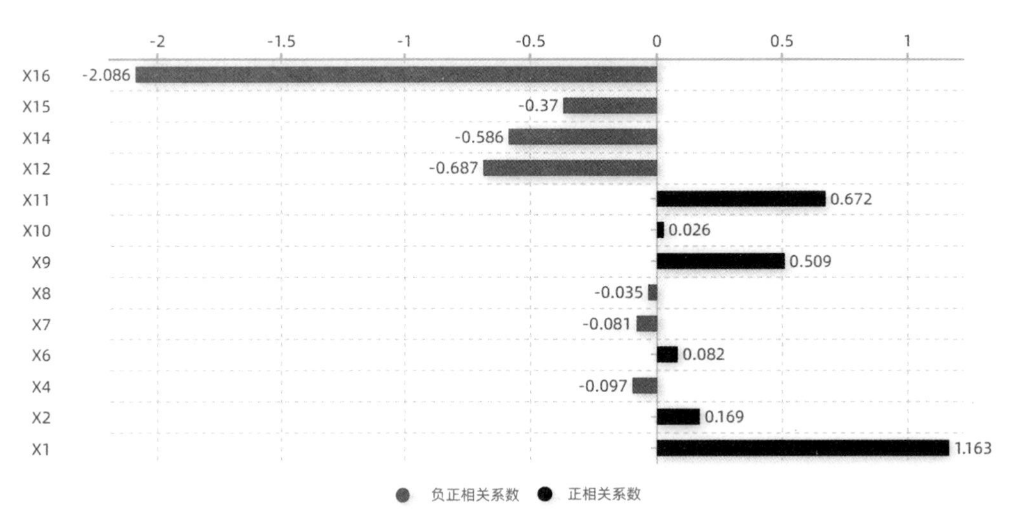

X1	文化设施用地（A2）占比	X2	教育设施用地（A3）占比	X4	医疗卫生设施（A5）用地占比	X6	绿地（G）占比	X7	商业服务用地（B1）占比
X8	住宿服务设施密度	X9	餐饮服务设施密度	X10	购物服务设施密度	X11	娱乐休闲服务设施密度	X12	金融保险服务设施密度
X14	城市道路（专指快速路、主干路、次干路、支路）密度	X15	步行道（专指绿道、居住小区道路）密度	X16	停车场（库）密度				

图4-5　环境供给因子与集体效能水平的正负相关性

1. 土地利用的增效效果

反映土地利用的文化设施用地占比（X1）、教育设施用地占比（X2）、医疗卫生设施用地占比（X4）、绿地与广场用地占比（X6）、商业服务业设施用地占比（X7）对集体效能有显著增效效果。

结果表明，社区的文化设施用地占比（1.163）、教育设施用地占比（0.169）、绿地与广场用地占比（0.082）具有促进增效的作用。社区范围内文化设施用地增加，集体效能水平也会随着增高。我国文化设施用地包括公共图书馆、博物馆、档案馆、科技馆、纪念馆、文化馆、青少年宫、儿童活动中心、老年活动中心等设施用地，是社区甚至地区主要的公共活动空间，有利于提高居民邻里互动的几率。同时，大量关注文化宣传的社区公共事务，会以此为宣传和讨论平台，在一定程度上是凝聚社区居民共同处理公共事务的核心。教育设施用地包括的中小学校，是当前居民选择社区居住的首要因素。大量学区房社区，例如鲁能西城社区等，均以该类设施用地为主要资源配置。儿童的学习问题是家长关注的重点，极易产生共同的话题和社区建设的核心内容，也因此形成了社区居民希望营造友好教育氛围的强烈愿望。这与美国关注集体效能对象产生了一致性，儿童发展和青少年健康是社区居民的重要愿望。社区公园在国外的研究中被证实与集体效能呈现显著的正向相关关系（Cohen et al，2000；Broyles et al，2011），本次研究结果同样符合该结论。随着我国绿地系统规划与建设的日趋完善，社区范围内的小游园、街头绿地以及社区公园等绿地和广场用地已成为大部分居民日常活动的重要公共空间。近几年的国内外研究也揭示了公园绿地在增强人群体能、缓解压力及促进社会交往等方面效果显著（Hartig，2016；谭少华，2009）。设计优良的公园环境能促进邻里之间的日常交往，已引发风景园林学科和城乡规划领域进行大量的深入探讨，频繁的日常交往很容易形成共同讨论且聚焦社区范围的话题。

社区的医疗卫生设施用地占比（-0.097）、商业服务业设施用地占比（-0.081）对集体效能具有微弱的抑制增效作用。医疗卫生设施用地，同样也是聚集大量社区居民的功能性交往空间。但与文化设施不同的是，居民去医院的目的总是以个人健康利益为首要考虑，排队等待的时间会弱化社区居民之间的互动。这可能是医疗卫生设施用地增加会导致集体效能降低的原因。商业服务业设施用地在社区辖内主要承载着大型的超市、餐厅、商业综合体，在某些老旧社区内存在的商业形态则未纳入现状用地。因此，造成负面影响的原因可能是大型商业用地会聚集超越社区范围的人流来往而增强社区流动的陌生化，而适宜邻里街坊的小型商业店铺则未纳入统计指标中。

2. 商业业态的增效效果

反映商业业态的住宿服务设施密度（X8）、餐饮服务设施密度（X9）、购物服务设施密度（X10）、娱乐休闲服务设施密度（X11）、金融保险服务设施密度（X12）对集体效能具有显著的增效效果。

虽然在用地类型上，商业服务业设施用地对集体效能具有抑制作用，但具体各类商业服务业设施却呈现出不同差异的结果。社区的购物服务设施密度（0.026）、娱乐休闲服务设施密度（0.672）、餐饮服务设施密度（0.509）对集体效能均具有促进增效的作用。便利店、菜市场、小超市及小商品市场等社区购物服务设施密度的增大，意味着居民拥有更多日常碰面的场所，邻里互动更加频繁，对提高集体效能有一定的作用。网吧、歌舞厅、剧院等娱乐休闲服务设施以及餐馆、酒吧等餐饮服务设施的密度增大，对提高集体效能有较大的作用。相比于购物服务设施，这两类设施聚集的群体往往是相识的、事先谋划好的，群体之间的熟悉度更高，容易形成共同期望的话题，有利于产生更高的集体效能。值得注意的是，国外的研究一直强调酒精饮品销售商店密度的增大会降低集体效能水平（Scribner et al，2007），但在本次研究中，并未发现类似的规律，可能不同国家的酒精销售和使用方式有差异。

住宿服务设施密度（-0.035）、金融保险服务设施密度（-0.687）对集体效能具有抑制增效作用。社区范围内宾馆、旅馆、招待所等住宿服务设施密度越高，意味着该社区人员流动性更强，对于社区居民来讲，难以形成固定的社区规范和支持，集体效能水平较低。同时，大量的流动性人口，对于社区安全也产生一定的威胁，会微弱影响社区居民户外活动和交谈的频率。金融保险服务设施密度增大，会较显著地降低集体效能水平。社区内银行布点数量可反映该区域资产金融的容量和流通水平，同时也有利于居民便捷的金融活动。产生该结果的原因可能是银行有容纳资产的功能，但同样也有犯罪的隐患，过多的银行同样会对社区安全感有一定程度的影响。

3. 交通容量的增效效果

反映交通容量的城市道路密度（X14）、步行道密度（X15）、停车场密度（X16）对集体效能具有显著的增效效果。

结果表明，社区的城市道路密度（-0.586）、步行道密度（-0.37）、停车场密度（-2.086）对集体效能均具有抑制增效作用。过多的城市道路和步行道实际上反映出社区拥有更多的通过型公共空间，会聚集更多的陌生群体和外来车辆，很难形成居民比较熟悉可控的生活圈。国外的研究发现，更加适宜步行的社区更有利于居民的互动和规范的制定（Li et al，2005），但笔者认为这与国内外截然不同的生活模式有关。国外生活倡导步行，步行空间更加完善、适宜，居民愿意在步行空间中进行交流互动；在国内，步行还只是作为一种便捷的出行方式，且步行设施存在阻碍大、可达性低等普遍的问题，并不是一个理想的互动空间。同时，重庆城区支路密集、高差大，盘根错节的道路结构不利于居民达成统一的社区共识。停车场密度对集体效能的负面影响程度，在所有物理环境因子中占据最高值，侧面反映出停车问题已经成为社区矛盾的主要导火索，一定程度上增加了社区居民之间的矛盾摩擦，使得形成良好的社区规范更加困难。

二、环境支撑因子的增效效果

17 个社会环境因子中，对集体效能有显著增效效果的因子共有 10 个，其中促进增效的因子有 5 个，抑制增效的因子有 5 个。促进增效最核心的是单亲家庭密度（0.788），最边缘的是高中以下文化家庭密度（0.276）；抑制增效最核心的是外省人集聚度（-1.259），最边缘的是贫困家庭密度（-0.261），详见图 4-6。

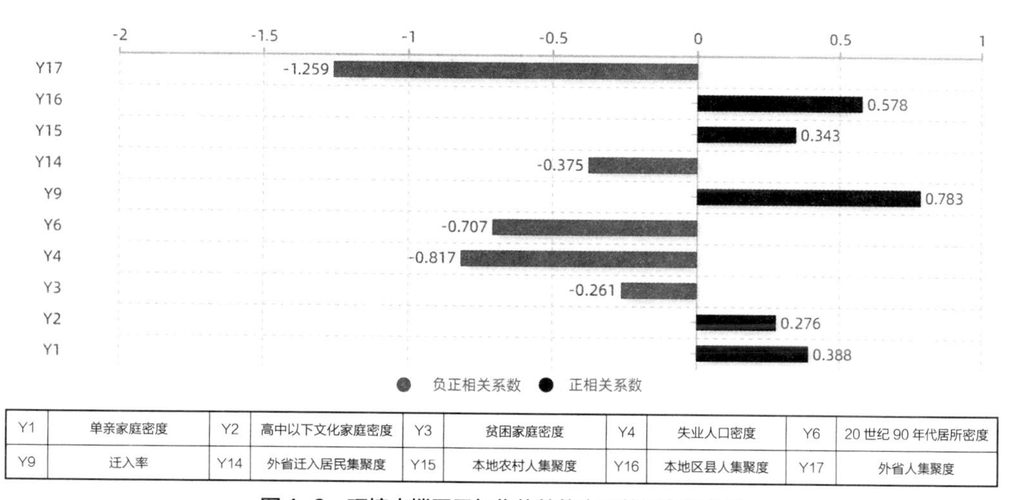

Y1	单亲家庭密度	Y2	高中以下文化家庭密度	Y3	贫困家庭密度	Y4	失业人口密度	Y6	20 世纪 90 年代居所密度
Y9	迁入率	Y14	外省迁入居民集聚度	Y15	本地农村人集聚度	Y16	本地区县人集聚度	Y17	外省人集聚度

图 4-6　环境支撑因子与集体效能水平的正负相关性

1. 集中劣势的增效效果

与国外研究成果相似，集中劣势与集体效能之间存在很强的联系。单亲家庭密度（Y1）、高中以下文化家庭密度（Y2）、贫困家庭密度（Y3）、失业人口密度（Y4）对集体效能均具有显著的增效效果。

不同的是，社区的单亲家庭密度（0.388）、高中以下文化家庭密度（0.276）对集体效能表现出一定的促进增效作用。作为探索性的实验，该结果的普适性值得商榷，具有本地化研究的特殊合理性。特殊合理性在于目前在我国，单亲和文化程度对于家庭乃至社区而言，并不会被当成一种特殊群体来看待，社区居委会帮扶的特殊对象并不包括这两类群体，因此并不会出现国外研究中导致集体效能降低的情况。但对于结果中呈现的正向影响，笔者认为它们之间的关系十分复杂，需要大量、反复的实验进行验证，暂不进行深入探讨。

社区的贫困家庭密度（-0.261）、失业人口密度（-0.817）对集体效能具有抑制作用。该结果较符合美国芝加哥学派一直以来的结论，即高水平的集中劣势会降低社区的集体效能水平。从结果来看，失业人口密度越高，在很大程度上会降低集体效能水平。社区居民中大量的无业人员，对于社区范围内的公共事物并不会太感兴趣。相比之下，在业人员虽然平日逗留社区的时间较少，但充实的经济基础和熟练的业务技巧，会使他们更愿意建设更好的居住环境。

2. 居所流动的增效效果

代表居所流动的 20 世纪 90 年代居所密度（Y6）、迁入率（Y9）对集体效能具有显著的增效效果。

结果表明，迁入率（0.783）对集体效能具有促进增效作用。过高的搬迁户数会使得社区很难形成固定的利益圈层，降低共同处理社区事务的关注度和能力。迁入率反映的是社区注入的新生力量，实验结果可说明，大部分社区愿意有更多新鲜的血液参与社区事务，同样地，新来的住户为了更快、更好地融入社区圈，也会更加积极地参与社区事务。这与国外搬迁户数的结论并无矛盾。

20 世纪 90 年代居所密度（-0.707）对集体效能具有抑制增效作用。在居所年代的四个因子中，只有 20 世纪 90 年代居所密度会对集体效能产生一定的影响，这与调研区域的发展背景有关。重庆市于 1997 年成为直辖市后，政府开始推出公有住房使用权交易、房屋拆迁安置权交易等新内容。进入 2000 年后，《重庆市城镇房地产交易管理条例》正式实施，重庆成为全国首个实施套内计价购房的城市，融侨、保利、棕榈泉、金融街等全国地产巨头挺进重庆，重庆房地产市场迎来大盘时代。因此，20 世纪 90 年代建造并保留的社区，大多建设水平较低：一方面社区内居住小区开发投入的力度不足，居民缺少集体行动的基础；另一方面，随着高质量商品房入市，大量年轻居民外迁，剩下的老年群体不热衷于社区的建设。

3. 移民集聚的增效效果

代表移民集聚的外省迁入居民集聚度（Y14）、本地农村人集聚度（Y15）、本地区县人集聚度（Y16）、外省人集聚度（Y17）对集体效能具有显著的增效效果。

结果表明，本地农村人集聚度（0.343）、本地区县人集聚度（0.578）对集体效能具有促进增效的作用。本地的群体有共同的语言和生活习惯，相较于外省群体，有利于更快的社会融合。同时，对于农村和区县的群体而言，希望快速融入新的社会环境，最快速也是最便捷的方式，便是融入居住于周边的群体。因此，本地农村人集聚度和本地区县人集聚度越高，共同参与的规模和意愿越高，社区呈现的集体效能水平越高。

外省迁入居民集聚度（-0.375）、外省人集聚度（-1.259）对集体效能具有抑制增效作用。类似于美国少数族群对集体效能的影响，总体来看，外省居民集聚程度越高，集体效能水平越低。这受到文化、地域、民俗背景的复杂影响。相比于户口已经迁入本地的外省居民数量，未迁入的外省居民数量对于集体效能有更大的影响。这同样可以用社区圈层的无法融入和参与来解释。

三、核心环境因子的增效优劣序列

1. 促进增效的核心因子结构与序列

依据具有正向相关关系的社区环境因子的回归系数，统计具有促进增效作用的因子贡献率（单因子回归系数 / 总回归系数），如图 4-7 所示。树形图反映了促进增效的核心因子的贡献排序，可以发现，土地利用（28%）对于社区集体效能有更高的贡献率，因子贡献率最高的是文化设施用地占比（23.31%）；其次是商业业态（24%），因子贡献率最高的是娱乐休闲服务设施密度（13.47%）；移民集聚（19%）、居所流动（16%）、集中劣势（13%）则排在后面。

一级环境参数按促进增效作用大小排列，依次为土地利用、商业业态、移民集聚、居所流动、集中劣势；二级环境因子按促进增效作用大小排列，依次是文化设施用地占比、单亲家庭密度、迁入率、娱乐休闲服务设施密度、本地区县人集聚度、餐饮服务设施密度、本地农村人集聚度、高中以下文化家庭密度、教育设施用地占比、绿地

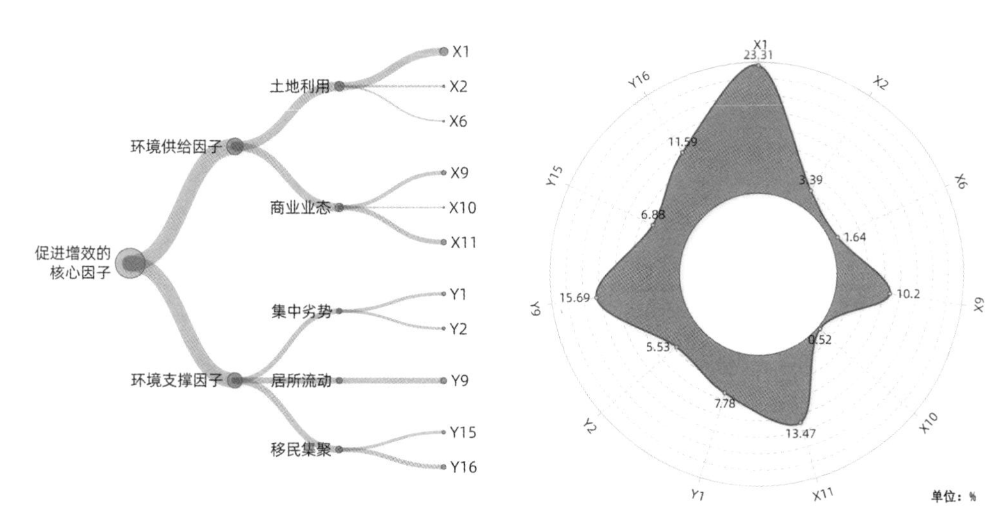

X1	文化设施用地（A2）占比	X2	教育设施用地（A3）占比	X3	体育设施用地（A4）占比	X4	医疗卫生设施（A5）用地占比	X5	社会福利设施用地（A6）占比
X6	绿地（G）占比	X7	商业服务用地（B1）占比	X8	住宿服务设施密度	X9	餐饮服务设施密度	X10	购物服务设施密度
X11	娱乐休闲服务设施密度	X12	金融保险服务设施密度	X13	医疗卫生服务设施密度	X14	城市道路（专指快速路、主干路、次干路、支路）密度	X15	步行道（专指绿道、居住小区道路）密度
X16	停车场（库）密度	X17	轻轨 / 地铁站点密度	X18	公交站点密度				

图 4-7　促进增效的环境因子贡献序列

与广场用地占比、购物服务设施密度。

2. 抑制增效的核心因子结构与序列

依据具有负向影响的社区环境因子的回归系数，可统计具有抑制增效作用的因子贡献率，如图 4-8 所示。树形图反映了抑制增效的核心因子的贡献排序，可以发现，交通容量（41%）对于社区集体效能有更高的贡献率，因子贡献率最高的是停车场（库）密度（28.34%）；其次是移民集聚（22%），因子贡献率最高的是本地区县人集聚度（17.1）；集中劣势（15%）、居所流动（10%）、土地利用（22%）则排在后面。

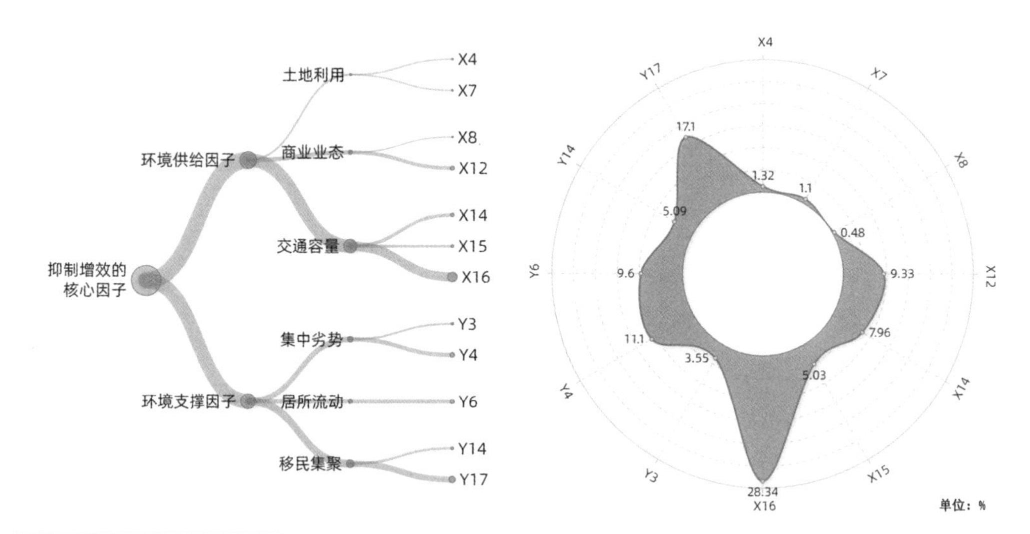

Y1	单亲家庭密度	Y2	高中以下文化家庭密度	Y3	贫困家庭密度	Y4	失业人口密度	Y5	20 世纪 80 年代居所密度
Y6	20 世纪 90 年代居所密度	Y7	21 世纪初居所密度	Y8	21 世纪 10 年代居所密度	Y9	迁入率	Y10	迁出率
Y11	租赁户数密度	Y12	本地人集聚度	Y13	本地区县迁入居民集聚度	Y14	外省迁入居民集聚度	Y15	本地农村人集聚度
Y16	本地区县人集聚度	Y17	外省人集聚度						

图4-8　抑制增效的环境因子贡献序列

一级环境参数按抑制增效作用大小排列，分别是交通容量、移民集聚、集中劣势、商业业态、居所流动、土地利用；二级环境因子按抑制增效作用大小排列，分别为停车场（库）密度、本地区县人集聚度、失业人口密度、20 世纪 90 年代居所密度、金融保险服务设施密度、城市道路密度、外省迁入居民集聚度、步行道密度、贫困家庭密度、医疗卫生设施用地占比、绿地占比、住宿服务设施密度。

第五节　本章小结

本章从数理统计学视角，运用弹性网测算了 35 个社区环境因子自变量与社区集体效能水平因变量的相关关系，从而分析了环境因子对集体效能的增效作用，据此对 35 类因子进行筛选。具体实验结果如下：

环境供给因子中，具有显著增效作用的因子共 13 个，包括：反映土地利用的文化设施用地占比（X1）、教育设施用地占比（X2）、医疗卫生设施用地占比（X4）、社会福利设施用地占比（X5）、绿地占比（X6）；反映商业业态的住宿服务设施密度（X8）、购物服务设施密度（X10）、娱乐休闲服务设施密度（X11）、金融保险服务设施密度（X12）、医疗卫生服务设施密度（X13）；反映交通容量的城市道路密度（X14）、步行道密度（X15）、道路交叉口密度（X16）。其中，具有促进增效作用的因子有 6 个，具有抑制作用的因子有 7 个。促进增效最核心的是文化设施用地占比（1.163），最边缘的是购物服务设施密度（0.026）；抑制增效最核心的是本地区县人集聚度（-2.086），最边缘的是购物服务设施密度（-0.035）。

环境支撑因子中，具有显著增效作用的因子共 10 个，包括：反映集中劣势的单亲家庭密度（Y1）、高中以下文化家庭密度（Y2）、贫困家庭密度（Y3）、失业人口密度（Y4）；反映居所流动的 20 世纪 90 年代居所密度（Y6）、迁入率（Y9）；反映移民集聚的外省迁入居民集聚度（Y14）、本地农村人集聚度（Y15）、本地区县人集聚度（Y16）、外省人集聚度（Y17）。其中，具有促进增效作用的因子有 5 个，具有抑制作用的因子有 5 个。促进增效最核心的是单亲家庭密度（0.788），最边缘的是高中以下文化家庭密度（0.276）；抑制增效最核心的是外省人集聚度（-1.259），最边缘的是贫困家庭密度（-0.261）。

以此，揭示了促进增效的核心因子的结构与序列，一级环境参数按促进增效作用大小排列，依次为土地利用、商业业态、移民集聚、居所流动、集中劣势；二级环境因子按促进增效作用大小排列，依次是文化设施用地占比、单亲家庭密度、迁入率、娱乐休闲服务设施密度、本地区县人集聚度、餐饮服务设施密度、本地农村人集聚度、高中以下文化家庭密度、教育设施用地占比、绿地与广场用地占比、购物服务设施密度。抑制增效的核心因子结构与序列，一级环境参数按抑制增效作用大小排列，分别是交通容量、移民集聚、集中劣势、商业业态、居所流动、土地利用；二级环境因子按抑制增效作用大小排列，分别为停车场（库）密度、本地区县人集聚度、失业人口密度、20 世纪 90 年代居所密度、金融保险服务设施密度、城市道路密度、外省迁入居民集聚度、步行道密度、贫困家庭密度、医疗卫生设施用地占比、绿地占比、住宿服务设施密度。

第五章
解析方法（三）：社区环境的增效路径提炼

本章重点：采用组态比较思想，选取48个集体效能呈现高、中、低水平的社区作为分析案例，以具有显著增效效果的23个核心环境因子作为解释条件，运用模糊集定性比较分析方法，分析多元环境因子组态的因果路径关系，揭示促进增效的环境因子组合和抑制增效的环境因子组合，即较优的社区环境特征，同时总结提炼“促进增效组合、抑制增效组合”的空间驱动路径，进一步提炼城市社区环境的增效路径。基于此，通过因子的合成重组，整合和完善增效路径的成分最优比例和驱动动力。

第一节　提炼框架的构建

为了更好地解析增效路径的成分最优比例和驱动动力，需要对不同集体效能水平的案例进行比对，提取高水平集体效能的因子组合比例，同时总结实现该组合的空间驱动路径，从而完善城市社区的增效路径机制。本书采用经济学、管理学和其他社会科学领域常用的定性比较分析法，分析高、中、低水平集体效能案例中因子组合的因果路径，通过单要素必要性和多组态充分性揭示因子组合比例和空间驱动路径，详见图 5-1。

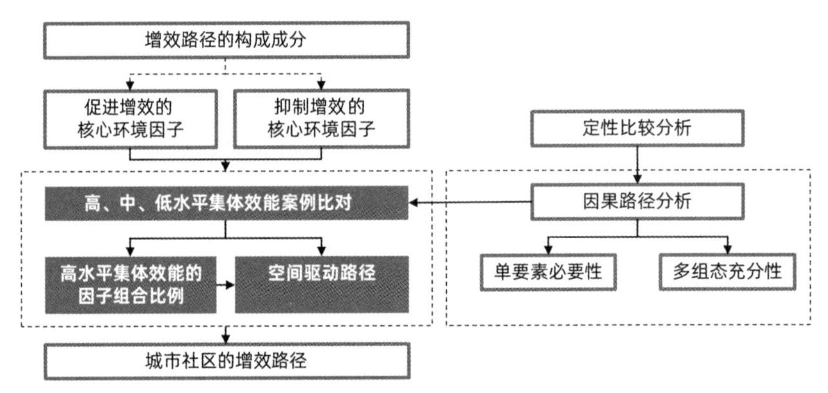

图 5-1　基于组态案例比对的因子合成重组框架

一、对比案例选择

本书调研的 48 个城市社区，从类型上几乎涵盖了重庆城区所有的社区类型。按社区辖内居住小区属性划分，廉租房社区有民心佳园社区、花园新村社区、黄泥磅社区、建设坡社区等；公有住房社区有邢家桥社区、黎明社区、中山二路社区、重庆村社区等；集资房社区有马家堡社区、肖家湾社区、桂花园新村社区等；商品房社区有沧白路社区、民生路社区、自力巷社区、塔坪社区、大兴社区、董家系社区、嘉陵社区等。按社区辖内居住小区的建筑属性划分，涵盖了低层、多层、高层、超高层等不同类型。

从社区建成年代来看，沙坪坝区和渝中区行政范围内的样本社区大多是20世纪80~90年代的老旧社区，江北区行政范围内的样本社区大部分属于21世纪10年代，渝北区的样本社区大部分仍处于建设完善中。因此，可认为48个样本社区可作为进一步以案例为导向的空间增效路径分析的案例。

第三章的社区集体效能水平的测度结果显示，可将48个社区划分为高水平集体效能（H-C）、中水平集体效能（M-C）和低水平集体效能（L-C）三类[①]。探索高水平集体效能社区环境因子构成与低水平集体效能社区环境因子构成的差异，作为社区环境集体效能增效路径的判断依据。

二、解释条件选取

依据第四章回归分析的结果，筛选出对社区集体效能具有显著增效作用的23个核心环境因子，在一定程度上可反映出这些社区环境因子的独立影响程度。诚然，社区环境是一个复杂的有机体，对于社区居民，最终呈现的是多元的环境组态。为了进一步揭示社区环境因子之间的依赖关系和相互作用，将23类核心环境因子作为解释变量（表5-1），考察社区环境各因素是如何协同达到高水平集体效能的。

核心环境因子作为解释变量　　表5-1

核心环境因子		变量代码	增效效果
土地结构	文化设施用地占比	X1	促进
	教育设施用地占比	X2	促进
	医疗卫生设施用地占比	X4	抑制
	绿地与广场用地占比	X6	促进
	商业服务业设施用地占比	X7	抑制
商业业态	住宿服务设施密度	X8	抑制
	餐饮服务设施密度	X9	促进
	购物服务设施密度	X10	促进
	娱乐休闲服务设施密度	X11	促进
	金融保险服务设施密度	X12	抑制
交通容量	城市道路密度	X14	抑制
	步行道密度	X15	抑制
	停车场（库）密度	X16	抑制

① 国际上，集体效能水平并未形成判断的统一准则。本书的划分是为了横向对比所有样本社区中高分值、中分值、低分值所具有环境组合的差别性，同时符合定性比较法的计算思路。

续表

核心环境因子		变量代码	增效效果
集中劣势	单亲家庭密度	Y1	促进
	高中以下文化家庭密度	Y2	促进
	贫困家庭密度	Y3	抑制
	失业人口密度	Y4	抑制
居所流动	20 世纪 90 年代居所密度	Y6	抑制
	迁入率	Y9	促进
移民集聚	外省迁入居民集聚度	Y14	抑制
	本地农村人集聚度	Y15	促进
	本地区县人集聚度	Y16	促进
	外省人集聚度	Y17	抑制

资料来源：笔者自绘。

第二节　环境组合的因果路径分析

探寻增效路径的成分最优比例是一个复杂的过程。首先，同一种效果可能源于不同的环境因素组态；其次，增效路径的探索是为了后续社区规划的工程实践运用，需要更加完整的文本指导。诚然，传统的回归分析对于变量选取了孤立的分析视角，很难解释变量间的相互依赖及其构成的组态如何影响结果的复杂的因果关系。基于此，选用社会科学领域研究的模糊集定性比较分析作为探索增效路径的方法。该方法借助集合理论来建立解释条件和结果变量之间的必要关系与充分关系。就充分关系而言，定性比较分析有助于识别导致结果发生的多重并发原因，即不同解释条件的组态共同导致特定结果的发生，而同一结果的发生可能有不同的组态性原因。

一、路径分析方法

1. 定性比较分析

定性比较分析（Qualitative Comparative Analysis，QCA）于 20 世纪 80 年代由美国社会学家查尔斯 · 拉金（Charles C.Ragin）首次提出。作为一种案例导向型的研究途径，定性比较分析以集合和布尔代数等技术手段为基础，旨在融合定性和定量研究方法的优势。然而，综观定性比较分析近 30 年来的发展和应用，它带给社会科学研究者的已远远不只是一种技术性手段，而更是一种全新的研究逻辑（里豪克斯，拉金，2017）。目前，QCA 是研究包括经济学和管理学在内的主流社会科学的研究方法之一，近年来也开始被城乡规划学接受、采纳并有了一定的发展（陈红霞，屈玥鹏，2020；王洛忠等，2020）。

对比而言，传统的定量研究“找变量－建模型－假设检验”的研究逻辑，要求研究人员将可能影响结果的相关变量都放入模型中进行统计回归，这种做法的科学性虽然毋庸置疑，但其中一个重要的假设前提是承认自变量和结果变量间只存在两种可能：一是没有相关关系，二是有相关关系。事实上，许多定量研究的实证结果往往介于这两者之间，严格而言，是违背其设定的假设前提的。现实中固然存在大量的“对称性”相关关系，但也存在广泛的“非对称性”集合关系。

对本研究来说，定性比较分析是一种合适的分析策略。首先，48 个社区的样本量属于较小的研究。对于小样本数据集来说，统计分析的逻辑并不是一个有效的数据处理策略。相反，定性比较分析正是针对中小规模样本数据分析发展起来的，并且被广泛应用于经验研究中（表 5-2）。

定量研究方法和组态比较分析方法之间的比较　　表 5-2

类别	定量研究方法	组态比较方法
典型分析方法	多元回归分析	定性比较分析
理论目标	检验、细化理论	检验、细化理论和构建理论
研究问题	净效应问题	组态问题
因果实现途径	相关关系	集合关系
因果关系假定	因果单调性（恒定性、一致性、可加性和对称性）	因果复杂性（殊途同归、多重并发和非对称性）
研究样本规模	大样本	不限
样本抽样方法	随机抽样	理论抽样
逻辑推理形式	演绎推理	溯因推理
数学基础	统计论	集合论

资料来源：张明，杜运周．组织与管理研究中 QCA 方法的应用：定位、策略和方向 [J]. 管理学报，2019，16（9）：1312-1323.

其次，定性分析假定因果关系是复杂的并且是可替代的，因此，研究者关注的是社会现象的多重条件并发原因。如条件甲和条件乙同时出现导致结果甲；结果甲可能由多个不同的并发原因引致，如条件甲和条件乙可以导致结果甲，条件丙和条件丁也可以导致结果甲。又如在情景乙下，某个条件甲不出现可能导致结果甲，而在另一个情景丙下，某个条件甲不出现也可能导致结果甲。总体而言，就是一个条件对结果的影响同时取决于多个条件。本节希望探索不同的环境因子组合与集体效能水平的关系，其实质是一种非线性关系，高水平集体效能的发生可能是不同环境组态形成的结果。

同时，为了克服传统明确集定性比较分析要求所有变量为二分变量这一缺陷，拉金提出了以模糊集为基础的定性比较分析（Ragin & Strand，2008）。模糊集定性比较分析利用模糊集得分来表示结果和解释条件发生的程度，其得分原则上可以是 0 至 1 之间的任何数值，因此能较好地避免数据转变过程中的信息损失，更加准确地反映案例的实际情况。由于解释变量是数值型变量，故考虑以模糊集为基础的定性比较分析。

2. 实验步骤

首先根据研究的目标确定一定数量的样本案例以及针对研究目标的结果变量；然后基于第三章的结论，提炼出核心环境因子作为结果变量的解释变量。在解释变量和结果变量都确定后，以单个的样本案例为单位，统计出每个变量的编码数据，将这些数据汇总起来就得到了解释变量和结果变量的所有组态，这些组态用图表的方式体现出来就是“真值表”（truth table）。运用 FsQCA3.0 构建真值表，以此分析计算单要素的必要性结果和多要素的因果路径结果。

二、分析过程

1. 解释变量编码

变量的选择在定性比较研究中是一个关键的环节。经过第二章、第三章和第四章对增强集体效能的环境因子进行严格的层层筛选，确定了 23 个核心环境因子作为解释变量，社区的集体效能水平作为结果变量。变量选择的原因在此不再赘述。

2. 校准变量

模糊集不同于常规变量，必须进行校准，即对变量赋值为集合的隶属程度。从已有研究来看，进行模糊集定性比较分析可以采用“三值模糊集校准法”（完全隶属点 1、交叉隶属点 0.5 和完全不隶属点 0 三个临界点）和“四值模糊集校准法”（完全隶属点 1、偏隶属点 0.67、偏不隶属点 0.33 和完全不隶属点 0 四个临界点）确定校准阈值。基于问题的特点，混合运用上述两种校准方法进行阈值确定和数据校准。

结果变量是集体效能水平，采用“三值模糊集校准法”进行校准。采用 Fiss 设定的标准，将阈值设定为数据的上下四分位数点（Fiss，2011）。当数值高于上四分位数点，可以判断该案例属于高水平集体效能社区的集合（完全隶属点 1）；当数值高于下四分位数点，可以判断该案例属于中水平集体效能社区的集合（交叉隶属点 0.5）；当数值低于下四分位数点，可以判断该案例属于低水平集体效能社区的集合（完全不隶属点 0）。从具体数据来看，高水平集体效能社区的案例有 12 个，低水平集体效能社区的案例有 12 个。数据基本均匀分布在中位数点两侧，模糊度理想。

解释变量按照促进和抑制的作用划分为正向解释和反向解释两部分。正向解释变量由具有促进增效作用的 11 项环境因子组成，反向解释变量由具有抑制增效作用的 12 项环境因子组成。按“四值模糊集校准法”进行校准，将 3 个阈值分别设定为上四分位数、下四分位数与中位数，划分为完全隶属点 1、偏隶属点 0.67、偏不隶属点 0.33 和完全不隶属点 0。

具体校准变量结果如表 5-3 所示。

校准变量结果　　表 5-3

	变量名称	代码	赋值规则	案例数量
正向解释变量	文化设施用地占比	X1	“四值模糊集校准法”：3 个阈值分别设定为上四分位数、下四分位数与中位数	（完全隶属 1）: 6.25%
				（偏隶属 0.67）: 10.42%
				（偏不隶属 0.33）: 0
				（完全不隶属 0）: 83.33%
	教育设施用地占比	X2		（完全隶属 1）: 25%
				（偏隶属 0.67）: 50%
				（偏不隶属 0.33）:
				（完全不隶属 0）: 25%
	绿地与广场用地占比	X6		（完全隶属 1）: 2.08%
				（偏隶属 0.67）: 4.17%
				（偏不隶属 0.33）:
				（完全不隶属 0）: 93.75%
	餐饮服务设施密度	X9		（完全隶属 1）: 25%
				（偏隶属 0.67）: 60.42%
				（偏不隶属 0.33）:
				（完全不隶属 0）: 14.58%
	购物服务设施密度	X10		（完全隶属 1）: 25%
				（偏隶属 0.67）: 66.67%
				（偏不隶属 0.33）:
				（完全不隶属 0）: 8.33%
	娱乐休闲服务设施密度	X11		（完全隶属 1）: 43.75%
				（偏隶属 0.67）: 39.58%
				（偏不隶属 0.33）:
				（完全不隶属 0）: 16.67%
	单亲家庭密度	Y1		（完全隶属 1）: 20.83%
				（偏隶属 0.67）: 20.83%
				（偏不隶属 0.33）: 54.17%
				（完全不隶属 0）: 4.17%

续表

	变量名称	代码	赋值规则	案例数量
正向解释变量	高中以下文化家庭密度	Y2	“四值模糊集校准法”：3 个阈值分别设定为上四分位数、下四分位数与中位数	（完全隶属 1）：25%
				（偏隶属 0.67）：25%
				（偏不隶属 0.33）：50%
				（完全不隶属 0）
	迁入率	Y9		（完全隶属 1）：25%
				（偏隶属 0.67）：20.83%
				（偏不隶属 0.33）：54.17%
				（完全不隶属 0）
	本地农村人集聚度	Y15		（完全隶属 1）：25%
				（偏隶属 0.67）：25%
				（偏不隶属 0.33）：10.42%
				（完全不隶属 0）：39.58%
	本地区县人集聚度	Y16		（完全隶属 1）：25%
				（偏隶属 0.67）：25%
				（偏不隶属 0.33）：41.67%
				（完全不隶属 0）：8.33%
反向解释变量	医疗卫生设施用地占比	X4		（完全隶属 1）：20.83%
				（偏隶属 0.67）：27.08%
				（偏不隶属 0.33）：
				（完全不隶属 0）：52.08%
	商业服务业设施用地占比	X7		（完全隶属 1）：25%
				（偏隶属 0.67）：22.92%
				（偏不隶属 0.33）：
				（完全不隶属 0）：52.08%
	住宿服务设施密度	X8		（完全隶属 1）：25%
				（偏隶属 0.67）：56.25%
				（偏不隶属 0.33）：
				（完全不隶属 0）：18.75%
	金融保险服务设施密度	X12		（完全隶属 1）：25%
				（偏隶属 0.67）：58.33%
				（偏不隶属 0.33）：
				（完全不隶属 0）：16.67%
	城市道路密度	X14		（完全隶属 1）：27.08%
				（偏隶属 0.67）：47.92%
				（偏不隶属 0.33）：25%
				（完全不隶属 0）

续表

	变量名称	代码	赋值规则	案例数量
反向解释变量	步行道密度	X15	“四值模糊集校准法”：3 个阈值分别设定为上四分位数、下四分位数与中位数	（完全隶属 1）：27.08%
				（偏隶属 0.67）：47.92%
				（偏不隶属 0.33）：25%
				（完全不隶属 0）
	停车场（库）密度	X16		（完全隶属 1）：27.08%
				（偏隶属 0.67）：47.92%
				（偏不隶属 0.33）：25%
				（完全不隶属 0）
	贫困家庭密度	Y3		（完全隶属 1）：25%
				（偏隶属 0.67）：25%
				（偏不隶属 0.33）：8.33%
				（完全不隶属 0）：41.67%
	失业人口密度	Y4		（完全隶属 1）：25%
				（偏隶属 0.67）：22.92%
				（偏不隶属 0.33）：43.75%
				（完全不隶属 0）：8.33%
	20 世纪 90 年代居所密度	Y6		（完全隶属 1）：6.25%
				（偏隶属 0.67）：4.17%
				（偏不隶属 0.33）：41.67%
				（完全不隶属 0）：47.92%
	外省迁入居民集聚度	Y14		（完全隶属 1）：25%
				（偏隶属 0.67）：25%
				（偏不隶属 0.33）：39.58%
				（完全不隶属 0）：10.42%
	外省人集聚度	Y17		（完全隶属 1）：25%
				（偏隶属 0.67）：20.83%
				（偏不隶属 0.33）：27.08%
				（完全不隶属 0）：27.08%
结果变量	集体效能水平	C	“三值模糊集校准法”：阈值设定为数据的上下四分位数点	高水平集体效能（完全隶属点 1）：25%
				中水平集体效能（交叉隶属点 0.5）：50%
				低水平集体效能（完全不隶属点 0）：25%

资料来源：作者自绘。

3. 衡量指标依据

定性比较分析使用一致性指标来描述变量之间的必要性和充分性关系。如果条件 X 是结果 Y 的必要条件，则 Y 对应的集合是 X 对应集合的一个子集，相应的一致性指标的取值应该大于 0.9：

$$\text{Consistency}\ (Y_i \leqslant X_i) = \Sigma[\min\ (X_i,\ Y_i)]/\Sigma Y_i \tag{5-1}$$

反之，如果上述一致性指标小于 0.9，我们不能将 X 看作 Y 的必要条件（Schneider & Wagemann，2012）。类似地，如果条件 X 可看作结果 Y 的充分条件，则 X 对应的集合是 Y 对应集合的一个子集，则下述一致性指标的取值应大于 0.8：

$$\text{Consistency}\ (X_i \leqslant Y_i) = \Sigma[\min\ (X_i,\ Y_i)]/\Sigma X_i \tag{5-2}$$

当一致性得到满足后，我们可以进一步计算覆盖率指标来描述条件 X 对结果 Y 的解释力。覆盖率指标越大，则说明 X 在经验上对 Y 的解释力越大。

4. 构建真值表

在定性比较分析中，建构真值表是核心的环节之一，根据案例的经验数据与理论知识变量进行校验或者增加新的解释变量是常规的做法。只要保持该调整过程具有透明性并给出充分的理由，就属于可以接受的调整。借助 FsQCA3.0 软件建构真值表来呈现解释条件和结果变量的不同组态。

三、单要素的必要性分析

首先分析单一要素是否能够构成提升社区集体效能的必要条件。正如上文所说，主要依据一致性指标，如果该指标取值大于 0.9，则可以认为这是一个必要条件。分析结果如表 5-4 所示，所有变量的一致性均小于 0.9，可认为都不是高集体效能的必要条件。换言之，单一要素不足以构成提升集体效能的必要条件。

单要素的必要性分析 表 5-4

正向解释变量	一致性（consistency）	覆盖率（coverage）	反向解释变量	一致性（consistency）	覆盖率（coverage）
X1	0.107194	0.474016	X4	0.417023	0.625868
X2	0.655627	0.655627	X7	0.511396	0.624076
X6	0.476852	0.691275	X8	0.762821	0.711864
X9	0.735399	0.756965	X12	0.751068	0.685631
X10	0.798433	0.713331	X14	0.725427	0.629286
X11	0.834402	0.700658	X15	0.737536	0.639790
Y1	0.592236	0.657832	X16	0.725783	0.629595
Y2	0.699786	0.702790	Y3	0.440171	0.578652
Y9	0.735399	0.756965	Y4	0.640669	0.684030

续表

正向解释变量	一致性（consistency）	覆盖率（coverage）	反向解释变量	一致性（consistency）	覆盖率（coverage）
Y15	0.535613	0.693407	Y6	0.200499	0.514625
Y16	0.640669	0.675300	Y14	0.605413	0.646142
			Y17	0.522792	0.638539

资料来源：笔者自绘。

四、多要素组态的充分性分析

复杂解、简化解和中间解，这三种解的主要区别是各自包含了多少逻辑余项，即反事实假设的条件组合。其中，复杂解排除了所有反事实组合；简化解则基于两类反事实分析，其中的条件变项十分稳定，不受研究者对简单类反事实分析的条件变项设定的影响；中间解居于其中，仅基于简单类反事实分析，其中的条件变项可能因研究者设定不同的简单类反事实条件而消失。在实际应用中，简化解和中间解共同包含的条件变项通常被称为核心条件，而仅在简化解中包含的条件变项被称为辅助或边缘条件。大多数使用质性比较分析方法的研究者都倾向使用中间解作为充分条件组合的结果。

1. 正向解释组态

采用中间解结果，使用布尔最小化算法对真值表进行简化，共归纳出 17 条导致结果发生的因果路径，详见表 5-5。

正向解释条件中间解的分析结果　　表 5-5

序列	条件表达式	原覆盖率（raw coverage）	惟一覆盖率（unique coverage）	一致性（consistency）
Z1	~X1*~X2*X5*~X9*~X10*~Y1*~Y2*Y9*~Y15*Y16	0.241738	0.0359687	0.855914
Z2	~X1*X2*~X5*~X9*X10*X11*~Y1*~Y9*Y15*~Y16	0.106481	0.0121083	0.900602
Z3	~X1*X2*X5*~X9*X11*~Y1*Y2*~Y9*Y15*~Y16	0.0477208	0.0359687	1
Z4	X2*~X5*~X9*X10*X11*~Y1*Y2*~Y9*Y15*~Y16	0.106481	0.0121083	0.900602
Z5	~X1*~X5*~X9*X10*X11*~Y1*Y2*Y9*Y15*~Y16	0.241738	0.0477208	0.923434
Z6	~X1*~X2*~X5*X9*X10*X11*~Y1*Y9*Y15*Y16	0.129986	0.0477208	0.917085

续表

序列	条件表达式	原覆盖率（raw coverage）	惟一覆盖率（unique coverage）	一致性（consistency）
Z7	~X1*X2*~X5*X9*X10*X11*~Y1*Y2*Y9*Y15	0.241738	0.0477208	0.857759
Z8	~X1*X2*~X5*~X9*X10*X11*Y1*Y2*Y9*Y16	0.288746	0.0477208	0.842607
Z9	~X1*X2*~X5*~X9*~X10*X11*~Y1*~Y2*~Y9*~Y15*~Y16	0.0708689	0.0121083	1
Z10	~X1*~X2*~X5*~X9*X10*X11*~Y1*~Y2*~Y9*~Y15*~Y16	0.0708689	0.0121083	1
Z11	~X1*~X2*~X5*~X9*~X10*X11*~Y1*~Y2*~Y9*Y15*~Y16	0.0473647	0.0121083	1
Z12	~X1*~X2*~X5*~X9*~X10*~X11*Y1*Y2*~Y9*Y15*~Y16	0.0708689	0.0238604	0.857759
Z13	~X1*X2*~X5*~X9*X10*X11*Y1*Y2*~Y9*~Y15*~Y16	0.0826211	0.0238604	0.875472
Z14	~X1*X2*~X5*~X9*X10*X11*Y1*~Y2*Y9*~Y15*~Y16	0.0947293	0.0242164	0.889632
Z15	X1*~X2*~X5*X9*X10*X11*Y1*Y2*~Y9*~Y15*~Y16	0.0238604	0.0238604	1
Z16	~X1*X2*~X5*X9*X10*X11*Y1*~Y2*~Y9*Y15*~Y16	0.0943732	0.0121083	0.889262
Z17	~X1*X2*~X5*X9*X10*X11*Y1*~Y2*Y9*Y15*Y16	0.117877	0.0238604	0.833753
总覆盖率：0.667023 总一致性：0.903957				

资料来源：作者自绘。

17 条因果路径的总覆盖率为 0.667023，表明了本次研究中约 67% 的案例能够被这 17 条路径共同解释。因果路径中，解释度最高的是因果路径 Z8，该路径的原生覆盖率为 0.288746，表明该路径能够解释约 29% 的高水平集体效能的案例。因果路径 Z8 表明，当社区的文化设施用地、绿地和广场用地面积不足，餐饮服务设施数量较少，单亲家庭和高中以下文化家庭较多，迁入率高，本地区县人集聚度高，购物服务设施和娱乐休闲服务设施以及教育设施用地足够丰富时，有可能具备高水平的集体效能。有一定解释度的因果路径还有 Z1，原生覆盖率为 0.241738。该路径表明，当社区的文化设施用地与教育设施用地面积均不足，购物和餐饮服务设施数量较少，单亲家庭和高中以下文化家庭较少，迁入率高，本地农村人聚集度低和区县人集聚度高，有足够的绿地，就有可能具备高水平的集体效能。因果路径 Z5 和 Z7，原生覆盖率也为 0.241738，但具体的路径则不同。

另外，Z2、Z4、Z6、Z17 路径的原生覆盖率高于 10%，也具有一定的解释度。相比以上路径，其他因果路径的原生覆盖率和惟一覆盖率都很小，表明因果路径解释力相对较弱[①]。

2. 反向解释组态

共归纳出 20 条导致结果发生的因果路径，详见表 5-6。因果路径的总覆盖率为 0.678419，表明本次研究中约 68% 的案例能够被这 20 条路径共同解释。在这 20 条因果路径中，解释度最高的是因果路径 F17，该路径的原生覆盖率为 0.264886，表明该路径能够解释约 27% 的案例。该路径表明，当社区在住宿服务设施较多，金融保险服务设施较多，城市道路和步行道密度较高，贫困家庭较少，失业人口较多，20 世纪 90 年代居所较少，外省迁入居民和外省人集聚度较高的情况下，降低医疗卫生设施用地、商业服务业设施用地面积占比和停车场密度，则有可能实现高水平的集体效能。因果路径 F20，原生覆盖率为 0.253134，表明该路径能够解释约 26% 的案例。该路径表明，当社区在医疗卫生设施用地和商业服务业设施用地面积占比高，金融保险服务设施较充足，城市道路、步行道以及停车场等交通环境密度较高，贫困家庭较多，失业人口较少，20 世纪 90 年代居所较少，外省迁入居民和外省人集聚度高的情况下，降低住宿服务设施密度，则有可能实现高水平的集体效能。

F2、F7、F8、F15、F17、F19、F20 原生覆盖率均大于 0.1，可认为具有较好的解释力。其他因果路径的解释力相对较弱。

反向解释条件中间解的分析结果　　表 5-6

序列	条件表达式	原覆盖率（raw coverage）	惟一覆盖率（unique coverage）	一致性（consistency）
F1	~X4*~X7*X8*X12*X14*X16*Y3*~Y4*~Y6*Y14*~Y17	0.0829772	0.0121083	0.87594
F2	~X4*~X7*X8*X12*X14*~X15*X16*Y3*~Y4*~Y6*Y14	0.11859	0.0242165	0.909836
F3	~X4*X7*X8*X12*X14*X16*Y3*~Y4*~Y6*~Y14*Y17	0.0829772	0.0242165	0.87594
F4	~X4*X7*X8*X12*~X14*~X15*~X16*~Y3*~Y4*~Y6*~Y14*~Y17	0.0473647	0.0121083	1

① 已有研究证实，随着解释条件数量的增多，原生覆盖率会有所下降，完全覆盖条件的路径会减少。由于不同研究的条件数量有差异，目前并未形成原生覆盖率的合理区间。本书旨在找出多条路径中覆盖性明显较高的组合。

续表

序列	条件表达式	原覆盖率（raw coverage）	惟一覆盖率（unique coverage）	一致性（consistency）
F5	X4*X7*X8*~X12*~X14*~X15*~X16*~Y3*Y4*~Y6*~Y14*~Y17	0.0473647	0.0238604	1
F6	X4*~X7*~X8*X12*~X14*X15*~X16*~Y3*Y4*~Y6*~Y14*~Y17	0.0473647	0.0238604	1
F7	~X4*~X7*X8*X12*~X14*X15*~X16*~Y3*~Y4*~Y6*Y14*~Y17	0.106125	0.0121082	1
F8	~X4*~X7*X8*X12*~X14*~X15*~X16*~Y3*Y4*~Y6*~Y14*Y17	0.118234	0.0242165	1
F9	~X4*~X7*~X8*X12*X14*~X15*X16*Y3*~Y4*Y6*~Y14*~Y17	0.0356125	0.0238604	1
F10	~X4*X7*~X8*X12*~X14*X15*~X16*~Y3*~Y4*~Y6*Y14*Y17	0.0943732	0.0238604	0.889262
F11	X4*X7*X8*X12*~X14*~X15*X16*~Y3*Y4*~Y6*~Y14*~Y17	0.0473647	0.0238604	1
F12	~X4*~X7*~X8*~X12*X14*X15*X16*Y3*Y4*~Y6*Y14*~Y17	0.0826211	0.0473646	0.875472
F13	X4*X7*X8*X12*~X14*~X15*~X16*~Y3*~Y4*~Y6*Y14*Y17	0.0591168	0.0121083	1
F14	X4*X7*X8*X12*~X14*X15*~X16*~Y3*Y4*~Y6*Y14*~Y17	0.0708689	0.0121082	1
F15	~X4*X7*X8*X12*~X14*X15*X16*~Y3*Y4*~Y6*Y14*~Y17	0.12963	0.0238604	1
F16	X4*~X7*X8*~X12*X14*X15*X16*~Y3*Y4*~Y6*Y14*~Y17	0.0591168	0.0238604	1
F17	~X4*~X7*X8*X12*X14*X15*~X16*~Y3*Y4*~Y6*Y14*Y17	0.264886	0.0473646	0.933468
F18	X4*X7*X8*X12*X14*X15*~X16*~Y3*Y4*~Y6*~Y14*Y17	0.0591168	0.0121083	1
F19	X4*X7*~X8*X12*X14*X15*X16*~Y3*Y4*~Y6*~Y14*Y17	0.12963	0.0121082	0.916877
F20	X4*X7*~X8*X12*X14*X15*X16*Y3*~Y4*~Y6*Y14*Y17	0.253134	0.0473646	0.866935
总覆盖率：0.678419 总一致性：0.935199				

资料来源：笔者自绘。

五、稳健性检验

考虑到模糊集定性比较分析结果对编码取值具有一定的敏感性，有必要对分析结果进行稳健性检验。施耐德（Schneider）等提出了两个集合论方法特定的判定 QCA

结果稳健性的维度（Schneider & Wagemann，2009）。一是拟合参数差异。如果不同的稳健性检验方法导致一致性和覆盖度的差异不足以保证有意义且不同的实质性解释，那么结果就可认为是稳健的；反之，则认为结果不稳健。二是集合关系状态。如果不同的稳健性检验方法导致的组态（解）之间具有清晰的子集关系，则可认为结果非常稳健，即使它们表面看上去不尽相同；反之，则结果不稳健。

笔者通过调整“集体效能水平”的分类阈值，将分值高于中位数的社区定位为高水平集体效能社区并重复上文的分析，所得结论基本保持不变。在单因素分析中，其他解释条件均不是社区拥有高水平集体效能的必要条件。其中，X8、X9、X10、X11、X12、X14、X15、Y4、Y6、Y14 的一致性得分有所提升，但仍未高于 0.9。这表明，当降低社区“高效能”的标准时，同样难以被单一因素所解释。接下来，重复分析多要素组态对高水平集体效能社区的解释力。就框架而言，我们识别出了与上文一样的因果路径，它们的总覆盖率为 0.723。然而，当降低社区“高效能”的标准时，Z1 和 F20 同样存在，解释力度有所下降，能解释约 19% 和 16% 的案例，其解释力依然大于框架内其他路径的解释力。

与此同时，进一步考察了 X8 和 X11 这两个变量赋值规则对结论稳健性的影响。使用“三值模糊集校准法”重新对这两个变量进行校准，通过单要素必要性分析和多要素组态充分性分析所得的重要结论基本保持不变。

第三节　环境因子的最优组合比例

一、促进增效的环境供给与支撑组合

由于所选解释变量数量较多，原覆盖率相对而言普遍偏小。在有效的组合中，解释度高于 10% 的因果路径，可认为是较理想的环境组合。选取正向解释组态中解释度高于 10% 的因果路径，提取 8 类高水平集体效能的环境组合，分别为 Z1、Z2、Z4、Z5、Z6、Z7、Z8、Z17，如表 5-7 所示。

二、抑制增效的环境供给与支撑组合

选取反向解释组态中解释度高于 10% 的因果路径，提取 7 类高水平集体效能的环境组合，分别为 F2、F7、F8、F15、F17、F19、F20，如表 5-8 所示。

8 类促进增效的环境供给与支撑组合 表 5-7

序号	因果路径	组合方式 （正向解释组态）	组合图解 （条件表达式）	代表组合
1	Z1 组合	在文化设施用地、教育设施用地供给不足，购物服务设施、餐饮服务设施供给不足，单亲家庭结构以及高中以下文化程度家庭结构密度较低的情况下，拥有充足的绿地与广场用地、高比例的迁入结构与本地区县人和农村人集聚结构支撑的社区特征，可实现较高水平的集体效能	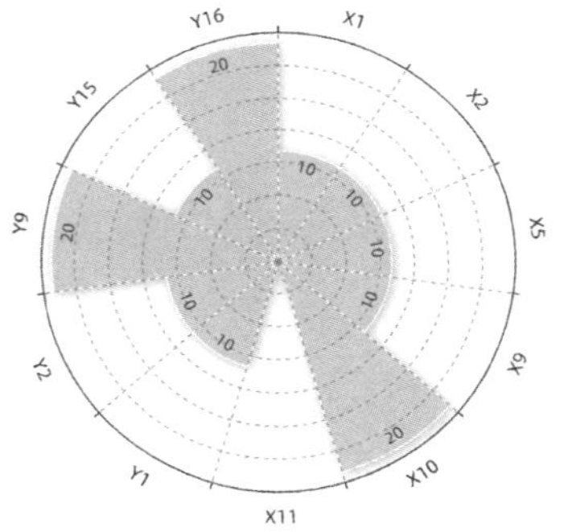 Y16 X1 X2 X5 X9 X10 X11 Y1 Y2 Y9 Y15 单位：条件存在（20），不存在（10），不涉及（0） X1 文化设施用地供给；X2 教育设施用地供给；X5 绿地与广场用地供给；X9 餐饮服务设施供给；X10 购物服务设施供给；X11 娱乐休闲服务设施供给；Y1 单亲家庭结构；Y2 高中以下文化程度家庭结构；Y9 迁入结构；Y15 本地农村人集聚结构；Y16 本地区县人集聚结构	天湖美镇社区（0.67，1）
2	Z2 组合	在文化设施用地、绿地与广场用地供给不足，餐饮服务设施供给不足，单亲家庭结构、高中以下文化程度家庭结构密度较低，迁入率较低的情况下，拥有充足的教育设施用地供给、购物服务设施和娱乐休闲服务设施供给，高比例的本地农村人集聚结构与本地区县人集聚结构支撑的社区特征，可实现较高水平的集体效能	Y16 X1 X2 X5 X9 X10 X11 Y1 Y2 Y9 Y15 单位：条件存在（20），不存在（10），不涉及（0） X1 文化设施用地供给；X2 教育设施用地供给；X5 绿地与广场用地供给；X9 餐饮服务设施供给；X10 购物服务设施供给；X11 娱乐休闲服务设施供给；Y1 单亲家庭结构；Y2 高中以下文化程度家庭结构；Y9 迁入结构；Y15 本地农村人集聚结构；Y16 本地区县人集聚结构	南桥寺社区（0.67，0.67），松林坡社区（0.67，1）

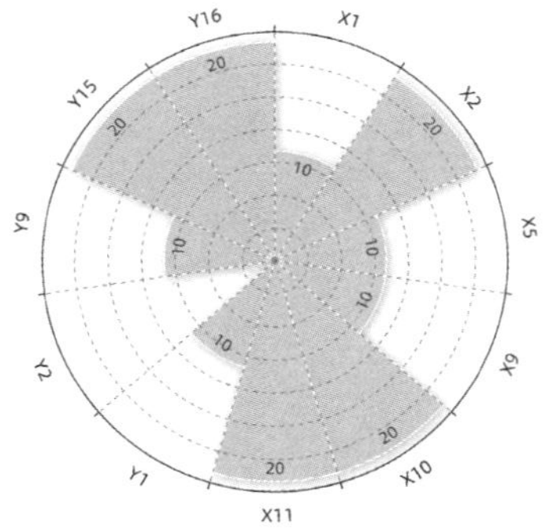

续表

序号	因果路径	组合方式 （正向解释组态）	组合图解 （条件表达式）	代表组合
3	Z4 组合	在文化设施用地、绿地与广场用地供给不足，餐饮服务设施供给不足，单亲家庭结构密度较低本地区县人集聚度较低的情况下，拥有充足的教育设施用地供给、购物服务设施和娱乐休闲服务设施供给，高比例的高中以下文化程度家庭结构、迁入结构与本地农村人集聚结构支撑的社区特征，可实现较高水平的集体效能	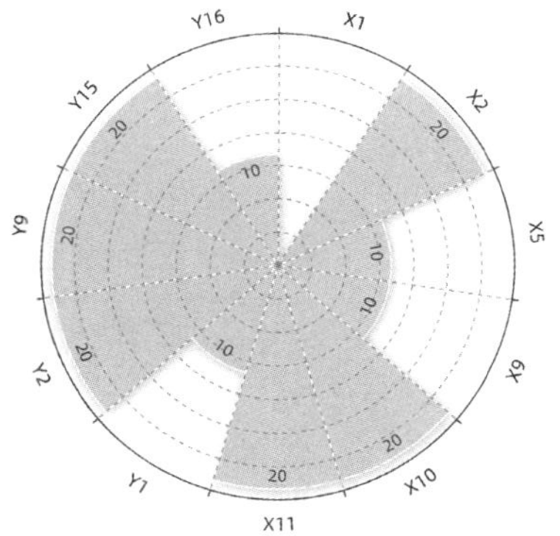 单位：条件存在（20），不存在（10），不涉及（0） X1 文化设施用地供给；X2 教育设施用地供给；X5 绿地与广场用地供给；X9 餐饮服务设施供给；X10 购物服务设施供给；X11 娱乐休闲服务设施供给；Y1 单亲家庭结构；Y2 高中以下文化程度家庭结构；Y9 迁入结构；Y15 本地农村人集聚结构；Y16 本地区县人集聚结构	南桥寺社区（0.67，0.67），新鸣社区（0.67，0.67）
4	Z5 组合	在文化设施用地、教育设施用地、绿地与广场用地供给不足，餐饮服务设施供给不足，单亲家庭结构密度较低，本地区县人集聚度较低的情况下，拥有充足的购物服务设施和娱乐休闲服务设施供给，高比例的高中以下文化程度家庭结构、迁入结构与本地农村人集聚结构支撑的社区特征，可实现较高水平的集体效能	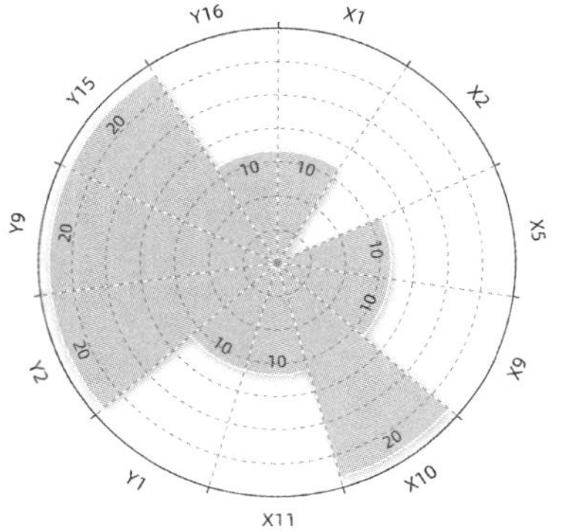 单位：条件存在（20），不存在（10），不涉及（0） X1 文化设施用地供给；X2 教育设施用地供给；X5 绿地与广场用地供给；X9 餐饮服务设施供给；X10 购物服务设施供给；X11 娱乐休闲服务设施供给；Y1 单亲家庭结构；Y2 高中以下文化程度家庭结构；Y9 迁入结构；Y15 本地农村人集聚结构；Y16 本地区县人集聚结构	建设坡社区（0.67，1），肖家湾社区（0.67，1）

续表

序号	因果路径	组合方式 （正向解释组态）	组合图解 （条件表达式）	代表组合
5	Z6 组合	在文化设施用地、教育设施用地、绿地与广场用地供给不足，单亲家庭结构、高中以下文化程度家庭结构密度较低，本地区县人集聚度较低的情况下，拥有充足的餐饮服务设施供给、购物服务设施供给和娱乐休闲服务设施供给，高比例的迁入结构与本地农村人集聚结构支撑的社区特征，可实现较高水平的集体效能	单位：条件存在（20），不存在（10），不涉及（0） X1 文化设施用地供给；X2 教育设施用地供给；X5 绿地与广场用地供给；X9 餐饮服务设施供给；X10 购物服务设施供给；X11 娱乐休闲服务设施供给；Y1 单亲家庭结构；Y2 高中以下文化程度家庭结构；Y9 迁入结构；Y15 本地农村人集聚结构；Y16 本地区县人集聚结构	花园新村社区（ↄ.67，0.67），黄泥塝社区（0.67，0.67）
6	Z7 组合	在文化设施用地、绿地与广场用地供给不足，单亲家庭结构密度较低，本地区县人集聚度较低的情况下，拥有充足的教育设施用地供给、餐饮服务设施供给、购物服务设施供给和娱乐休闲服务设施供给，高比例的高中以下文化程度家庭结构、迁入结构与本地农村人集聚结构支撑的社区特征，可实现较高水平的集体效能	单位：条件存在（20），不存在（10），不涉及（0） X1 文化设施用地供给；X2 教育设施用地供给；X5 绿地与广场用地供给；X9 餐饮服务设施供给；X10 购物服务设施供给；X11 娱乐休闲服务设施供给；Y1 单亲家庭结构；Y2 高中以下文化程度家庭结构；Y9 迁入结构；Y15 本地农村人集聚结构；Y16 本地区县人集聚结构	马家堡社区（0.67，1），邢家桥社区（0.67，0.67）

续表

序号	因果路径	组合方式（正向解释组态）	组合图解（条件表达式）	代表组合
7	Z8 组合	在文化设施用地、绿地与广场用地供给不足，餐饮服务设施供给不足，本地农村人集聚度较低的情况下，拥有充足的教育设施用地供给、购物服务设施和娱乐休闲服务设施供给，高比例的单亲家庭结构、高中以下文化程度家庭结构以及迁入结构支撑的社区特征，可实现较高水平的集体效能	单位：条件存在（20），不存在（10），不涉及（0） X1 文化设施用地供给；X2 教育设施用地供给；X5 绿地与广场用地供给；X9 餐饮服务设施供给；X10 购物服务设施供给；X11 娱乐休闲服务设施供给；Y1 单亲家庭结构；Y2 高中以下文化程度家庭结构；Y9 迁入结构；Y15 本地农村人集聚结构；Y16 本地区县人集聚结构	民心佳园社区（0.67，0.67），万紫山社区（0.67，1）
8	Z17 组合	在文化设施用地、绿地与广场用地供给不足，餐饮服务设施供给不足，高中以下文化程度家庭结构密度较低的情况下，拥有充足的教育设施用地供给、餐饮服务设施供给、购物服务设施供给、娱乐休闲服务设施供给，高比例的单亲家庭结构、迁入结构、本地农村人以及本地农村人集聚结构支撑的社区特征，可实现较高水平的集体效能	单位：条件存在（20），不存在（10），不涉及（0） X1 文化设施用地供给；X2 教育设施用地供给；X5 绿地与广场用地供给；X9 餐饮服务设施供给；X10 购物服务设施供给；X11 娱乐休闲服务设施供给；Y1 单亲家庭结构；Y2 高中以下文化程度家庭结构；Y9 迁入结构；Y15 本地农村人集聚结构；Y16 本地区县人集聚结构	汉渝路社区（0.67，1）

表 5-8

7 类抑制增效的环境供给与支撑组合

序号	因果路径	组合方式（负向解释组态）	组合图解（条件表达式中，存在条件标记为外圈，不存在条件“~”标记为内圈，不涉及条件标记为中心）	代表组合
1	F2 组合	在过量的住宿服务设施供给、金融保险服务设施供给、城市道路供给、停车场（库）供给，高密度的贫困家庭结构和外省迁入居民集聚结构的情况下，少量的医疗卫生设施用地和商业服务业设施用地供给、步行道供给，低密度的失业人口结构、20 世纪 90 年代居所结构的社区特征，可实现较高水平的集体效能	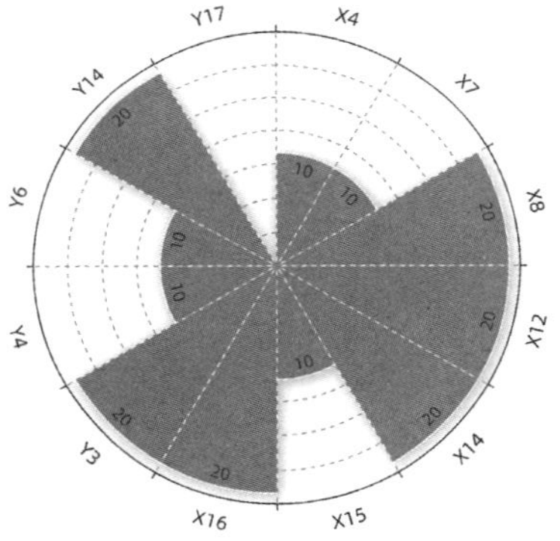 单位：条件存在（20），不存在（10），不涉及（0） X4 医疗卫生设施用地供给；X7 商业服务业设施用地供给；X8 住宿服务设施供给；X12 金融保险服务设施供给；X14 城市道路供给；X15 步行道供给；X16 停车场（库）供给；Y3 贫困家庭结构；Y4 失业人口结构；Y6 20 世纪 90 年代居所占比结构；Y14 外省迁入居民集聚结构；Y17 外省人集聚结构	红土地社区（0.67，0.67），刘家台社区（0.67，0.67），杨公桥社区（0.67，0.67）
2	F7 组合	在过量的住宿服务设施供给、金融保险服务设施供给、步行道供给，高集聚度的外省迁入居民的情况下，少量的医疗卫生设施用地和商业服务业设施用地供给、城市道路供给、停车场（库）供给，低密度的贫困家庭结构、失业人口结构、20 世纪 90 年代居所结构的社区特征，可实现较高水平的集体效能	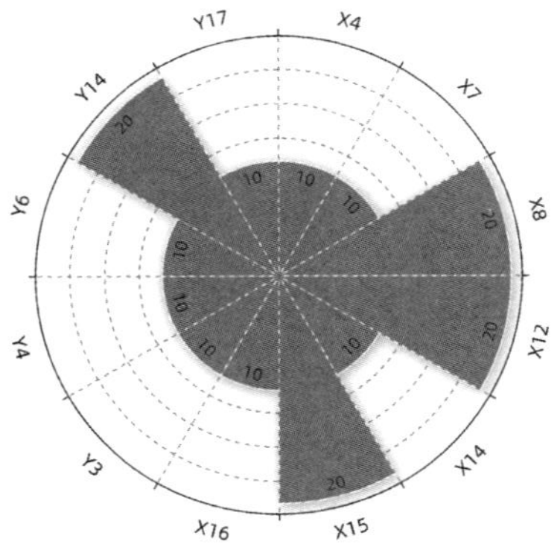 单位：条件存在（20），不存在（10），不涉及（0） X4 医疗卫生设施用地供给；X7 商业服务业设施用地供给；X8 住宿服务设施供给；X12 金融保险服务设施供给；X14 城市道路供给；X15 步行道供给；X16 停车场（库）供给；Y3 贫困家庭结构；Y4 失业人口结构；Y6 20 世纪 90 年代居所占比结构；Y14 外省迁入居民集聚结构；Y17 外省人集聚结构	奥园社区（0.67，1）

续表

序号	因果路径	组合方式 （负向解释组态）	组合图解 （条件表达式中，存在条件标记为外圈，不存在条件“~”标记为内圈，不涉及条件标记为中心）	代表组合
3	F8 组合	在过量的住宿服务设施供给、金融保险服务设施供给，高密度的失业人口结构，高集聚度的外省迁入居民结构、外省人结构的情况下，少量的医疗卫生设施用地和商业服务业设施用地供给、城市道路供给、步行道供给、停车场（库）供给，低密度的贫困家庭结构、20 世纪 90 年代居所结构的社区特征，可实现较高水平的集体效能	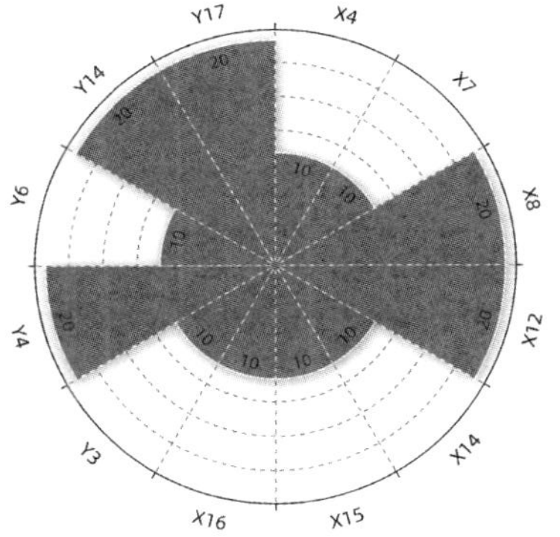 单位：条件存在（20），不存在（10），不涉及（0） X4 医疗卫生设施用地供给；X7 商业服务业设施用地供给；X8 住宿服务设施供给；X12 金融保险服务设施供给；X14 城市道路供给；X15 步行道供给；X16 停车场（库）供给；Y3 贫困家庭结构；Y4 失业人口结构；Y6 20 世纪 90 年代居所占比结构；Y14 外省迁入居民集聚结构；Y17 外省人集聚结构	鲁能西路社区（0.67，0.67），万紫山社区（0.67，1）
4	F15 组合	在过量的商业服务业设施用地供给、住宿服务设施供给、金融保险服务设施供给、步行道供给、停车场（库）供给，高密度的失业人口结构，高集聚度外省迁入居民、外省人结构的情况下，少量的医疗卫生设施用地、城市道路供给，低密度的贫困家庭结构、20 世纪 90 年代居所结构的社区特征，可实现较高水平的集体效能	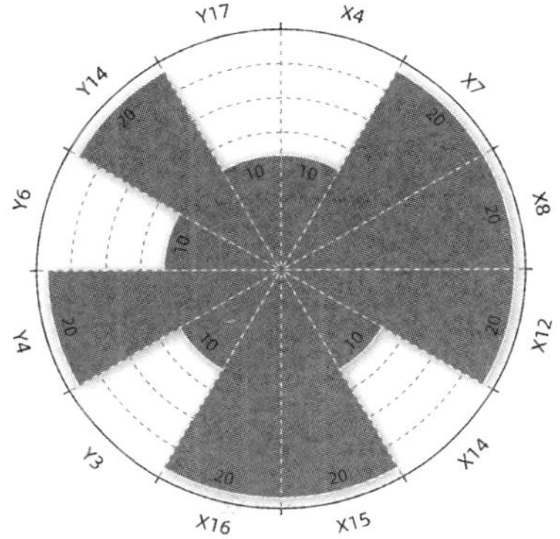 单位：条件存在（20），不存在（10），不涉及（0） X4 医疗卫生设施用地供给；X7 商业服务业设施用地供给；X8 住宿服务设施供给；X12 金融保险服务设施供给；X14 城市道路供给；X15 步行道供给；X16 停车场（库）供给；Y3 贫困家庭结构；Y4 失业人口结构；Y6 20 世纪 90 年代居所占比结构；Y14 外省迁入居民集聚结构；Y17 外省人集聚结构	松牌路社区（0.67，0.67）

续表

序号	因果路径	组合方式 （负向解释组态）	组合图解 （条件表达式中，存在条件标记为外圈，不存在条件“~”标记为内圈，不涉及条件标记为中心）	代表组合
5	F17 组合	在过量的住宿服务设施供给、金融保险服务设施供给、城市道路供给、步行道供给，高密度的失业人口结构，高集聚度的外省迁入居民结构、外省人结构的情况下，少量的医疗卫生设施用地和商业设施用地供给、停车场（库）供给，低密度的贫困家庭结构、20 世纪 90 年代居所结构的社区特征，可实现较高水平的集体效能	Y17 X4 X7 X8 X12 X14 X15 X16 Y3 Y4 Y6 Y14 单位：条件存在（20），不存在（10），不涉及（0） X4 医疗卫生设施用地供给；X7 商业服务业设施用地供给；X8 住宿服务设施供给；X12 金融保险服务设施供给；X14 城市道路供给；X15 步行道供给；X16 停车场（库）供给；Y3 贫困家庭结构；Y4 失业人口结构；Y6 20 世纪 90 年代居所占比结构；Y14 外省迁入居民集聚结构；Y17 外省人集聚结构	冉家坝社区（0.67，0.67）
6	F19 组合	在过量的医疗卫生设施用地和商业服务业设施用地供给、金融保险服务设施供给、城市道路供给、停车场（库）供给、步行道供给，高密度的失业人口结构以及高集聚度的外省人结构的情况下，少量的住宿服务设施供给，低密度的贫困家庭结构、20 世纪 90 年代居所以及低集聚度的外省迁入居民结构的社区特征，可实现较高水平的集体效能	Y17 X4 X7 X8 X12 X14 X15 X16 Y3 Y4 Y6 Y14 单位：条件存在（20），不存在（10），不涉及（0） X4 医疗卫生设施用地供给；X7 商业服务业设施用地供给；X8 住宿服务设施供给；X12 金融保险服务设施供给；X14 城市道路供给；X15 步行道供给；X16 停车场（库）供给；Y3 贫困家庭结构；Y4 失业人口结构；Y6 20 世纪 90 年代居所占比结构；Y14 外省迁入居民集聚结构；Y17 外省人集聚结构	劳动路社区（0.67，0.67）

续表

序号	因果路径	组合方式 （负向解释组态）	组合图解 （条件表达式中，存在条件标记为外圈，不存在条件“~”标记为内圈，不涉及条件标记为中心）	代表组合
7	F20 组合	在过量的医疗卫生设施用地和商业服务业设施用地供给、金融保险服务设施供给、城市道路供给、停车场（库）供给、步行道供给，高集聚度的外省迁入居民结构以及外省人结构的情况下，少量的住宿服务设施供给，高密度的贫困家庭结构，低密度的失业人口结构、20 世纪 90 年代居所结构的社区特征可实现较高水平的集体效能	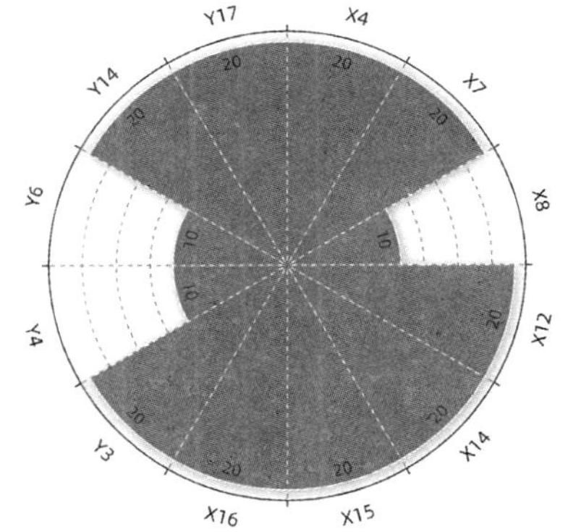Y17 X4 X7 X8 X12 X14 X15 X16 Y3 Y4 Y6 Y14 单位：条件存在（20），不存在（10），不涉及（0） X4 医疗卫生设施用地供给；X7 商业服务业设施用地供给；X8 住宿服务设施供给；X12 金融保险服务设施供给；X14 城市道路供给；X15 步行道供给；X16 停车场（库）供给；Y3 贫困家庭结构；Y4 失业人口结构；Y6 20 世纪 90 年代居所占比结构；Y14 外省迁入居民集聚结构；Y17 外省人集聚结构	中山二路社区（0.67，1）

资料来源：作者自绘。

第四节　社区环境的空间驱动路径

从对社区特征的普遍认识来看，社区结构环境的变化一般受到政策、目标调整、法规修改和突发事件等复合因素的影响，环境调控需要较长时间的培育，才会对社区集体效能水平产生积极的作用；社区空间环境的变化虽然也受到多方面的影响，但是运用空间设计和指标导控能够在一定时间内对其进行调整，从而能成为提升社区集体效能的有效手段。因此，遵循社区建设和发展的规律，以社区结构环境为限制条件，社区空间环境为调试条件，以具有显著增效作用的核心供给环境因子为驱动对象，以环境因子组态的因果路径为参照，总结社区环境促进集体效能的空间驱动路径。

社区结构环境的 3 类支撑参数根据高低组合可以形成 8 组限制条件，实际为 5 组。以最小容错率为原则判别支撑参数的高低水平：若存在某个结构环境因子在因果路径不为“~”，该支撑参数所在的组别存在高水平；若所有结构环境因子在因果路径均为“~”，该支撑参数所在的组别存在低水平。本着扬长避短的基本思想，对于促进增效的环境组合，通过提升核心供给环境因子，达到“扬长”的驱动；对于抑制增效的环境组合，通过控制和降低供给环境因子，达到“避短”的驱动。由此列举出 5 类本次研究中具有较高解释力的空间驱动路径，如表 5-9 所示。

基于因果路径总结的空间驱动路径　　表 5-9

<table>
<tr><th>限制条件（社区结构环境）</th><th>现状条件（社区空间环境）</th><th>驱动方向</th><th>空间驱动路径（核心供给环境因子）</th><th>代表因果路径</th></tr>
<tr><td rowspan="7">集中劣势高 + 居所流动低 + 移民集聚高</td><td rowspan="2">住宿服务设施、金融保险服务设施密度高；停车场密度较高</td><td rowspan="2">避短</td><td>土地结构：控制和降低医疗卫生设施用地和商业服务业设施用地面积占比</td><td rowspan="2">F2</td></tr>
<tr><td>交通环境：降低步行道密度</td></tr>
<tr><td rowspan="2">住宿服务设施、金融保险服务设施密度高；城市道路和步行道密度较高</td><td rowspan="2">避短</td><td>土地结构：控制和降低商业服务业设施用地和医疗卫生设施用地面积占比</td><td rowspan="2">F17</td></tr>
<tr><td>交通环境：降低停车场密度</td></tr>
<tr><td>商业服务业设施用地和医疗卫生设施用地面积占比高；金融保险服务设施密度高；城市道路、步行道、停车场密度较高</td><td>避短</td><td>商业业态：降低住宿服务设施密度</td><td>F20</td></tr>
<tr><td rowspan="2">绿地与广场用地面积占比低；餐饮服务设施密度低</td><td rowspan="2">扬长</td><td>土地结构：提升教育设施用地面积占比</td><td rowspan="2">Z4</td></tr>
<tr><td>商业业态：提升购物服务设施和娱乐休闲服务设施密度</td></tr>
</table>

续表

限制条件（社区结构环境）	现状条件（社区空间环境）	驱动方向	空间驱动路径（核心供给环境因子）	代表因果路径
集中劣势高＋居所流动低＋移民集聚高	住宿服务设施、金融保险服务设施密度高	避短	土地结构：控制和降低医疗卫生设施用地和商业服务业设施用地面积占比	F8
			交通环境：降低城市道路、步行道以及停车场密度	
	商业服务业设施用地面积占比高；住宿服务设施、金融保险服务设施密度高；步行道和停车场密度高	避短	土地结构：控制和降低医疗卫生设施用地面积占比	F15
			交通环境：降低城市道路密度	
	商业服务业设施用地和医疗卫生设施用地面积占比高；金融保险服务设施密度高；城市道路、步行道以及停车场密度高	避短	商业业态：降低住宿服务密度	F19
集中劣势低＋居所流动低＋移民集聚高	文化设施用地、绿地与广场用地面积占比低；餐饮服务设施密度低	扬长	土地结构：提升教育设施用地面积占比	Z2
			商业业态：提升购物服务设施和娱乐休闲服务设施密度	
集中劣势低＋居所流动低＋移民集聚低	住宿服务设施、金融保险服务设施密度高；步行道密度较高	扬长	土地结构：控制和降低医疗卫生设施用地和商业服务业设施用地面积占比	F7
			交通环境：降低城市道路和停车场密度	
集中劣势低＋居所流动高＋移民集聚高	文化设施用地、教育设施用地面积占比低；购物服务设施和餐饮服务设施密度低	扬长	土地结构：提升绿地与广场用地面积占比	Z1
	文化设施用地、教育设施用地、绿地与广场用地面积占比低	扬长	商业业态：提升餐饮服务设施、购物服务设施和娱乐休闲服务设施密度	Z6
集中劣势高＋居所流动高＋移民集聚高	文化设施用地、绿地与广场用地面积占比低；餐饮服务设施密度低	扬长	商业业态：提升购物服务设施和娱乐休闲服务设施密度	Z5
	文化设施用地、绿地与广场用地面积占比低	扬长	土地结构：提升教育设施用地面积占比	Z7、Z17
			商业业态：提升餐饮服务设施、购物服务设施和娱乐休闲服务设施密度	
	文化设施用地、绿地与广场用地面积占比低；餐饮服务设施密度低	扬长	土地结构：提升教育设施用地面积占比	Z8
			商业业态：提升购物服务设施和娱乐休闲服务设施密度	

资料来源：笔者自绘。

一、驱动路径一：“商业业态增密”单核驱动

1. 路径示意

该类驱动路径主要基于因果路径 Z5 和 Z6，通过提升购物服务设施、娱乐休闲服务设施、餐饮服务设施密度，以实现“高水平”集体效能。购物服务设施、娱乐休闲服务设施、餐饮服务设施等环境因子是该路径的关键驱动要素，主要适用于集中劣势

低、居所流动高的社区，同时存在文化设施用地、教育设施用地、绿地与广场用地面积占比低的现状条件，如图 5-2 所示。

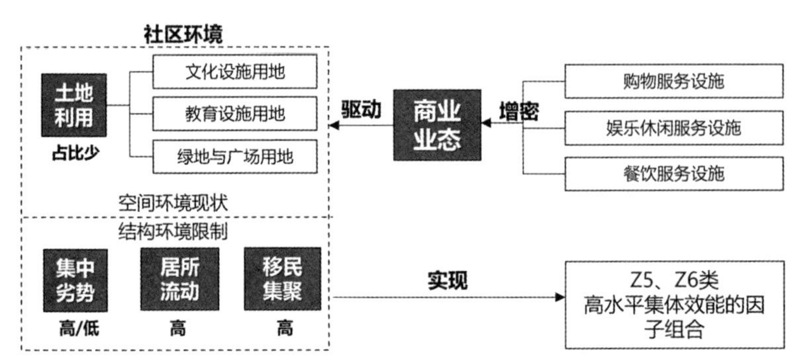

图 5-2 “商业业态增密”单核驱动的路径示意图

2. 案例解析

空间驱动路径的总结是基于因果路径分析的结论，在实际的社区发展进程中，是否存在相对应的逻辑关系，仍需要对案例进行更深入的调查。比对了因果路径 Z1、Z5 和 Z6 组合的代表社区后，选取马家岩社区作为解析的对象。

马家岩社区隶属于沙坪坝区的覃家岗街道，社区总人口 14500 人，辖内总面积约 78hm^2。辖内住房主要分为两类：一类是商品房，包括升伟新时空、篱岛安居苑（周李小区）、凤天花园等；二类是公有住房，如东方小区、天马路小区等，如图 5-3 所示。社区结构环境方面，无失业人员，贫困线以下 7 人，且离婚户数和高中以下文化户数低于总户数 10%，集中劣势较低；36% 的居民是租赁住房，去年有 11% 的户数为迁入，4% 为迁出，居所流动水平较高；本地住户仅占 26%，大部分为外省经商和区县迁入的住户。社区空间环境方面，无文化设施用地和教育设施用地，现有绿地与广场用地面积仅占辖内总面积的 0.06%。综合而言，符合驱动路径一的现状条件。通过本次实地调研和社区居委会访谈获取马家岩社区的集体效能处于中等水平（分值为 24.8，平均分为 24.03，方差为 14.66）。

按照驱动路径而言，马家岩社区集体效能水平较高的原因，可能与商业业态有关。该社区比较突出的特点是辖区内有西部最大的专业建材批发市场，由临江装饰城、光能建材大市场、大川家具批发城、大川建博中心、升伟精品建材城、马家岩建材城组成，如图 5-4 所示。因此，必然带动周边服务于消费者和服务人员的丰富的商业服务设施。据统计，在天马路两侧有购物服务设施 22 处，娱乐休闲服务设施 9 处，餐饮服务设施 10 处。诸如这些生活类商业设施，为平日不太见面的居民提供了在返工时间可能产生交往互动的场所。该社区的商品房居住群体偏年轻化，大多是建材市场的员工，

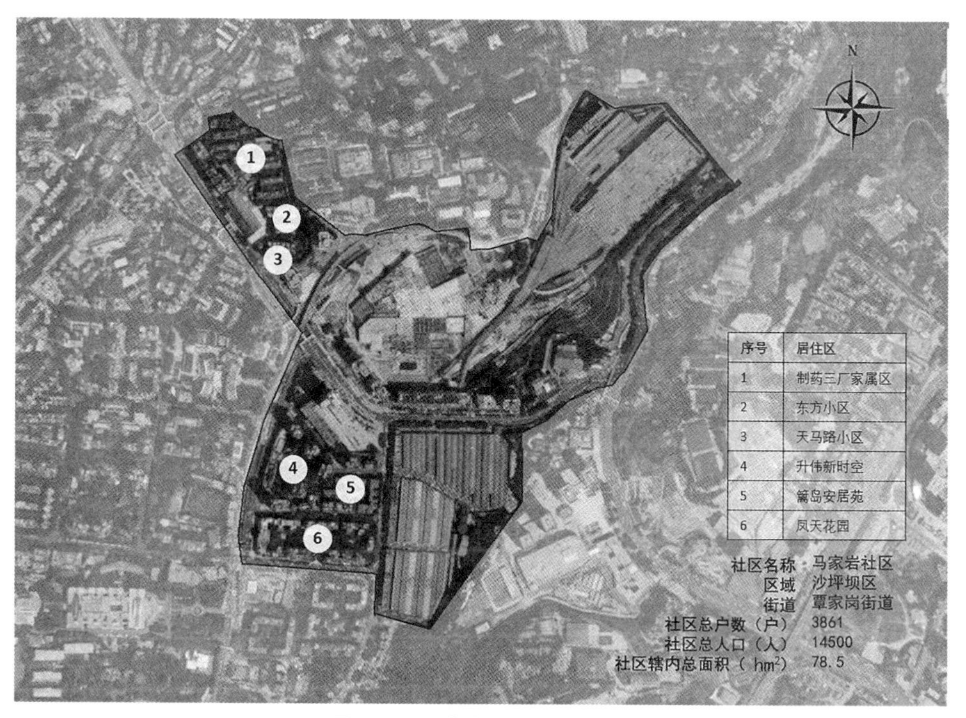

图 5-3 马家岩社区构成示意图

资料来源：笔者根据天地图影像改绘

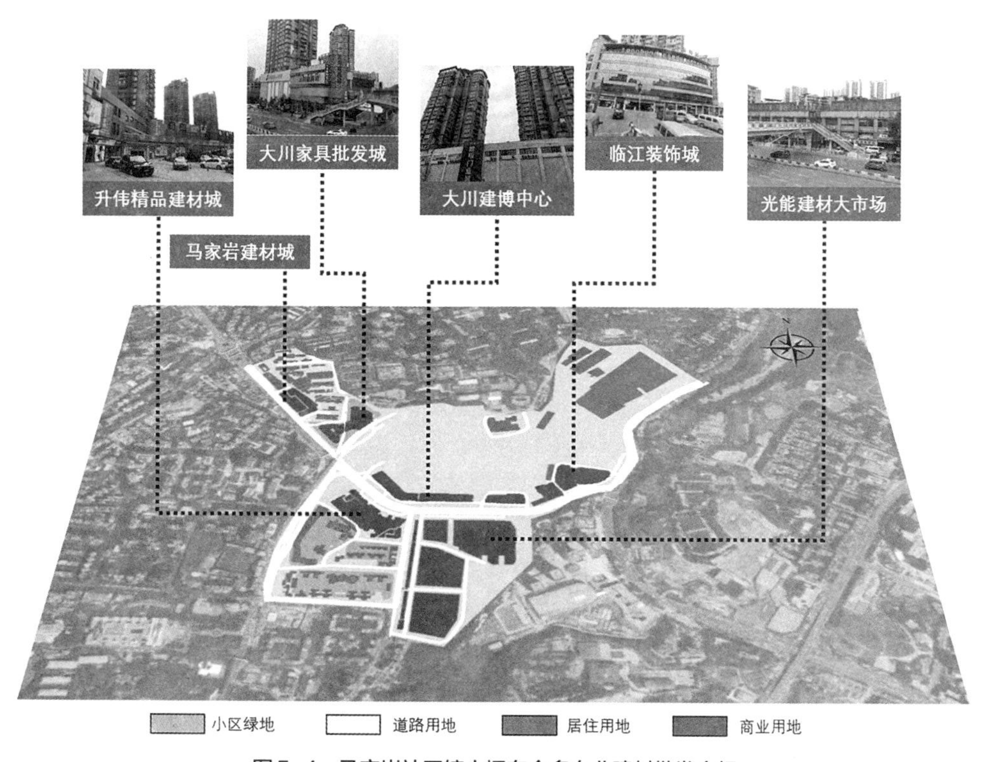

图5-4 马家岩社区辖内拥有众多专业建材批发市场

社区内的餐厅、超市、夜市档等都能成为年轻人下班后聚集的场地。本社区的日常事件也会自然而然地成为聚集的话题，成为形成集体意识的谈资。同时，社区被天行桥立交和马家岩立交所包围，所属天马路是一条城市快速路，社区外来群体并不会过多停留在此区域。因此，内部的生活类商业设施，某种程度上，便成为具有社区特质的公共空间、促进社区居民交往的重要平台。

当然，仅仅从空间上进行推断并不能完全掌握社区居民的生活动态。为此，笔者先后多次实地走访了马家岩社区居委会、升伟新时空、东方小区等，通过半结构式访谈的形式，解析该驱动路径在马家岩社区是否成立。根据近几年邻里纠纷的投诉情况了解到建材批发市场作为大型的商业设施也会对周边居民生活产生消极的影响，如图5-5所示。

除此以外，由于马家岩社区同时拥有老旧小区和商品房小区类型，在居委会的实际工作中，培育社区意识在服务内容和管理模式上也有所不同，这对我们理解该社区集体效能较高的原因也有着一定的启发。老旧小区的存在实际上也是马家岩社区集体效能水平较高的潜在因素。在社区居委会的参与和引领下，老旧小区居民对于自身社区事务会更加热衷。

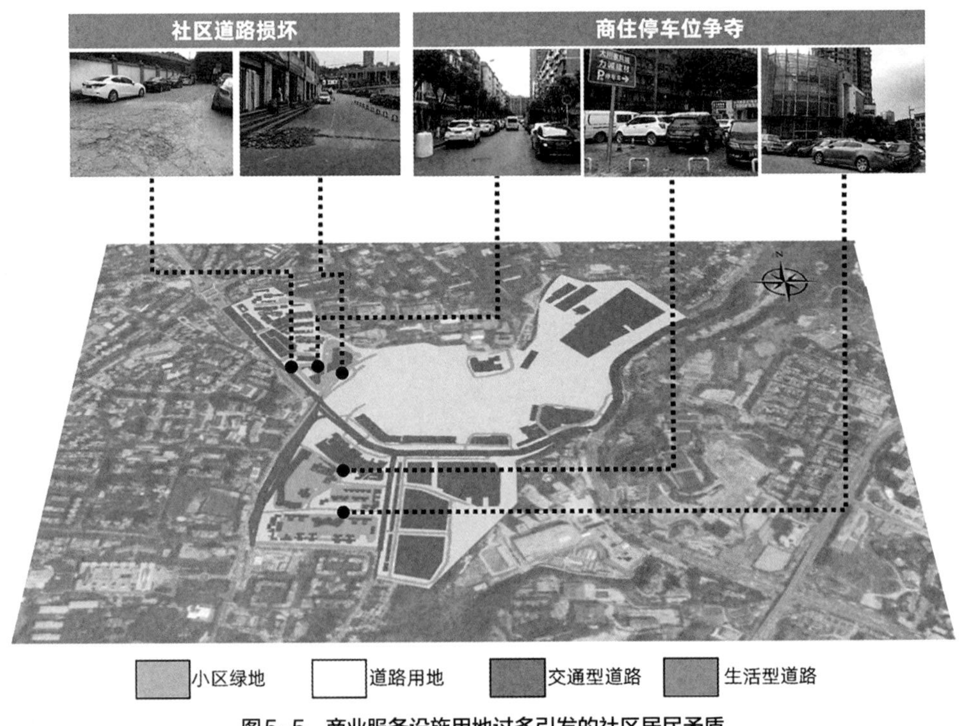

图5-5　商业服务设施用地过多引发的社区居民矛盾

由此，解析马家岩社区集体效能水平较高的原因，大致源于四个方面：首先，在大型建材市场的空间驱动下，服务于社区居民生活的餐饮、购物等商业设施形成的商业外部空间使用，弥补了社区的公共活动空间，促进了居民之间的交往互动；其次，生活类商业设施增多而营造出的商业活力转换为邻里公共生活的氛围；然后，建材市场也产生了诸如道路损坏、停车位争夺等空间环境问题，引发了辖内居民对环境改造和修复的集体述求；最后，老旧小区改造在对物理设施进行更新改造的同时，还能够加强各级政府组织与居民社区的凝聚力，老旧小区的居民参与热情在一定程度上提高了集体行动的频率。尤其是目前在重庆市建委对老旧小区进行整体环境改造的大背景下，更多的社区整治项目需要当地居民的积极参与，提供了培育社区意识的机会，详见图 5-6。

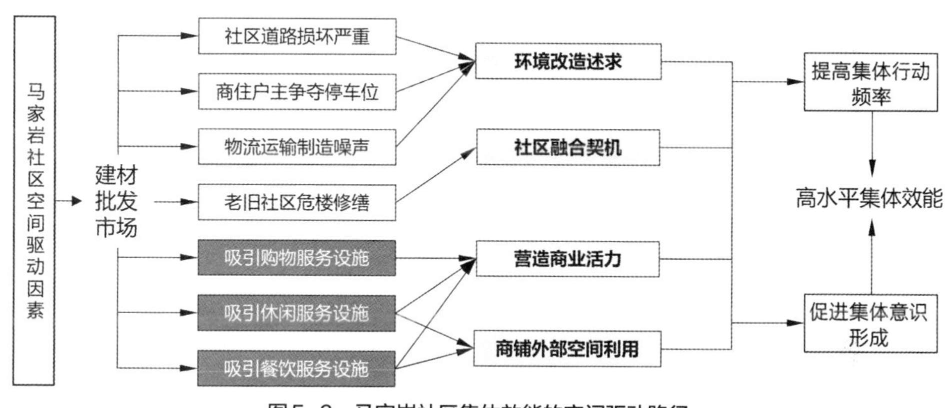

图5-6　马家岩社区集体效能的空间驱动路径

二、驱动路径二："商业服务减量"单核驱动

1. 路径示意

该类驱动路径主要基于因果路径 F19 和 F20，通过降低住宿服务设施密度，来实现"高水平"集体效能。住宿服务设施环境因子是该路径的关键驱动要素。在实际案例中，适用于高水平的集中劣势和移民集聚、低水平的居所流动，同时表现出医疗卫生设施用地和商业服务业设施用地面积占比高，金融保险服务设施密度高，城市道路和道路交叉口密度高的现状条件，如图 5-7 所示。

2. 案例解析

中山二路社区隶属于渝中区的两路口街道，社区总人口 14000 人，辖内总面积约 17hm^2。辖内有商品房、集资房和公有住房，包括儿院小区、名仕城、中山二路住宅

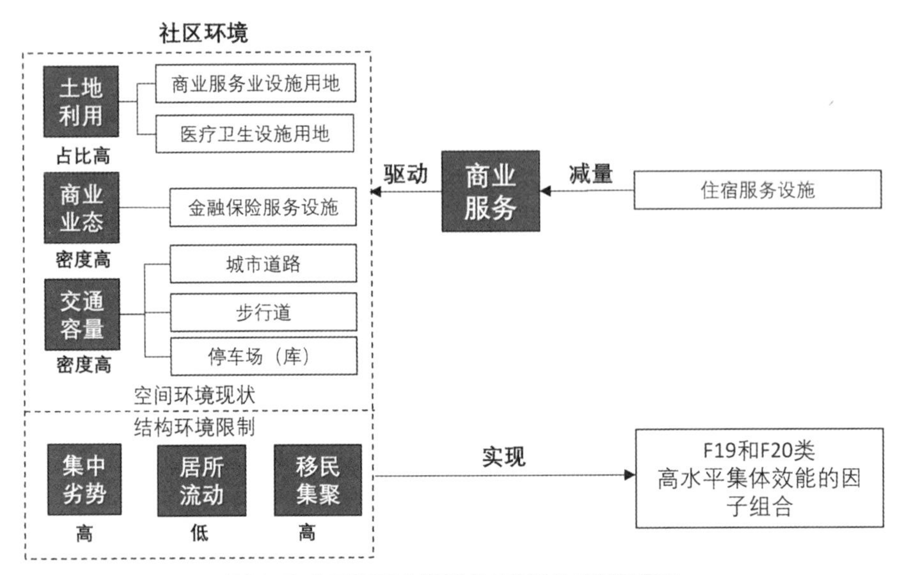

图 5-7 “商业服务减量”单核驱动的路径示意图

小区等，如图 5-8 所示。社区结构环境方面，贫困线以下有 197 人，高中以下文化户数占总户数的 27%，单亲家庭户数占 11%；迁入和迁出户数较少，仅 4%，但租赁户数占 30%；50% 以上为本地人。社区空间环境方面，10% 的文化设施用地、1% 的教

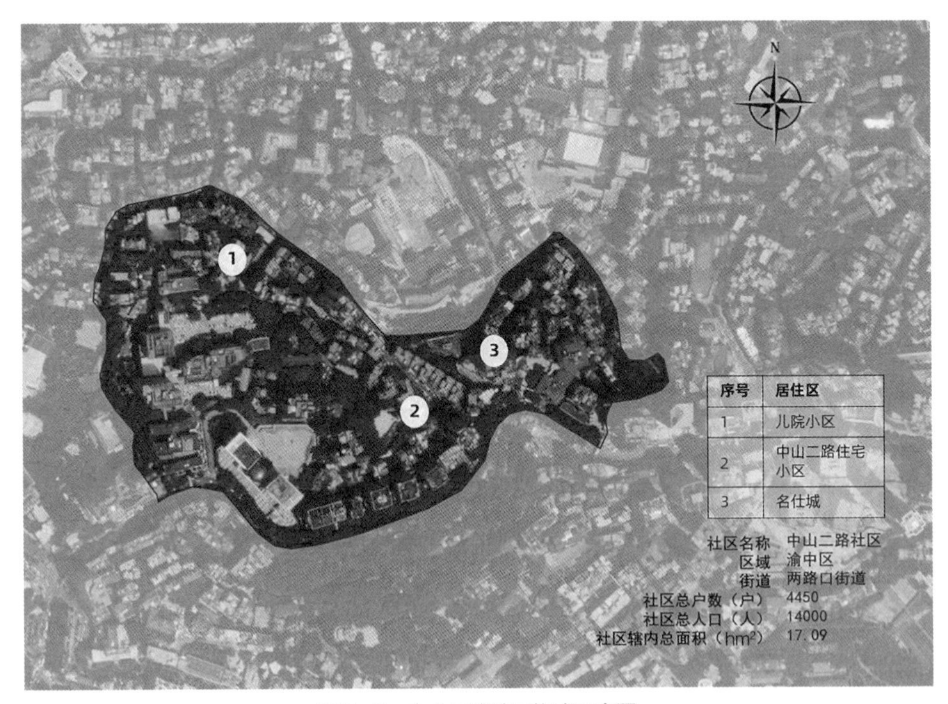

图 5-8 中山二路社区构成示意图

资料来源：笔者根据天地图影像改绘

育设施用地、6% 的绿地与广场用地面积占比，比较突出的是有约 24% 的医疗卫生设施用地，且靠近中山二路，两侧有大量商业。综合而言，符合驱动路径二的现状条件。通过本次实地调研和社区居委会访谈获取中山二路社区的集体效能处于高水平（分值为 31.92，平均分为 24.03，方差为 14.66）。

按照驱动路径而言，中山二路社区集体效能水平较高的原因，可能与商业业态有关，主要是住宿服务设施。对社区周边中山一路、中山二路、临华路、枣张路以及枣子岚垭正街等道路进行分析，大多与医疗康复、生活便利、家常餐馆等生活商业功能相关，而较少存在招待所、宾馆、酒店等，如图 5-9 所示。住宿类服务设施带来了人口流动的可能，对社区熟人圈是一种潜在的冲击，从而削弱集体效能。对于中山二路

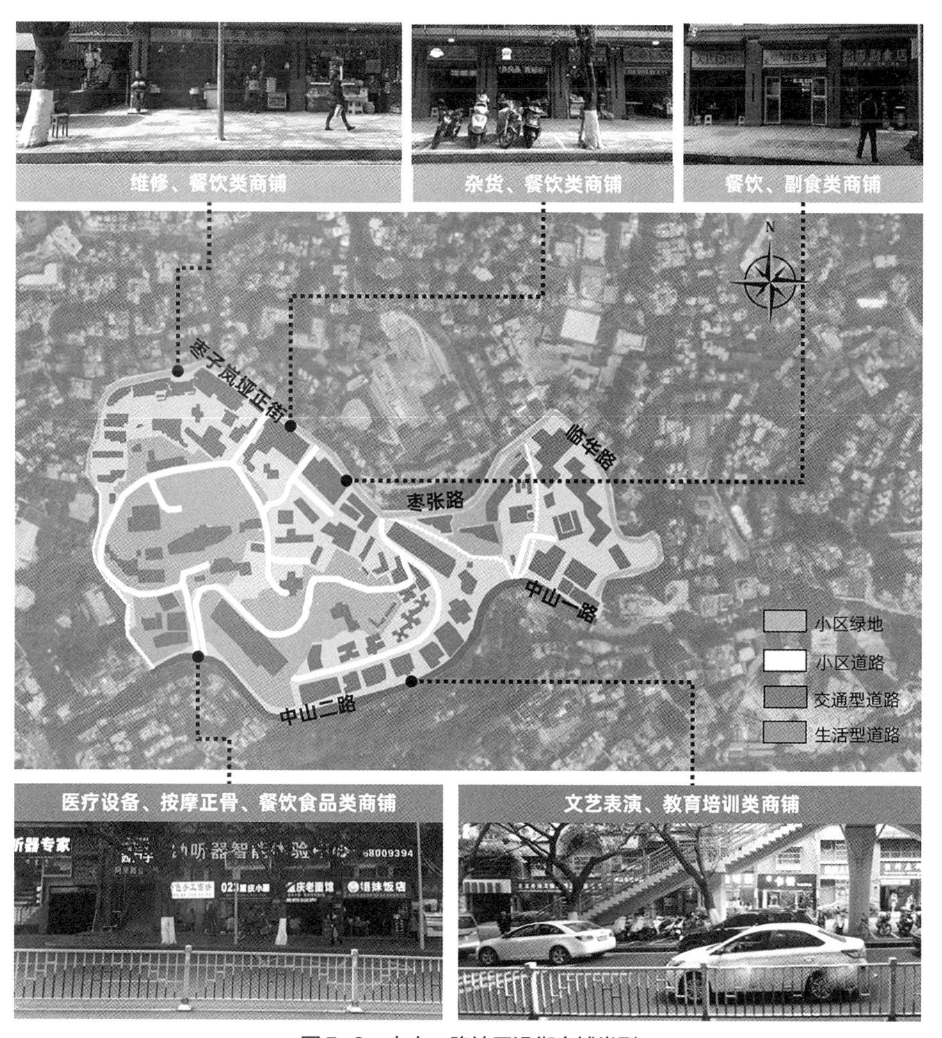

图5-9　中山二路社区沿街商铺类型

社区而言，医疗设施用地也会带来很大的冲击。辖区内有重庆医科大学附属儿童医院、重庆市中山医院，附近还有重庆市第三人民医院，这些医疗资源辐射的范围甚至延伸到西南片区，人口流动情况异常复杂，如图 5-10 所示。

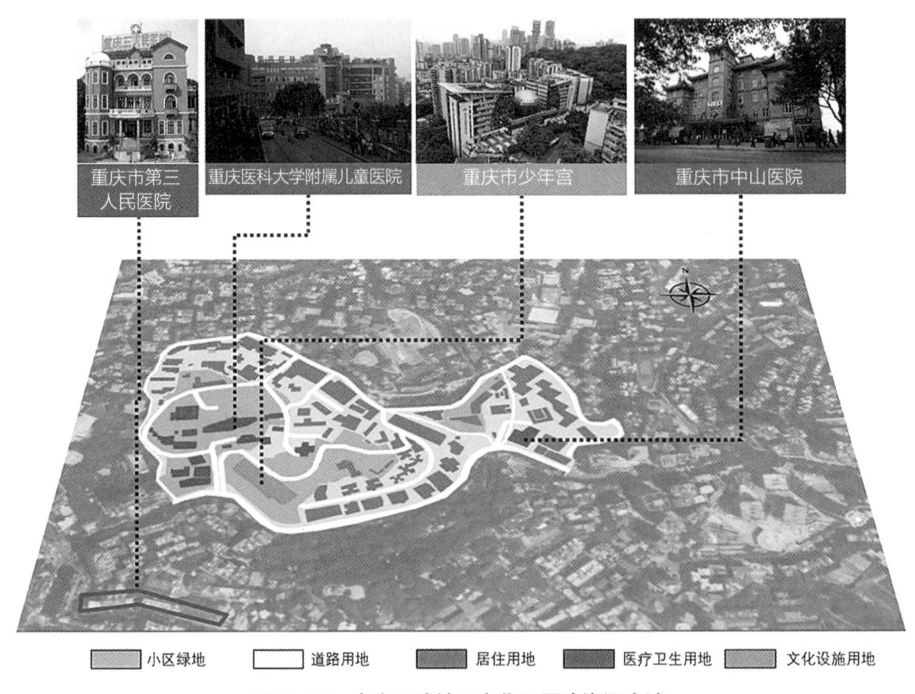

图 5-10 中山二路社区文化和医疗资源充沛

大面积医疗设施用地的集聚的确会对社区居民生活造成不适，但长期而言，在居委会开展的各项工作中，也带来了一些便利。除此以外，笔者发现中山二路社区的环境整治效果良好，在调研的所有老旧社区中名列前茅，如图 5-11 所示。首先是私家车辆的管理，生活型道路一律禁止停车，有专门的摩托车停放点；其次是健身设施的维护，整合利用老旧小区内部不富裕的场地；还有生活的美化，部分墙面上画着“家风”“学风”“邻里和睦”等内容的漫画；另外还有对住房治安的管控，每户重新安装了门禁系统，社区辖内配有 50 人的巡防队。这些措施都为居民之间的高质量生活打下了良好的物质基础。相比其他老旧社区而言，如果缺乏物业管理，仅靠居委会，很难实现如此大力度的整治。中山二路社区也总结了自己的特殊模式。

由此，解析中山二路社区集体效能水平较高的原因，大致源于四个方面：第一，在重点医院的空间辐射下，造成社区内外陌生群体的增加（大多为患者），同时也会使本地社区居民产生非正式控制的意愿，形成领域感，尤其在 2020 年新冠肺炎疫情期间格外明显；第二，大型医疗卫生设施也带来了积极的效应，例如社区义诊、健

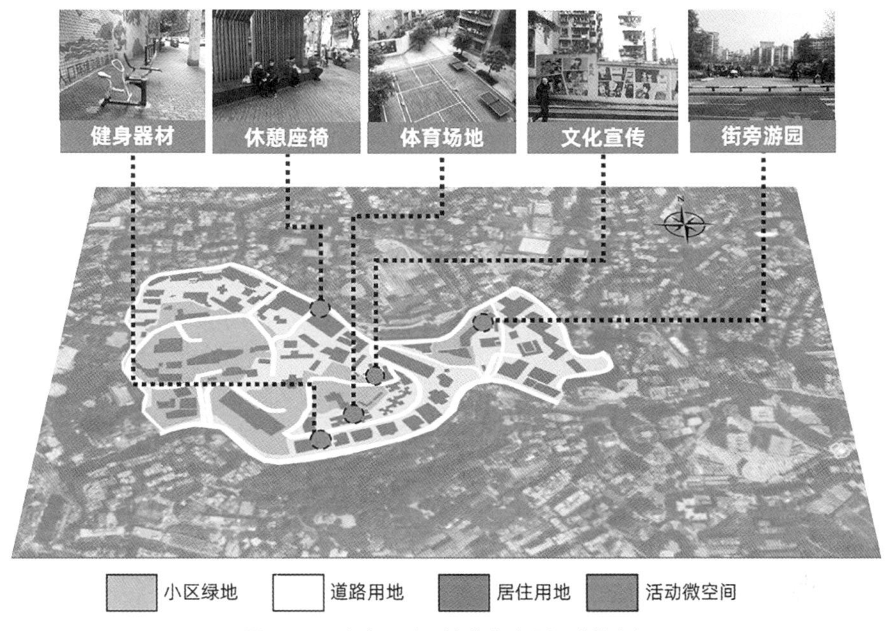

图 5-11　中山二路环境分布大量活动微空间

康知识讲座等社区志愿活动，有助于增加社区居民之间的交往互动；第三，作为非营利组织的阳光物业服务中心为居民参与社区治理提供了有效的途径，完善了物业管理，建立了良好的公民自治习惯；第四，服务中心对公共空间的整治，为居民提供了街旁绿地、体育场地等开展集体活动的场所，增强了社区集体意识的培养。值得注意的是，物业服务中心并未明确限制住宿服务的发展，但随着社区邻域的稳固，达成的社区规范无形地在规避此类服务设施。可以认为，这是一种群体意识推动的市场化调控，如图 5-12 所示。

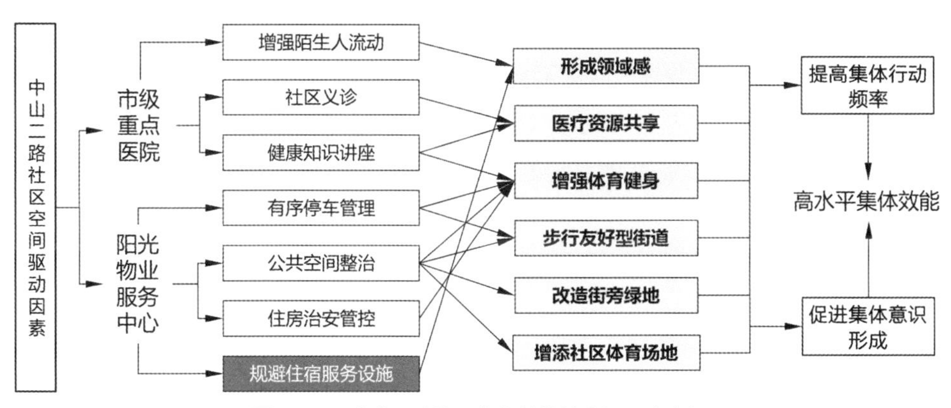

图 5-12　中山二路社区集体效能的空间驱动路径

三、驱动路径三："土地结构优化"单核驱动

1. 路径示意

该类驱动路径主要基于因果路径 Z1，通过提升绿地与广场用地面积占比，实现"高水平"集体效能。绿地与广场用地环境因子是该路径的关键驱动要素，主要适用于集中劣势低、居所流动高的社区，同时存在文化设施用地、教育设施用地面积占比低、购物服务设施和餐饮服务设施密度小的现状条件，如图 5-13 所示。

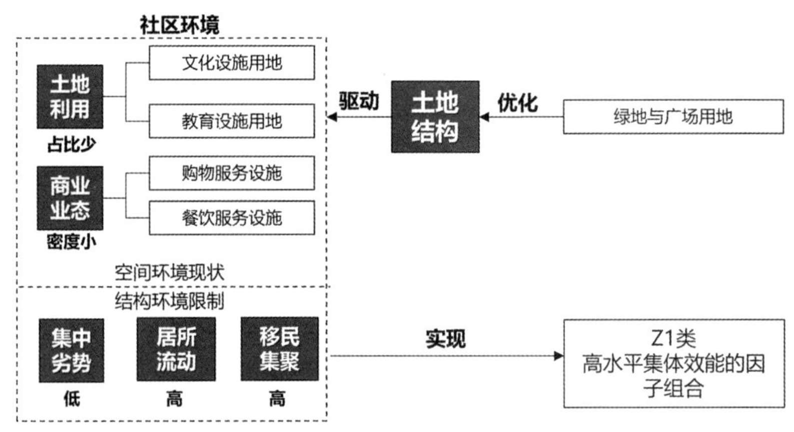

图 5-13 "土地结构优化"单核驱动的路径示意图

2. 案例解析

天湖美镇社区隶属于渝北区的人和街道，社区总人口 15183 人，辖内总面积约 230hm^2，成立于 2011 年。辖内商品房小区均为 2010 年后所建，分别是协信春山台、恒大华府、金科东方王榭、金科东方雅郡、金科天湖美镇等，故该社区也被看作纯物业楼盘社区，如图 5-14 所示。社区结构环境方面，失业人数约占 6%，无贫困线以下居民，单亲户数约占 8%，高中以下文化户数约占总户数的 6%；租赁住房仅 8%，但去年迁入率和迁出率均大于 10%，居所流动水平较高；同时，约 60% 的居民为重庆区县和外省迁入，移民浓度较高。社区空间环境方面，辖区范围内有大量绿地与广场用地，约 9.87hm^2，大量商业服务业用地，约 6.06hm^2；辖区内仅有 9 家住宿服务设施和 5 家购物服务设施，密度较低。基于以上的社区现状条件，通过本次实地调研和社区居委会访谈获取天湖美镇社区的集体效能处于中等水平（分值为 26.88，平均分为 24.03，方差为 14.66）。

按照驱动路径而言，天湖美镇社区集体效能水平较高的原因，可能与土地结构有

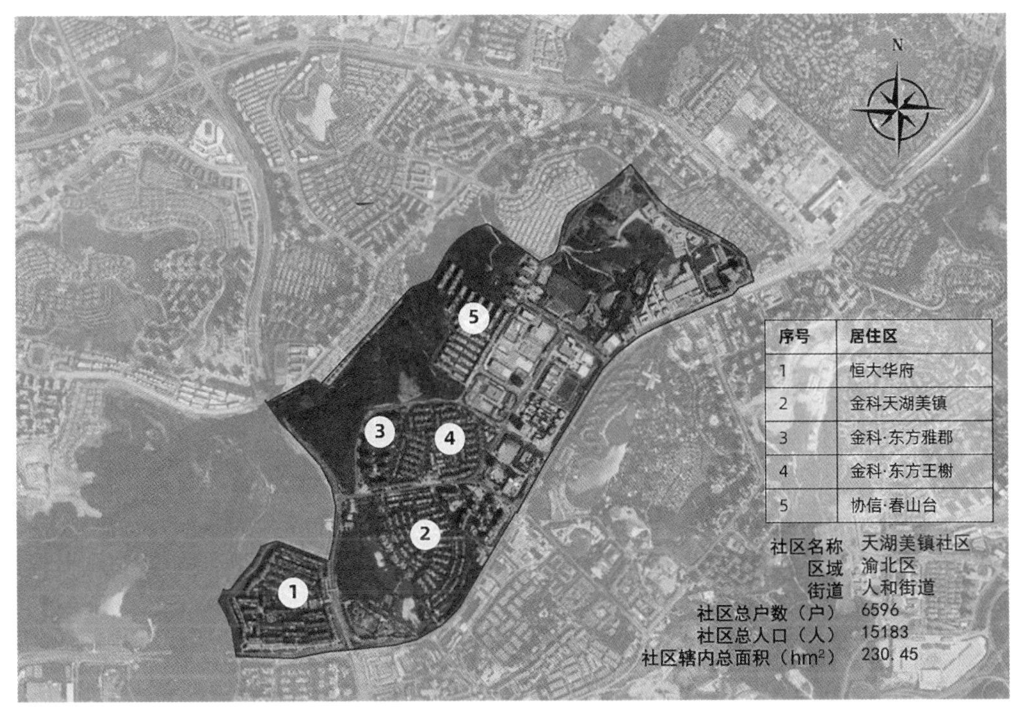

图 5-14　天湖美镇社区构成示意图

资料来源：笔者根据天地图影像改绘

关，尤其是绿地与广场用地。分析社区辖内的土地结构，有天湖公园、远大山那里文创公园、颐和生态公园，还有毗邻的 286hm^2 的照母山森林公园。

可以发现，天湖美镇社区的公园绿地不仅发挥着生态学方面对社区环境的调节作用，还是居民日常碰面的场所，更是激发邻里居民开展兴趣活动的契机。平时居民的相互接触比较少，兴趣活动给彼此提供了一个相互熟识的机会，尤其是老年群体，对兴趣活动的开展会主动向社区居委会申请，体现出强烈的自主意识。这可能是该社区公园绿地驱动集体效能提升的重要路径之一。

那么，社区公园绿地的距离或服务范围是否会产生影响？实际上，笔者通过对辖内商品房居住小区的走访发现，小区内部绿化环境优美、活动设施齐全，同样也可看作邻近的公共绿地资源，如图 5-15 所示。例如恒大华府小区内就有独立的人工湖，供小区居民休憩和观赏。相比而言，照母山森林公园距离上不占优势，在实际的日常使用中，会存在一些差异。

除了公园以外，笔者走访辖区时也注意到，这边近些年新开发设计的道路比较宽广，人行道可用空间较多，但目前来看，大部分被私家车占据，阻挡了行人正常的通行，也不利于商铺营业，如图 5-16 所示。

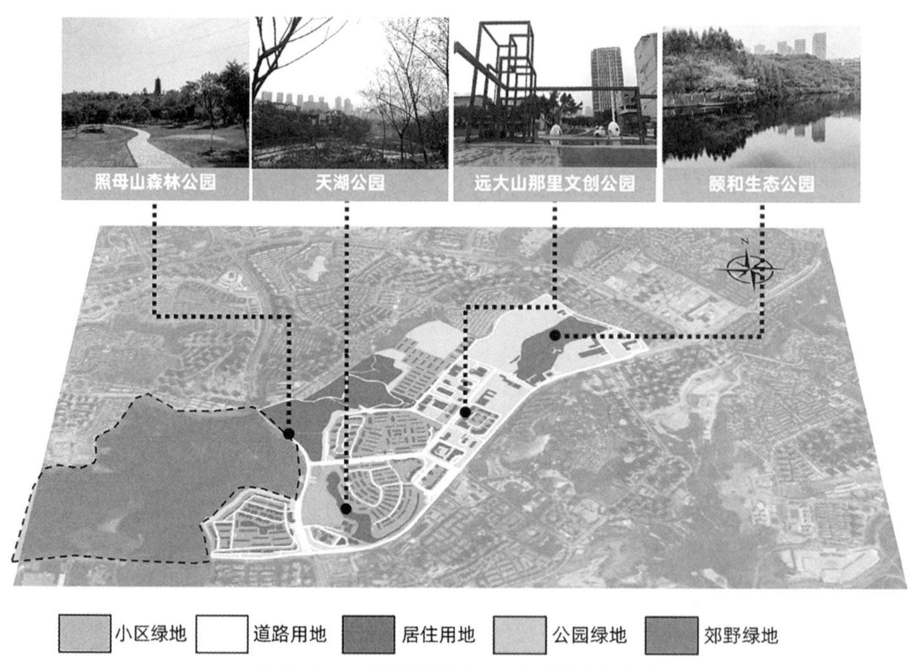

图 5-15　天湖美镇社区丰富的绿地资源分布

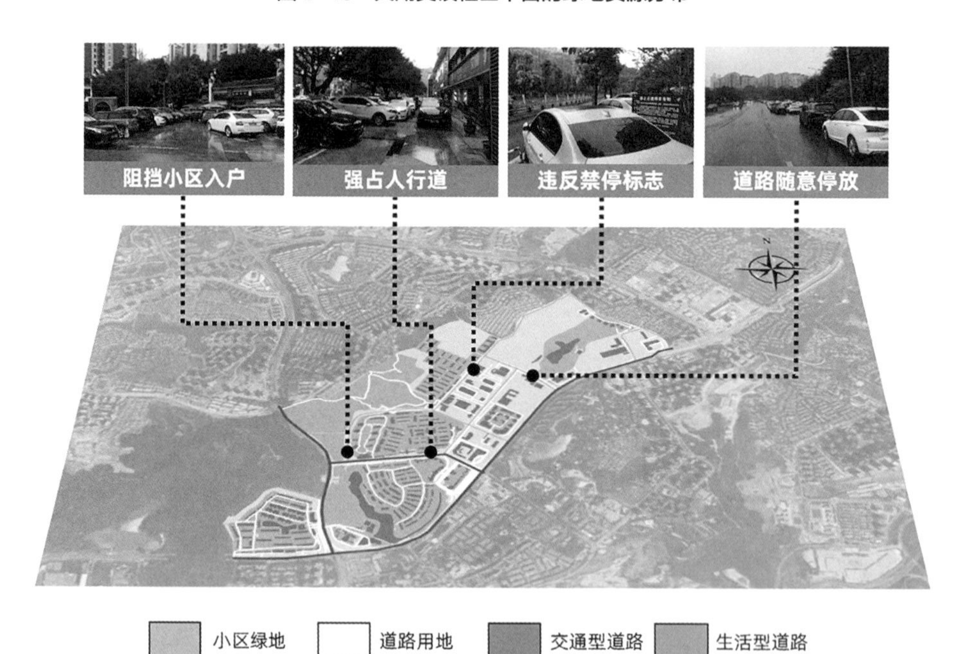

图 5-16　天湖美镇社区公共街道突出的停车问题

由此，解析天湖美镇社区集体效能水平较高的原因，大致源于四个方面：首先，社区辖内多种类型和规模的绿地提高了社区居民亲近自然的频率，许多户外活动都会选择在景观优美的公园中进行，从而增强彼此之间的交往，这也是当前学界探讨有关公园绿地社会交往效益的机制；第二，照母山森林公园的地域吸引范围广，社区居民会参与社区居委会为了避开周末出游高峰而统一协调安排的集体活动，有了增强集体意识的契机；第三，和马家岩社区类似，停车问题严重影响了社区居民的日常出行，激发了他们改造环境的述求和积极参与，产生了集体行动；最后，正如马斯洛的需求理论，优质的社区环境也会使得居民的生活需求发生转向，产生更高层次的需求，即开展丰富精神生活的兴趣活动。这也是笔者认为在纯物业楼盘社区中社区居委会除协调和传达物业管理的政策信息和管理方向以外，必须重点对待的内容。纯物业楼盘社区中，居民之间、居民与社区居委会工作人员之间的直接互动和沟通很少，不像老旧社区中居民与社区居委会那样“亲如家人”。高水平集体效能的社区辖内大部分都存在老旧社区。而天湖美镇社区的例子证明，减少繁琐的“兜底”工作，花更多精力策划社区活动，如兴趣班、活动组、邻里节等，也是一种增加居民活动、促进相互关系的路径。公园绿地则在其中扮演着制造和吸引互动契机的必要条件的角色，如图 5-17 所示。

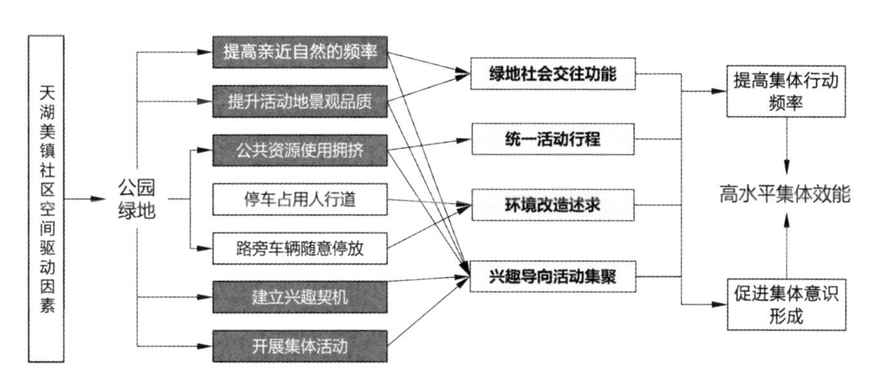

图 5-17　天湖美镇社区集体效能的空间驱动路径（填色部分为驱动路径三的内容）

四、驱动路径四：“土地结构优化 + 交通环境整治”复合驱动

1. 路径示意

该类驱动路径主要基于因果路径 F2、F7、F8、F15 和 F17，通过优化土地结构，尤其是医疗卫生设施用地和商业服务业设施用地面积占比，结合交通环境的整治，包括降低城市道路、步行道以及停车场密度，来实现“高水平”集体效能。土地结构和交通环境是该路径的关键增效因素。在实际案例中，高低水平的集中劣势和移民浓度能较好地匹配，居所流动则表现出低水平，同时，一般社区还存在住宿服务设施、金融保险服务设施密度高，城市道路、步行道密度较高的现状条件，如图 5-18 所示。

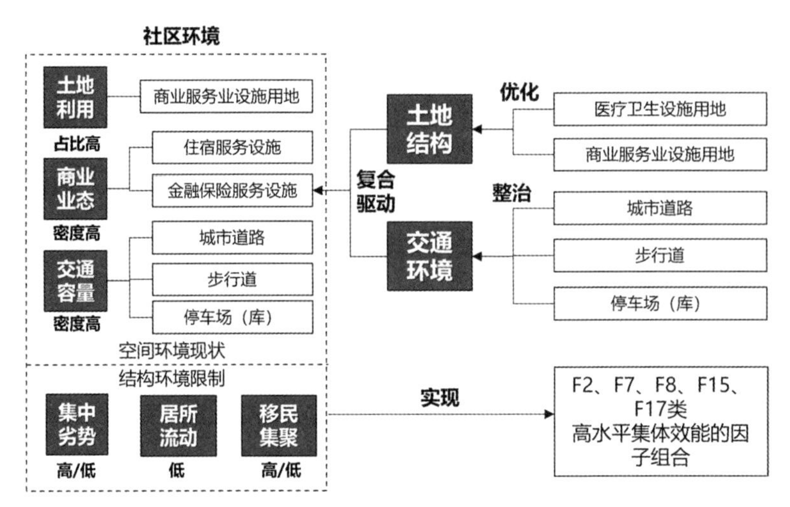

图 5-18 “土地结构优化 + 交通环境整治”复合驱动的路径示意图

2. 案例解析

刘家台社区隶属于江北区的五里店街道，是江北区较早开发的地区。社区总人口10200 人，辖内总面积约 50hm^2。辖内大部分为商品房，如珠江太阳城、五江花园、25 小时小区、馨悦小区、金桥北岸、中冶重庆早晨等，如图 5-19 所示。社区结构环境方面，失业人数约占 20%，贫困线以下 334 人，单亲户数约占 18%，高中以下文化户数约占总户数的 19%；超 60% 的居民为租赁住房，去年的迁入率和迁出率均小于 8%，表明多为长期租赁居民，居所流动水平较低；同时，约 29% 的居民为本地城市居民，59% 的居民为重庆区县和外省迁入居民。社区空间环境方面，辖区范围内有少量教育设施用地，大量商业服务设施用地，主要聚集在南侧靠近嘉陵江一侧；辖区内有 16 处住宿服务设施和 17 处金融保险服务设施，密度较高；同时，东邻渝鲁大道、南邻滨江一路，内部有五简路、五江路、北城路等，城市道路总长约 8559m，步行道长度为 1022m；除了小区停车库以外，还有 7 个公共停车场。基于以上的社区现状条件，通过本次实地调研和社区居委会访谈获取刘家台社区的集体效能处于中等水平（分值为 24.2，平均分为 24.03，方差为 14.66）。

按照驱动路径而言，刘家台社区集体效能水平较高的原因，可能与土地结构和交通环境有关。土地结构方面，辖区内除了社区卫生服务站以外，没有大型医疗卫生设施用地，无法直接判断是否为该空间特征发挥的作用。同时，由于该社区濒临嘉陵江，景观条件优质，商业开发潜力大，靠近滨江一路的地块被开发为鎏嘉码头，是集餐饮、娱乐、休闲、酒吧功能于一体的商业集群。开业至今，鎏嘉码头也逐渐成为重庆城市级的商业网红点，日均人流量巨大。前文有发现，大量城市级商业服务设施用地会对

图 5-19　刘家台社区构成示意图

资料来源：笔者根据天地图影像改绘

社区熟人圈的建立产生一定的消极影响。鎏嘉码头对刘家台社区集体效能同样产生了一定的影响。除了作为商业建筑的业态和空间设计为居民生活带来的便利，以前的鎏嘉码头同样带来了停车、噪声等问题，但经过仅 3 年的交通整治，目前这一问题得到了良好解决，如图 5-20 所示。

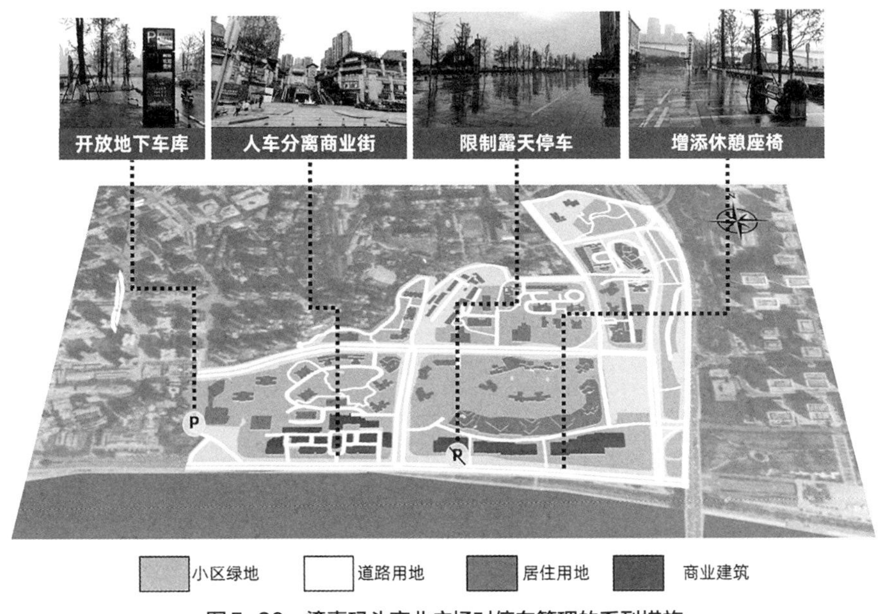

图5-20　鎏嘉码头商业广场对停车管理的系列措施

可以看出，交通环境的整治在一定程度上解决了居民对社区公共事务的担忧和困境，车辆乱停乱放现象有所好转。除了鎏嘉码头等商业设施的停车管理以外，五江路、五简路和北城路等交通型干道沿线禁止长时间停驻，部分小区停车库也对外开放，以缓解停车问题。另外，刘家台社区辖内自北向南是斜坡地势，除了纵向的生活型支路以外，也设置了几条步行梯道，供居民便捷使用，如图 5-21 所示。对于当地居民而言，近几年的交通整治以及正在施工的轨道交通 9 号线一期工程，使得周边居民更加热爱和关注社区环境。

由此，解析刘家台社区集体效能水平较高的原因，大致源于五个方面：第一，诸如鎏嘉码头这类地标性商业设施对社区环境的影响十分巨大，早期产生的消极问题，如停车难、滨水景观遮挡、夜间商业噪声等，激发了周边居民的抗议和改善的述求；

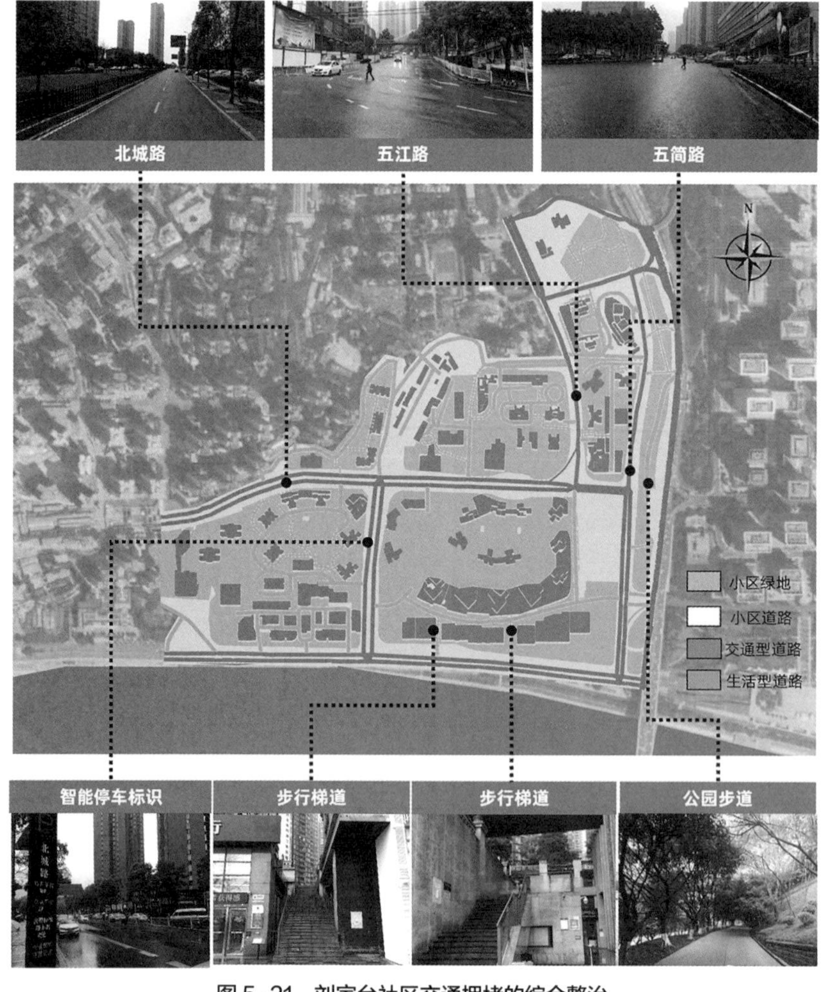

图 5-21　刘家台社区交通拥堵的综合整治

第二，正如马家岩社区一样，大型商业综合体会给居民带来更便利的商业设施和公共空间的利用，这对于以商品房小区为主，缺乏公共空间的社区而言，是一种极其有利的替代品，能够明显增加居民的互动，形成集体意识；第三，鎏嘉码头及时的停车管理调整极大地赢得了当地居民的肯定和赞扬，集体抗议的成功总会换回更加积极的社区参与；第四，通过商业空间的设计，整合了因地势陡峭而中断的社区步行网络，为社区居民提供了户外运动、遛狗、聊天的场所。从这个例子中发现了交通整治对于提升集体效能的重要性，而且它还对增进社区组织的团结十分有效。一方面，集中解决了社区居民生活中的难处，提升了社区的交通环境，对购房居民甚至租赁居民形成了长久居住的吸引力；另一方面，政府对共同诉求的及时反馈，增强了居民自治的习惯，在这个过程中，社区居委会和物业也付出了有限的力量，通过居民、居委会和物业的共同努力，使得问题得到有效解决，如图 5-22 所示。

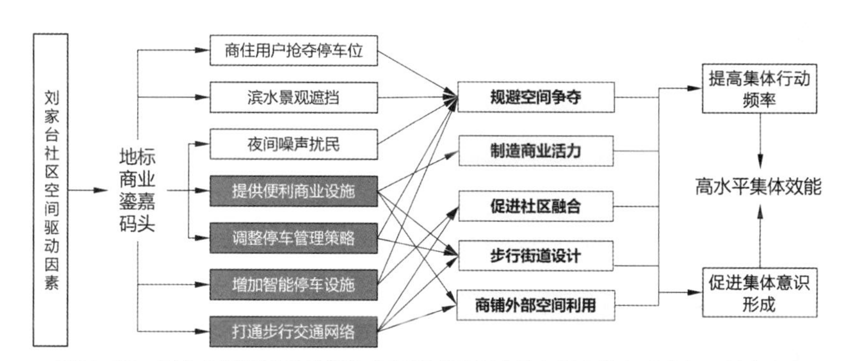

图 5-22　刘家台社区集体效能的空间驱动路径（填色部分为驱动路径三的内容）

五、驱动路径五：“土地结构优化 + 商业业态增密”复合驱动

1. 路径示意

该类驱动路径，主要基于因果路径 Z2、Z4、Z7、Z8 和 Z17，通过提升独立功能性的土地面积占比，包括教育设施用地面积等，结合提升商业服务水平，如提高购物服务设施、娱乐休闲服务设施和餐饮服务设施的密度，来实现“高水平”集体效能。土地结构和商业业态是该路径的关键增效因素。在实际案例中，高低水平的集中劣势和居所流动都能匹配，移民浓度则表现出高水平，同时，一般社区还存在绿地与广场用地、文化设施用地占比低的情况，如图 5-23 所示。

2. 案例解析

汉渝路社区隶属于沙坪坝区的渝碚路街道，社区总人口 11720 人，辖内总面积约 $21hm^2$。辖区内住房大部分为 20 世纪 90 年代建成，集资房居多，例如重庆一中教职

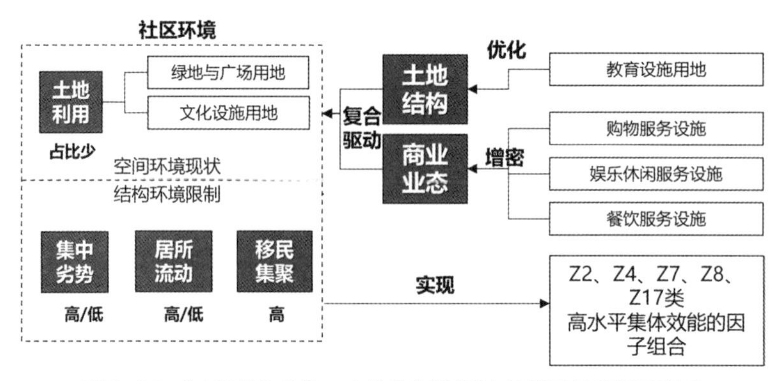

图 5-23 “土地结构优化 + 商业业态增密”复合驱动的路径示意图

工经济适用房、重庆大学肿瘤医院经济适用房和沙坪坝供电局基地住宅等，是比较典型的老旧小区，如图 5-24 所示。社区辖内有重庆市第一中学，周边紧邻重庆市第三中学、重庆大学、重庆医药高等专科学校等重要城市级教育资源，同时也靠近重庆大学附属肿瘤医院。社区结构环境方面，失业人数约占 9%，贫困线以下 30 人，单亲户数约占 15%，高中以下文化户数约占总户数的 20%；56% 的居民是租赁住房，去年的迁入率和迁出率均大于 10%，居所流动水平较高；同时，约 81% 居民为非本地城市居民，有本地农村人 755 名，移民浓度较高。社区空间环境方面，无文化设施用地和

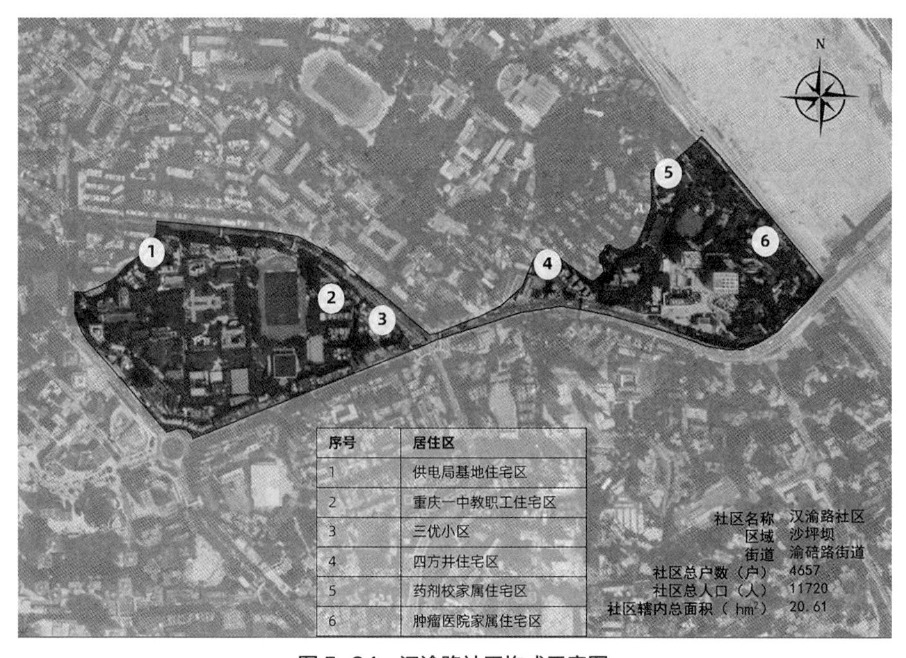

图 5-24 汉渝路社区构成示意图

资料来源：作者根据天地图影像改绘

绿地，教育设施用地约占辖内总面积的 58%，主要是重庆第一中学；商业服务业设施用地面积仅占辖内总面积的 11%，主要位于汉渝路一侧，以娱乐休闲和餐饮居多。基于以上的社区现状条件，通过本次实地调研和社区居委会访谈获取汉渝路社区的集体效能处于高水平（分值为 27.33，平均分为 24.03，方差为 14.66）。

按照驱动路径而言，汉渝路社区集体效能水平较高的原因，可能与土地结构和商业业态有关。首先，土地结构方面，作为老旧小区，缺乏公共服务设施用地；位于沙坪坝区商圈中心，缺乏绿地和广场等公共空间。惟一的特征是辖内教育设施用地占比较高，且周边邻近众多教育设施，如图 5-25 所示。前文总结的西方研究中，提到学生教育的话题会使得社区居民对社区公共事务更加关注和热心，即学校与集体效能呈正相关。

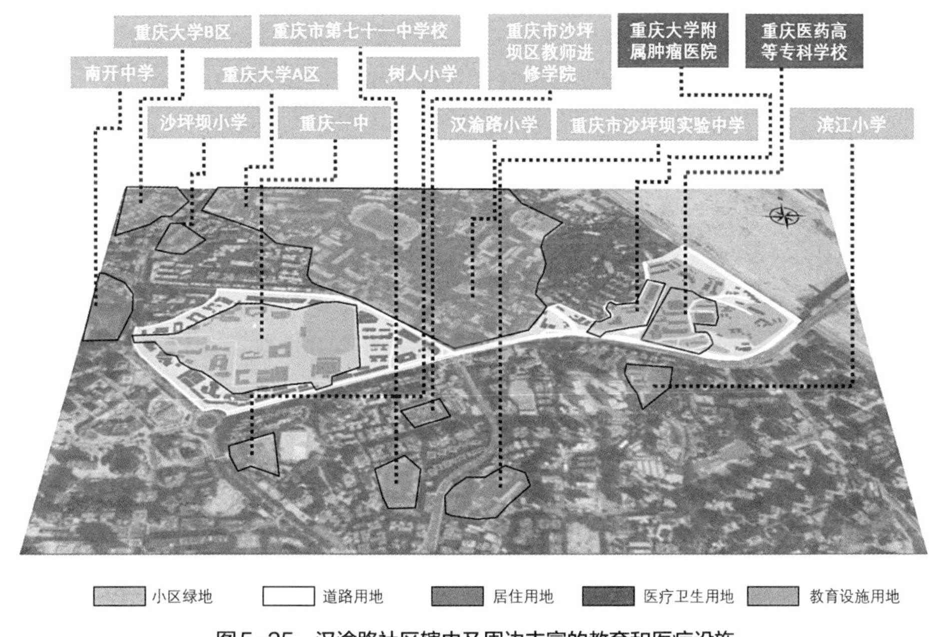

图 5-25　汉渝路社区辖内及周边丰富的教育和医疗设施

教育设施用地对于社区面临的问题也有限制。虽然智力资源被广泛与社区服务相结合，但如学校的操场、图书室、卫生站等公共场地资源并不会供社区居民使用，实现完全共享。其次，有关商业业态，通过实地走访发现，凭借沙坪坝区商圈三峡广场的辐射力，提升了汉渝路两侧的商业活力，辖内有 24 处购物服务设施、13 处娱乐休闲服务设施和 25 处餐饮服务设施，如图 5-26 所示。可以认为，街道活力增加实际为老旧小区的居民提供了关于社区环境改造的公共意愿表达的通道。

由此，解析汉渝路社区集体效能水平较高的原因，大致源于四个方面：第一，由

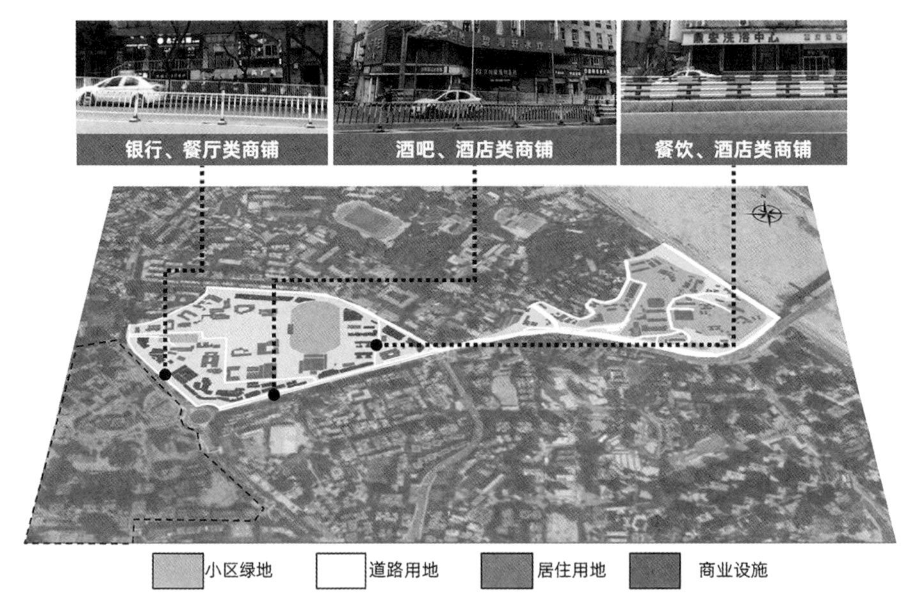

图5-26　汉渝路社区毗邻沙坪坝商圈区域形成以娱乐休闲为主的商业服务设施

于沙坪坝区本身的历史渊源，遗留了许多优质的教育资源，同时也形成了文化氛围浓厚的社区气质，与高等学校、中学等建立的共建项目使得社区居民可享受比较优质的教育服务，从而产生深厚的文化积淀，这有利于理解和实现社区自治，推动居民积极参与；第二，老旧社区的原生性难题突出，社区居民的述求强烈，这使得老旧社区极易形成集体活动和集体意识的共识；第三，优质的教育资源同样会造成诸如学区房等现象，增加老旧社区的人口流动和迁移，但以教育为话题的共识会很快达成，集中反映到环境治理方面，比较明显的便是校外空间的治安管理等，这会推动包括外来租赁陪读人员的积极参与；最后，邻近商圈提升了老旧社区的公共生活活力，如图 5-27 所示。

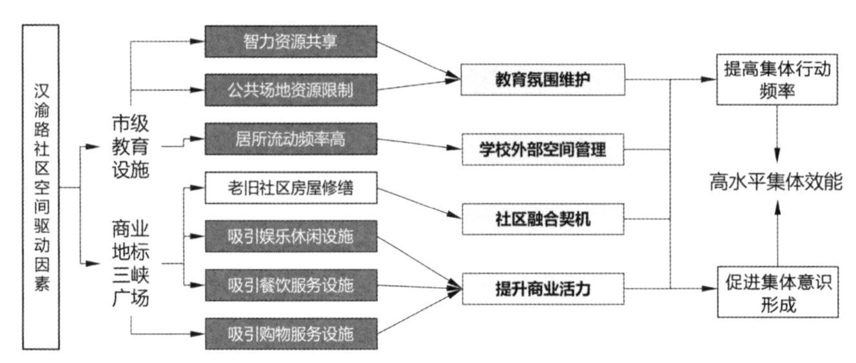

图 5-27　汉渝路社区集体效能的空间驱动路径

第五节 本章小结

本章以 48 个社区样本为案例，运用模糊集定性比较分析法，以高、中、低水平集体效能为结果变量，23 个环境影响因子为解释变量，分析了多元环境因子组态产生高水平集体效能的因果路径关系，以此提取了高水平集体效能的因子组合比例，同时总结了实现该组合的空间驱动路径。具体实验结果如下：

首先，因果路径的单要素必要性分析表明，所有变量的必要性均小于 0.9，可认为单一要素不足以构成提升集体效能的必要条件。多要素组态的充分性分析表明：正向解释变量得到 17 条导致结果发生的因果路径。其中，解释度最高的是因果路径 Z8，该路径的原生覆盖率为 0.28。反向解释变量得到 20 条导致结果发生的因果路径。其中，解释度最高的是因果路径 F22，该路径的原生覆盖率为 0.26。

其次，选取正向解释组态中，解释度高于 10% 的因果路径，提取 8 类高水平集体效能的环境组合，分别为 Z1、Z2、Z4、Z5、Z6、Z7、Z8、Z17。选取反向解释组态中，解释度高于 10% 的因果路径，提取 7 类高水平集体效能的环境组合，分别为 F2、F7、F8、F15、F17、F19、F20。

最后，遵循社区建设和发展的规律，以社区结构环境为限制条件，社区空间环境为调试条件，结合社区环境影响集体效能的关键环境因子，以具有显著增效作用的核心供给环境因子为驱动对象，以环境因子组态的因果路径为参照，本着扬长避短的基本思想，对于促进增效的环境组合，通过提升核心供给环境因子，达到“扬长”的驱动，对于抑制增效的环境组合，通过控制和降低供给环境因子，达到“避短”的驱动。

总结社区环境影响集体效能的 5 条空间驱动路径，包括“商业业态增密”单核驱动、“商业服务减量”单核驱动、“土地结构优化”单核驱动、“土地结构优化 + 交通环境整治”复合驱动以及“土地结构优化 + 商业业态增密”复合驱动。

第六章

实践方法：基于社区环境增效机制的社区规划方法

本章重点：基于第三、四、五章对城市社区环境集体效能的增效机制的摸索，本章回归目前我国社区规划体系框架，将实验结论融合于实际应用，进一步提出社区规划衔接增效机制的工作框架以及空间驱动路径的规划导向，制定了社区规划的增效原则、增效内容和增效模式，以指导并落实具体的工程实践项目。

第一节　社区规划的增效方法

一、城市社区的空间增效机制

通过前文所作的“增效逻辑的解析”“增效参数的测度”“增效效果的测算”与“增效路径的提取”以及对潜在增效路径构成成分的解析、核心组成成分的筛选、最优组合比例的构造和空间驱动路径的提炼，我们得以清晰地把握由因子运作路径和空间驱动路径构成的城市社区增强集体效能的空间增效机制。

因子运作路径，基于系统动力学“调控环境参数—达到较优特征构造—增强社区集体效能”的寻优原理。通过促成反映土地利用、商业业态和交通容量 3 类环境供给参量的，具有促进增效作用的文化设施用地占比（X1）、教育设施用地占比（X2）、餐饮服务设施密度（X9）、购物服务设施密度（X10）、娱乐休闲服务设施密度（X11）等环境因子，反映集中劣势、居所流动和移民浓度 3 类环境支撑参量的，具有促进增效作用的单亲家庭密度（Y1）、高中以下文化家庭密度（Y2）、迁入率（Y9）、本地农村人集聚度（Y15）、本地区县人集聚度（Y16）等环境因子的组合，构造最优促进增效的环境特征。同时，限制反映土地利用、商业业态和交通容量 3 类环境供给参量的，具有抑制增效作用的医疗卫生设施用地占比（X4）、商业服务业设施用地占比（X7）、住宿服务设施密度（X8）、金融保险服务设施密度（X12）、城市道路密度（X14）、步行道密度（X15）、停车场密度（X16）等环境因子，反映集中劣势、居所流动和移民浓度 3 类环境支撑参量的，具有抑制增效作用的贫困家庭密度（Y3）、失业人口密度（Y4）、20 世纪 90 年代居所密度（Y6）、外省迁入居民集聚度（Y14）、本地农村人集聚度（Y15）、本地区县人集聚度（Y16）、外省人集聚度（Y17）等环境因子的组合，避免最优抑制增效的环境特征。

空间驱动路径，遵循社区建设和发展的规律，以社区结构环境为限制条件，社区空间环境为调试条件，以具有显著增效作用的核心供给环境因子为驱动对象，以环境因子组态的因果路径为参照，主要通过以“扬长”为主的“商业业态增密”单核驱动，实现 Z5 和 Z6 类“高水平”集体效能的社区特征；通过以“避短”为主的“商业服

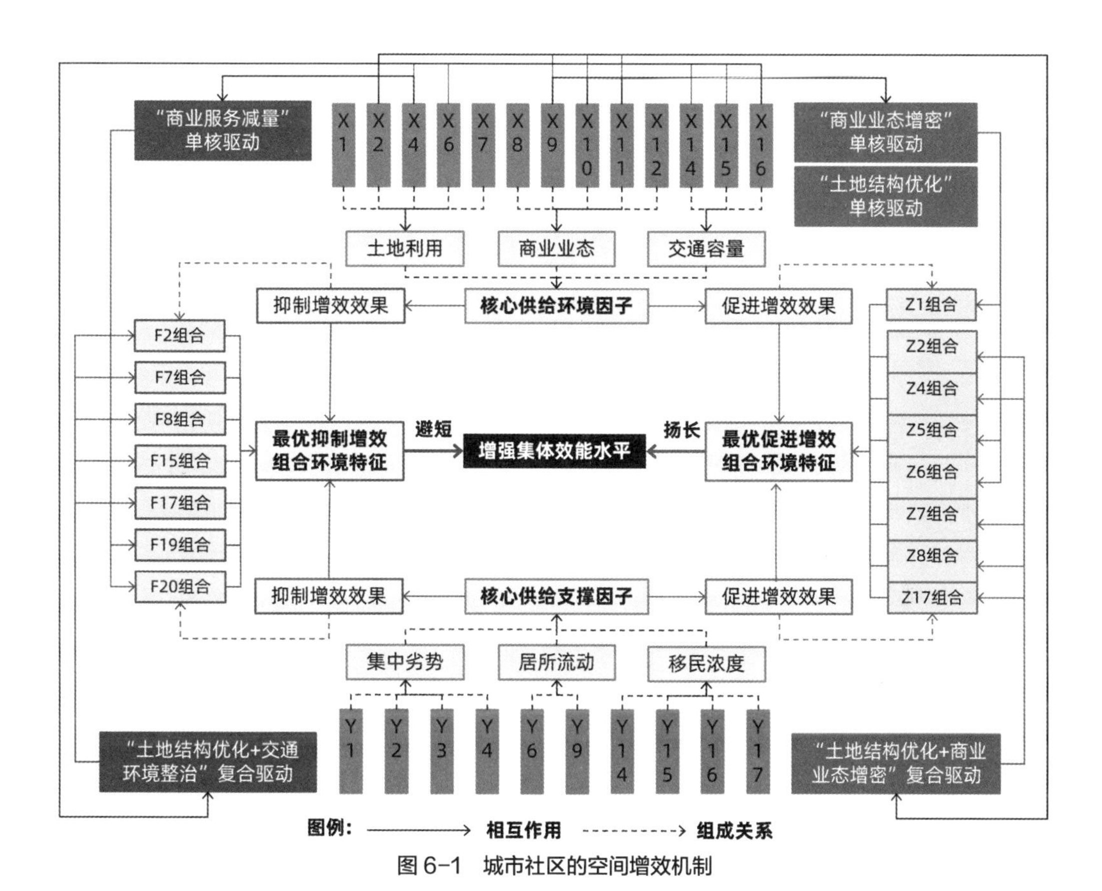

图 6-1　城市社区的空间增效机制

务减量"单核驱动，实现 F19 和 F20 类"高水平"集体效能的社区特征；通过以"扬长"为主的"土地结构优化"单核驱动，实现 Z1 类"高水平"集体效能的社区特征；通过以"避短"为主的"土地结构优化 + 交通环境整治"复合驱动，实现 F2、F7、F8、F15 和 F17 类"高水平"集体效能的社区特征；通过以"扬长"为主的"土地结构优化 + 商业业态增密"，实现 Z2、Z4、Z7、Z8 和 Z17 类"高水平"集体效能的社区特征（图 6-1）。

二、规划方法衔接机制的框架

以提升集体效能为导向的社区规划，其主要目的是通过调控社区环境配置，促使社区居民之间产生高水平集体效能，培育社会规范，加强社会支持和凝聚力，推动居民自治高效运行，从源头上干预和遏制睦邻冷漠、邻里矛盾的蔓延，实现社区人居理想环境。基于此目的，制定了以增强集体效能为导向的由增效原则、增效内容和增效模式构成的社区规划方法集，构建了规划方法衔接增效机制的工作框架，即通过社区规划综合增效方法转译空间增效机制，引导规划编制办法，详见图 6-2。

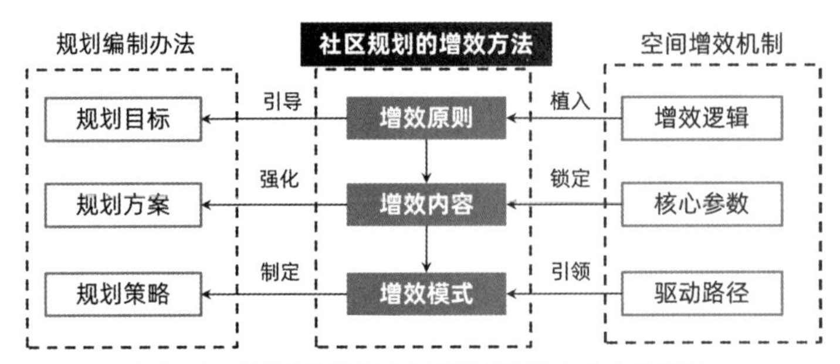

图6-2　社区规划方法衔接增效机制的工作实施框架

首先，将城市社区按照“调控环境参数—达到较优特征构造—增强社区集体效能”的增效逻辑，植入社区规划提升集体效能的增效原则，引导规划目标的建立。增效原则体现在规划时序、规划要素、规划主体的转变上。

其次，将核心供给环境因子和支撑环境因子锁定为社区规划提升集体效能的主要增效内容，在具体的规划方案中始终落实核心参数的工作内容。结合我国当前社区规划的主要构成内容，匹配涉及优化供给参数和支撑参数的内容。

最后，以 5 类空间驱动路径制定不同的规划导向，面向社区的不同发展阶段和特征，构建适宜的规划增效模式。

三、空间驱动路径的规划导向

空间增效机制揭示了社区环境特征增强集体效能的内部运行规律，通过“扬长避短”的基本思维，运用空间驱动路径实现最优促进增效组合的环境特征以及避免最优抑制增效组合的环境特征。当然，实践与理论之间是需要反复磨合的。不可回避的事实是，本书总结的空间驱动路径有着比较针对性的限制。例如驱动路径一，主要适用于集中劣势低、居所流动高的社区，同时存在文化设施用地、教育设施用地、绿地与广场用地面积占比低的现状条件。由于这些限制，将结论转化为更为普遍的有效的实施手段需要长时间的实践探索和经验总结。对此，笔者在前文中通过空间驱动路径对具体的案例进行解析，判断不同路径在社区发展、管理和建设时序中，是否起到作用。总的来看，马家岩社区、天湖美镇社区、中山二路社区、刘家台社区、汉渝路社区的实际案例，对于五种空间路径都有较好的呈现。笔者将其总结为三类集体效能的空间增效路径，如图 6-3 所示。

前文提到，社区规划是培育社区意识认同，提高邻里问题解决有效性的必要选择，也是促进社会发展的题中之义。以增强集体效能为目的的社区规划，其实质便是增强社区意识认同，从而成为我国社区自治进程中的有力补充手段。以此，基本形成了规

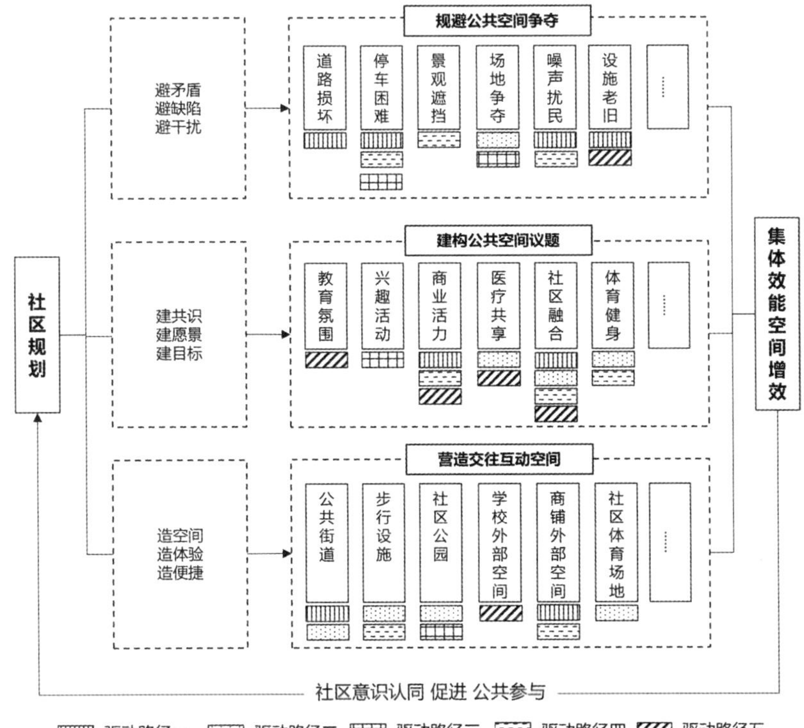

图6-3　空间驱动路径提炼的三类社区规划增效导向

避公共空间争夺、建构公共空间议题、营造交往互动空间这三类社区规划导向。

规避公共空间争夺的规划导向。正如绪论中提到的，我国社区空间形态形成了我国社区发展中社区意识培育低效的先天制约，除了集合住宅与围合式公共空间构成的大型封闭式小区所引发的建筑形式、相邻关系、高密度居住等问题以外，公共空间资源的供给不足和抢夺也是普遍存在的难题。该难题是社区发展到一定阶段而形成的空间环境问题，因此在早期以空间布局和设施指标建构的社区规划，应当提前进行预估、预留空白，规避有可能产生的公共空间供给不足的问题。同时，目前以行为计划为主导的社区规划形式，也能在居民、居委会、社区规划师以及政府部门等多方合作下，有效地减缓该问题的发展。例如本书所提到的刘家台社区对停车管理策略的及时调整，有效地解决了居民的停车难、活动空间不足的问题。

建构公共空间议题的规划导向。社区规划是社区公共领域的发生装置，社区公共领域是实现规划目标的主要保障。所有成功的社区规划实践，都在有意无意间或重构或强化了社区公共领域营造交往互动空间的规划导向。激活公共领域，使之发挥应有的作用，促使社区自我成长。不仅仅是一次性的空间环境改造，或者是开几次动员会，还应该给社区留下一些“种子”、一些空间、一些氛围、一些记忆，成为社区持续发展的内部资产（郭紫薇，2021）。通过案例解析发现，以“土地利用优化”“商业业态增密”为空间驱动路径，并非一定要对已有建成社区进行大修大补，而是要留下公共空间议题，例如汉渝路社区的教育氛围形成的共同话题、天湖美镇照母山森林公园资源形成的以拍照摄影为兴趣的集体活动。建构公共空间的议题也是日本、中国台湾目前兴起的社区营造的重要内容，对于号召社区营造的居民参与是行之有效的可用手段。

营造交往互动空间的规划导向。倡导公众参与的社区规划，其主要目的便是通过居民的合作参与，营造居民、社区规划师、第三方社会组织等之间的交往互动。社区微更新是社区规划协助社区发展的热点项目。较之传统的城市更新，在存量内涵提升式发展背景下的社区微更新的一个突出特征是更加关注居民交往空间的微改造。例如社区中的小广场、老村屋、铺地、小公园、候车厅等微小地点的更新，通过每个社区若干小地点高品质的更新实践，形成整体的公共空间的高效利用。

第二节　社区规划的增效原则

一、规划时序：从“一次性投放”到“长效性修订”

我国的社区规划伴随着居住区规划时期的特点，主要围绕体系构建和设施布局方面展开，从规划年限和实施时序来看，属于“一次性”的投放，缺乏阶段性的反馈和修订。本书提到的增强集体效能、培育社区意识认同的社区规划方法，更偏向于一种阶段性的、动态的互动式规划形式，不仅要推进社区与城市、区域之间的宏观联络进程，还要关注居民日常生活的微观变化，所涵盖的内容包括生产、建设和管理，与目前日本和我国台湾地区的社区营造手法类似。

社区营造“自下而上”的模式尽管在单个事项上的决策时间和见效周期远长于“自上而下”模式，但对整个社区乃至社会的文化生活和组织方式的影响更深刻和持久。同时，社区意识认同的培育也是一个长时间的过程，使社区居民能够自己管理好自己的事情，在此基础上热心参与社区公共事务，把社区事务当成自己的事情来进行管理，逐步参加到服务和决策中来，这种良好的集体意识和行动需要坚持长久的引导和培育。因此，社区规划作为增强集体效能的规划工具，应该提升效率，改变“一次性投放”，发展成为“长效性修订”。

“长效性修订”建立在阶段性有效时间内递进式规划的工作机制，如图 6-4 所示。社区规划作为社区社会进程的干预机制，在首次方案规划设计、建设实施落地以后，

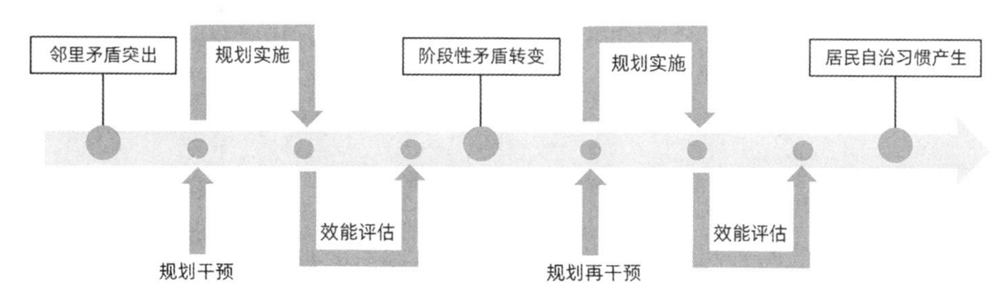

图 6-4　社区规划的“长效性修订”

划定集体效能的发酵时间，通过社区居委会对社区的邻里纠纷数量、集体活动开展、满意度评价等进行效能评估，以此改变上一次规划的策略与目标，进行规划的再干预。《中华人民共和国城市居民委员会组织法》规定，居民委员会每届任期为五年，为了避免工作模式差异和信息更替的问题，发酵时间尽量选择在五年以内。在不断调整策略和目标的同时，吸纳和培育社区热心居民的素养和专业知识，在居委会的有效组织和带动下，推动形成居民自治习惯和能力，最终使得社区规划的角色从最初的主导者逐渐退居二线，成为社区发展的协助者和观察者。

二、规划要素：从“生产空间环境”到“优化结构环境”

列斐伏尔曾指出，空间是社会的产物，是一个社会生产的过程，它不仅是一个产品，也是一个社会关系的重组与社会秩序实践性的建构过程。空间生产的过程其实也是一种社会再造，反之，社会再组织后，通过社会资源的整合链接和活力再造，又能助力空间的可持续发展，在对增效机制的解析中，社区空间环境和结构环境是相互影响的存在，空间环境是结构环境的选择，结构环境是空间环境的生产。增强社区集体效能的社区规划，应该理解为一种空间的生产，不仅要固守物质空间在专业领域做文章、打基础，也要拓展对结构环境相关的经济和社会因素的引导。

西方的社区规划形式一直都包含社会发展规划、经济发展规划和物质环境规划三大部分的内容体系。社会发展规划的目标是要促进社区的社会发展，如充分发挥社会资本的作用，完善社区社会网络的建设，促进社区组织的发展及居民的公众参与，其面对的是社区所有居民；社区经济发展规划的目标是促进社区的经济增长，如社区服务产业的发展及社区下岗职工的再就业，虽然其服务对象是全体社区居民，但经济的主体是不同行业的利益群体，更多地体现了其营利性；社区物质环境规划则要为社区全体居民营造一个具有归属感的空间环境，通过户外空间、设施空间、交通空间满足居民的生理、心理需求（李小云，2012）。

实际上，目前我国社区规划也开始发生认识的转向，不仅有城市一定地域范围内的“物质规划”，还包括社区的“经济发展规划”和“社会发展规划”（杨贵庆，2013）。依据空间环境要素与结构环境要素可能存在复杂的交织关系，一方面要利用形态和物质条件的规划，依据空间驱动路径，去实现高水平集体效能的社区空间特征；另一方面，也要结合政策方针、行动指南的制定，综合部署社会、经济发展和管理服务等的规划，去减少实现高水平集体效能的社区结构特征的阻碍。在两者齐头并进的推动下，积极鼓励社区居民和社区利益群体的共同参与，有组织地整合社区的物质资源和社会资本，依照相应的规划政策，使得基层社会的建设蓬勃开展起来，促进社会的可持续发展。

三、规划主体：从“居民配合”到“居民参与”

严格来讲，我国社区规划的实践还不到30年，延续了居住区规划的工作模式和方法，仍然采用政府主导、专家设计、居民配合的模式。这种模式从短期来看有着充足的资源投入、专业的规划设计和明显的社会成效，但随着居民的逐渐退出和缺席，最终演变为应付上级检查的政绩工程和向媒体宣传的形象工程（莫筱筱，明亮，2016）。同时，在存量发展的大前提下，以纯粹的空间规划设计为主导的内容将会慢慢淡化，取而代之的是如何运用空间手段服务于社区居民，提高生活质量、弱化邻里矛盾。这样一来，居民对于个人生活的真实体验、对于社区发展的意愿才是激发社区规划开展的前提。让居民真正作为规划主体，参与规划的全过程，同时也要接受专业团队、居委会等的专业培训与指导，形成社区规划的多元合作小组（图6-5），才能更有效地实现集体行动和集体意识，培育社区意识认同，从而推动社区自治的进程。

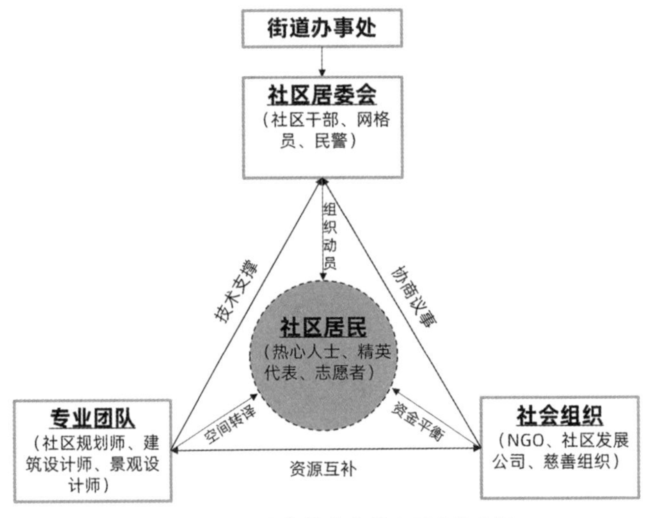

图6-5　居民参与为主体的多元合作小组

社区居民作为以增强集体效能为目的的社区规划的主体，主要强调其在问题研判、申请调查、组织协商、方案讨论、征讨意见、效果自评以及经验推广的全过程中，始终主动参与。在社区规划编制过程中，不断与社区居委会沟通、与专业团队沟通、与社会组织沟通，认清当地社区的特征及我国城市社区的目标与趋势，在学习先进知识和积累实战经验的同时形成社区意识的认同，承认和赞许地方独特的文化特色和发展愿景。同时，也能体验到从规划立项到建设实施，再到效益评估，并不是一件简单的事情，需要团队的合作和不同群体的利益博弈等，从一定程度上更能鼓励居民抱团结社，形成更加积极和紧密的团队，参与到规划中并号召和组织更多的个体参与。

除了社区居民的主体位置以外，专业团队是社区规划中不可缺少的一环。基于我国目前社区的社会组织参与依然薄弱的现状，推行社区规划师制度，引入专业咨询团队，在反映居民需求、传递法定规划要求、编制规划内容等各个环节，高效地发挥具有规划知识的社区规划师的作用。社区规划师应当具有良好的个人素质，帮助社区居民弥补观念和知识的不足，确保不以高高在上的态度去实践那些设计师同行们所没有的技能，如与缺乏大学教育的市民小组一起工作，围绕积极行动建立共识，确保每个人的声音都能被听到，鼓励人们参与集体行动，表现出一种向社区学习的意愿。社区规划师成员，可以来自当地城乡规划的管理部门，也可以来自社区研究机构或高校。

街道办事处和社区居委会的角色也至关重要。作为基层政府部门，所传递和掌握的公共资讯和资源，对于社区规划的最终实施和经验推广有更加有力的推动作用。同时，也在如何进行资源调查、拟定计划书、运作社区组织、进行社区动员等问题上有十分丰富的经验。

第三节 社区规划的增效内容

不少学者认为，我国社区规划包括两种类型：一是针对社区的形态和物质条件的规划；二是针对社区的社会、经济发展和管理服务等的综合部署。目前看来，两种类型相对独立，大部分实际项目更偏向于前者。从社区意识认同培育的角度来看，西方以“资产”为导向的社区规划更强调两者的综合。随着居民参与社区规划的程序、形式和方法的逐步实践，与居民日常生活更贴近、居民更关心的社会服务、经济发展规划会成为引领社区空间形态和物质条件规划的纲领。基于本书的推导过程和结论，影响集体效能的环境因子既包括土地利用、交通容量等空间环境因子，同样也包括居所流动、集中劣势等结构环境因子。在第五章中提出的空间驱动路径虽然只围绕空间环境因子作出了总结和提炼，但前提是建立在我国社区发展特征的基础上以及针对一段时期内的增效路径。

从长远来看，提升集体效能的社区规划增效内容需要涵盖对社区的形态和物质条件的规划以及对社区的社会、经济发展和管理服务等的综合部署。前者重点从空间供给的视角，运用规划设计手段优化社区空间环境，后者则运用规划管理和协调手段，调控社区结构环境，详细衔接方式如图 6-6 所示。

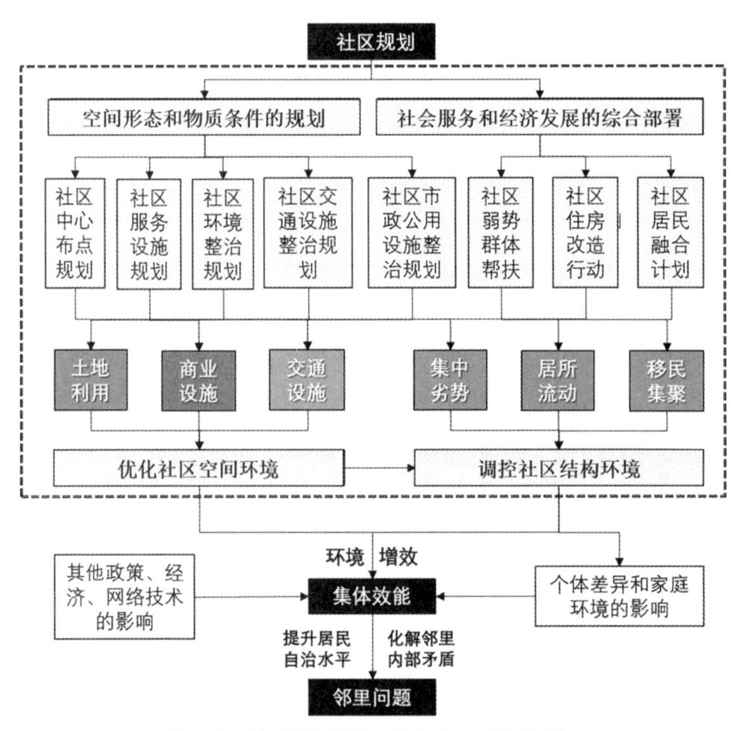

图6-6　社区规划增效内容与核心参数的衔接

一、空间形态和物质条件的规划

空间形态和物质条件的规划中涉及土地利用、商业业态、交通容量三类环境参数的核心因子分别是公益性服务设施布局、经营性服务设施布局、社区生态环境整治、社区公共活动空间整治、社区公共交通设施整治、社区步行设施整治。

1. 公益性服务设施布局

主要指不以营利为目的，由政府通过多种途径向公众提供基本而有保障的教育、医疗、文体、养老、菜店（平价超市）、市政公用、环境卫生、绿化等服务设施。这类设施决定了土地利用因素中，影响集体效能发生的文化设施用地、教育设施用地、医疗卫生设施用地、社会福利设施用地及绿地的位置、规模等，从而调控功能性用地的占比。在实际操作中，主要按照相关标准，确定各类社区级公益性服务设施布局，明确保留设施、更新设施、新增设施的名称、位置、规模等。

2. 社区生态环境整治

社区生态环境包括自然环境、人工绿化环境等，整治目标是保护自然环境，维护人工环境，构建绿色生态社区，为居民提供宜居的生活环境。该项内容可从侧面改变社区的绿地面积和品质。主要通过规划建筑、道路附属绿地、小游园，构建“点线面”相互衔接的绿化空间，反映社区的绿地结构和面貌。

3. 经营性服务设施布局

以营利为目的，由市场或社会团体投资和实施、规模等实施，向公众提供可由市场调节的教育、医疗、文体、养老、商业、娱乐、金融等服务设施。该类设施决定了商业设施因素中，影响集体效能发生的住宿服务设施、购物服务设施、娱乐休闲服务设施、金融保险服务设施、医疗卫生服务设施的位置、规模等。该类设施布局主要由市场进行调配，规划主要结合发展条件提出社区经营性服务设施的规划布局意见，引导社区合理业态的形成。

4. 社区公共活动空间整治

公共活动空间环境包括广场、多功能运动场等，整治目标是形成开放、便捷、舒适的公共空间。该项内容也能从侧面改变影响集体效能发生的住宿服务设施、购物服务设施、娱乐休闲服务设施、金融保险服务设施、医疗卫生服务设施的品质。通过结合社区综合服务中心、重要公共建筑、可利用的场地和新建、改建建筑的架空底层，布局不同主题的公共空间，设置儿童游戏场、健身器材等；对街巷的铺地、围墙、绿化、家具、照明、遮阳避雨设施等提出改进建议；布局便利的线形交通和交往空间，串联尽可能多的居住小区入口、绿地、社区服务设施。

5. 社区交通设施整治

社区交通设施分为停车、公共交通和步行等三类设施，整治内容包括：梳理社区内部道路系统，改善社区交通微循环；提出打开封闭小区形成社区道路网络的交通组织方案。该项内容能够调控交通设施因素中，影响集体效能发生的城市道路、步行道、道路交叉口的位置和规模。主要通过优化社区内步行及非机动车交通空间，为社区居民提供便捷的出行空间，组织社区车行交通，形成较高密度的支路和次干道，可提出机动车单向通行方案建议，完善社区无障碍设施，提出道路指示牌、人行横道线、减速标志、信号灯设置和道路照明等方面的布点建议等。

二、社会服务和经济发展的规划

社区发展规划和经济发展规划，是通过政府、市场组织及非政府组织，重点提供满足居民需求的福利性、公益性和包容性服务，有针对困难群体提供的福利性社会服务，有针对提升整体社区品质氛围的公益性社会服务以及针对不同阶层群体提供的包容性社会服务。服务的内容主要以政府、市场组织及非政府组织制定行动计划和组织活动的形式来呈现。行动计划和服务活动中能够调控集中劣势、居所流动、移民集聚三类环境支撑核心因子的，分别是社区弱势群体帮扶行动、住房改造行动、居民融合计划。

1. 社区弱势群体帮扶行动

目前，我国街道和社区居委会已经形成了围绕独居老人、低收入群体、失业群体甚至残障人士等进行帮扶和救助的工作内容。通过组织健康义诊、教育培训、社区科普大学、送温暖活动等，取得了比较良好的效果。但是，受限于人手和资金，仍然需要更广泛的社会组织和机构参与。由社会组织和机构形成的帮扶，应当以解决单亲家庭、低收入群体、失业群体的经济负担为重点，如鼓励自主创业，提供社区就近的保安、看护、工人等就业岗位。结合街道和社区居委会建立社区发展基金，为社区关怀和照顾提供资金支撑。该项行动能够调控集中劣势因素中，影响集体效能发生的贫困家庭、失业人口的数量。

2. 社区住房改造行动

主要针对老旧社区以及社区内积存的大量2000年以前建成的居住小区。从住房宜居的视角，提出住房修缮，包括：厨卫条件综合改造；增设必要设施，如电梯、空调滴水管、屋顶水箱；房屋外部设施改善，如屋面防水层、隔热板、平屋面改坡屋面；逐步改善市政基础设施，如上下水管、水电燃气设施。住房装修、改造后也会降低租房率，有效地调节社区的迁入率和迁出率。重庆于2020年推出《重庆市全面推进城镇老旧小区改造和社区服务提升专项行动方案》，目前基本完成了已启动的1100万m^2改造提升任务，同时再启动2275万m^2。行动计划包括：解决群众居住安全和生活的基本问题，加强群众生活保障；提升小区居住品质，改善群众生活条件。

3. 社区居民融合计划

积极倡导社区融合，提高社区居民的文化包容性，通过建设社区图书馆、举办节庆活动、开展公益捐赠等措施，增强社区意识，提升定居意识和社区归属感，建立、健全并运作社区的社会化服务信息网络系统，进行社区信息发布，让不同地域的居民及时知晓社区内各类公益和文化活动，有效吸引居民积极参与社区事务。该项行动能够逐渐调控移民集聚因素中，影响集体效能发生的外省迁入居民、本地农村人、本地区县人、外省人等的数量，例如融合活动丰富的社区会更有利于外地人员的定居选择。

第四节　社区规划的增效模式

我国的社区规划有着时代遗留的思维惯性以及城市规划体系赋予的工作模式。随着工作实践的进展以及时代特征的转变，社区规划逐步暴露出编制模式的目标群体空泛、规划导向单一、实施流程固化等不足。目前学界部分学者开始转变认识和呼吁各种形式的社区规划范式的转变，为提升集体效能、培育社区意识认同的社区规划方法，提供了充分的经验支持和实践基础。鉴于此，笔者认为集体效能视角下的社区规划增效方法应该结合多种范式，因地制宜，针对不同发展阶段的社区，融合不同的规划导向，形成多元化的方法集合。目前，主要依据规划参与的深度和规划覆盖的广度催生出多变的工作模式。规划参与的深度主要有两种：一是作为社区发展的决策核心层面，发挥规划的主导性，去实现居民的意愿和期望；二是作为社区发展的协商支撑层面，运用规划的核心知识体系去辅助其他组织和居民参与。规划覆盖的广度体现在两种不同工作路径上：一是以设施布局与环境整治为主，涉及公益性服务设施、经营性服务设施、生态环境整治、交通设施整治等内容；二是以行动计划和项目服务为主，涉及社区行动计划、社区花园计划、社区互惠集市行动等内容。考虑到当前城市社区的发展速率和类型差异，以两种维度为轴交叉结合，得到了以规划参与的深度为横轴，以规划覆盖的广度为纵轴，社区规划提升集体效能的类型划分矩阵，详见表6-1。

综合以上分析，将社区规划的增效模式界定为四种：空间指标决策型、行动计划制定型、空间改造支撑型、项目服务配合型。

社区规划提升集体效能的类型划分矩阵　　表6-1

		工作规划参与的深度	
		决策核心层面	协商支撑层面
工作规划覆盖的广度	设施布局与环境整治	空间指标决策型： 编制法定规划的战略决策地位；优化空间指标和布局	空间改造支撑型： 协调社区更新改造的支撑作用；实施空间改造与设计
	行动计划与项目服务	行动计划制定型： 参与描绘社区愿景和居民共同参与的社区发展计划；制定行动计划	项目服务配合型： 配合居委会、第三方组织等主导的社区公益项目；辅助项目落实，提供规划服务

资料来源：作者自绘。

一、空间指标决策型增效模式

1. 模式框架

土地利用、交通道路等空间指标一直都是城市规划体系的纵向传递机制，也是保证今后建筑活动能够严格贯彻规划意图，遵循科学布局的有利保障。我国以居住区规划发展而转变的社区规划，对于公共服务配置和布点有着以空间指标为基础的工作传统。对于涉及“土地结构优化”“交通环境整治”的驱动路径，可以依据规避公共空间争夺、建构公共空间议题、营造交往互动空间三类规划导向，形成空间指标决策型增效模式的社区规划方法（图 6-7）。

2. 规划路径

1）规避公共空间矛盾：制定弹性停车指标

停车设施供给和停车需求之间的不平衡是造成社区停车困难的主要原因。我国早从 1994 年《城市居住区规划设计标准》GB 50180—93 开始，就已经对居住区公共建筑配建停车指标作出明确规定，在 2018 年版本的《城市居住区规划设计标准》GB 50180—2018 中对停车场（库）的停车位控制指标有了新的规定。其中，商场、街道综合服务中心配建停车场（库）的停车位控制指标应≥ 0.45（车位 /100m^2 建筑面积）；居住区应配套设置居民机动车和非机动车停车场（库），地面停车位数量不宜超过住宅总套数的 10%。

重庆大部分社区辖内停车设施的配建指标遵从了 2018 年出台的《重庆市城市规划管理技术规定》的规定，见表 6-2。可以发现，对于停车位的配建指标，各项标准与技术规定的更新速度也是在与时俱进的。但随着我国整体生活水平的提高以及汽车产业的迅猛发展，私家车的数量和停车需求仍在不断攀升，停车位短缺的现实困境依然突出。

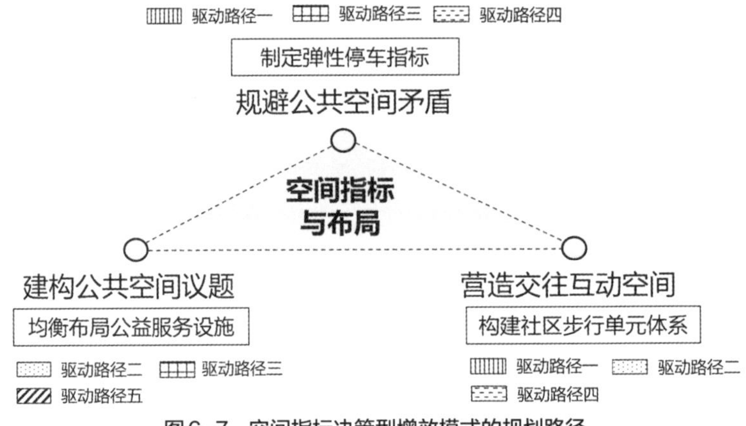

图6-7　空间指标决策型增效模式的规划路径

重庆与社区相关的停车位配建标准表 **表 6-2**

序号	建筑使用功能		单位	指标
1	住宅	一类住宅（建筑面积 >200m^2）	车位 / 户	2.5
		二类住宅（100m^2 ≤建筑面积≤ 200m^2）	车位 / 户	1.5
		三类住宅（建筑面积 <100m^2）	车位 / 户	1.0
		保障性住房	车位 / 户	0.8
2	幼儿园、物管用房、社区组织工作用房等住宅配套用房		车位 /100m^2 建筑面积	1.0
3	商业、办公		车位 /100m^2 建筑面积	1.2
4	中小学		车位 / 班级	3.0
5	公园		车位 /100m^2 陆地面积	0.1

资料来源：《重庆市城市规划管理技术规定》。

相比而言，同样是高密度山地城市、土地有限、道路容量小的香港，据统计，目前每平方公里约有 534 辆汽车，处于我国单位土地汽车饱和量的前列，却很少出现有关难行车、难停车的相关报道和现象。究其原因，大致有三条：首先，是当地政府对停车场建设的鼓励和支持，私人建设的停车场按物业管理，政府兴建的停车场由私人承包；其次，是路边停车收费咪表分区域收费价格对长时间停车的限制；最后，便是城市规划制定的更加灵活的停车指标规定，如图 6-8 所示。

因此，在规划居住区停车设施的指标制定方面，十分有必要根据不同住区的综合区位条件建立折减的弹性系数，设置相应的车位空置率，如地铁站范围的影响、首末公交站场范围的影响以及大型商业体范围的影响等。该项措施已经在上海 2016 年出台的《上海市 15 分钟社区生活圈规划导则》中有所尝试。如：社区处于中心城内环线以

房屋类型	类别	调整系数 R1	调整系数 R2
资助房屋 1 车位 /（6-9）户	—	0.23	在地铁站 500m 范围以内 R2=0.85 在地铁站 500m 范围以外 R2=1
私人房屋 1 车位 /（6-9）户	平均每户面积 <40m^2	0.6	
	平均每户面积 40-69.9m^2	1	
	平均每户面积 70-99.9m^2	2.5	
	平均每户面积 100-159.9m^2	5	
	平均每户面积 >159.9m^2	9	
乡村房屋	每幢标准大小（65 平方米）的新界豁免管制房屋可辟设泊车位至多 1 个		

注：以 50% 的住区用地面积作为衡量 500m 距离的标准，地铁站以车站中心为基点计算距离。

图 6-8 香港住宅停车指标

资料来源：张鹏 . 青岛市居住区停车问题研究 [D]. 青岛：中国海洋大学，2009.

内地区设为严格控制区，优先保障居住用地停车需求，停车配建按照公交可达性进行折减，同时保证一定比例的公共停车位，满足临时停车需求；中心城内外环间、中心城周边以及郊区新城设为一般控制区（表 6-3）。

《上海市 15 分钟社区生活圈规划导则》对停车设施的规划要求　　表 6-3

分区	调控方法
严格控制区	中心内环线以内地区设为严格控制区。优先保障居住用地停车需求，停车配建按照公交可达性进行拆减，同时保证一定比例的公共停车位，满足临时停车要求
一般控制区	中心城内外环间、中心城周边以及郊区新城设为一般控制区。鼓励公交、自行车和步行出行方式，适度扩大停车设施供给，优先保障居住用地停车需求，停车配建按标准执行，并保证一定比例的公共停车位
基本满足区	郊区新市镇和其他地区设为基本满足区。适度供给，合理满足停车需求，停车配建按标准执行，鼓励设置一定比例的公共停车位

资料来源：《上海市 15 分钟社区生活圈规划导则》。

2）建构公共空间议题：均衡布局公益服务设施

驱动路径三和驱动路径五均表明，社区辖内或周边的教育和医疗公共服务设施有利于建构注入社区意识的公共议题，其中学校、医院可作为公共讨论的空间话题。因此，应该从规划设施配置标准和空间布局方面合理分布公共服务设施，在空间范围内最大程度地覆盖辖内居住小区，则更有利于吸引和集中社区居民的公共探讨和积极参与。

在设施配置标准方面，由于我国并未出台针对社区公共服务设施的专门标准，因此，笔者借鉴了《城市居住区规划设计标准》中，对 5 分钟生活圈和 10 分钟生活圈居住区内的公共服务配置标准。例如：10 分钟生活圈公共管理和公共服务设施用地面积控制为 1890~2340m^2/ 千人，单独占地的卫生服务中心（社区医院）规模保证在 1420~2860m^2 之间；5 分钟生活圈居住配套设施规划建设要求，小型多功能场地为 770~1310m^2，幼儿园为 5240~7580m^2。

在空间布局方面，5 分钟生活圈提出的公共服务半径是 300m，10 分钟生活圈的服务半径是 500m，在当前城市社区中，由于标准制定的时效性以及土地利用的紧迫性，往往会形成街道和社区两级服务范围的叠加，导致服务功能的折减。因此，对于未来新建社区的空间布局考虑，应该是更多样混合的形式，以实现对辖内所有居住小区最大限度的均衡覆盖，如图 6-9 所示。同样，对于城市级别和社区级别的公共服务设施在社区内部的布点还应有所差异。调研发现，城市级别的市级三甲医院、重点高中、高校等极易引起社区辖内的陌生流动，因此，在保证范围覆盖的同时，应该考虑利用社区绿地或停车场进行一定的阻隔，避免高度人群流动对当地社区居民生活的干

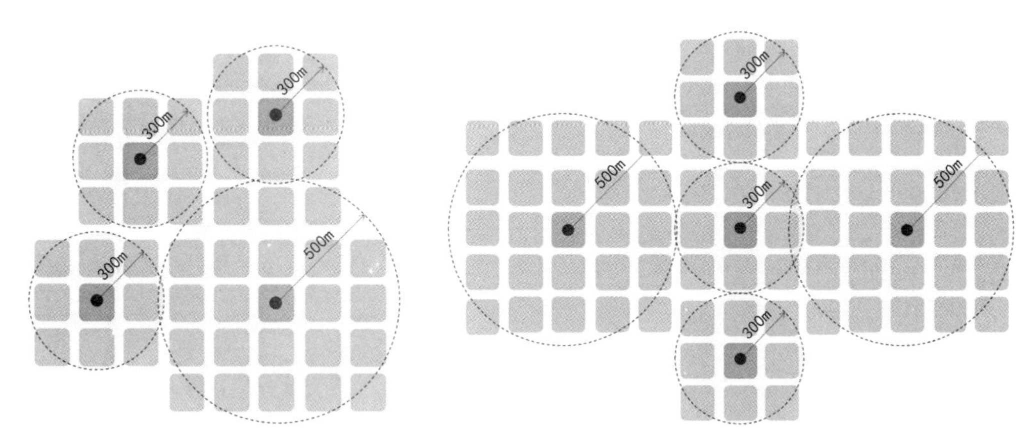

图 6-9　5 分钟生活圈和10 分钟生活圈的服务半径组合

扰；对于社区级别的卫生服务中心、初中和小学等，可以布局在靠近生活型支路的一侧，避免交通干道的干扰，对于社区居民便利的使用和热切的关注也会起到一定的促进作用，如图 6-10 所示。

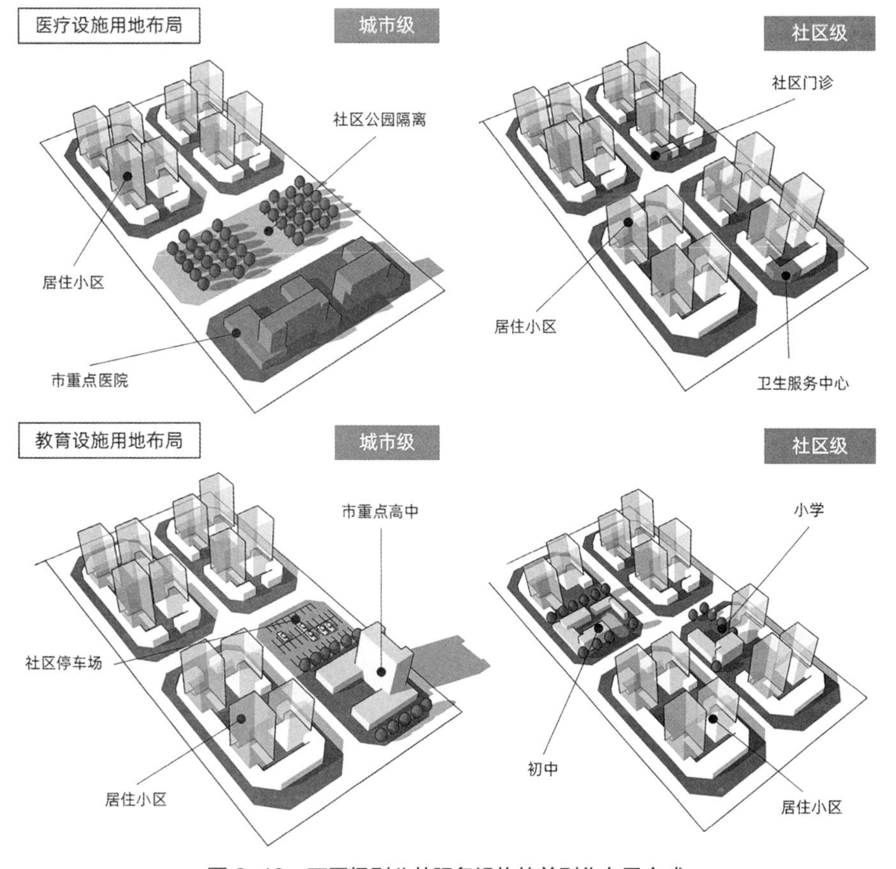

图 6-10　不同级别公共服务设施的差别化布局方式

3）营造交往互动空间：构建社区步行单元体系

驱动路径四表明，社区步行环境的提升极大地丰富了社区居民的交流互动。在国外，社区范围是适合居民步行且在最大接受的步行距离以内的。而我国大部分地区，由于历史原因，是先有居住小区而后有社区概念的顺序，导致大部分社区更加可以被看作不同时段建设的独立居住小区的拼接。因此，在我国常常可以观察到，居住小区内部的步行环境十分舒适，一旦进入居住小区外部但同样是社区辖内的范围，由于市政道路的干扰和切断，导致社区整体步行环境不友好、网络遭到中断。

国际上，目前巴塞罗那提出的“超级街区”理念，从某种程度上可以为我国社区步行环境整体提升提供一个思路。西班牙巴塞罗那市政府将九个小街区组合成一个大的街区，并且截断在这个区内的货车交通、公交交通等，同时还规定私家车在其中的行驶速度不能超过 10km/h，如图 6-11 所示。自从巴塞罗那某些地区采用了“超级街区”的方案之后，步行空间占有比例从 45% 上升到 74%，交通的噪声从 66.5dB 降至 61dB，一氧化碳的排放减少了 42%，PM 类的污染也减少了 18%，整体步行环境实现了质的飞越。

“超级街区”的方案对于我国当前的城市建设和管理体制而言，比较超前且完全不适应。完全截断社区辖内的通勤性交通会造成城市局部交通拥堵，增加社区生活的成本。但可参照“超级街区”的设想，进行中国化的改造。例如同样将社区作为一个“超级街区”单元来构建，对于单元内的公共交通不作限制，仅对进入的私家车进行速度限制和停靠限制，单元内的居住小区主要行车入口朝向单元外街道一侧，仅保留内部的消防车道。这样，单元外街道支持步行、汽车、公共交通等通勤性交通，单元内

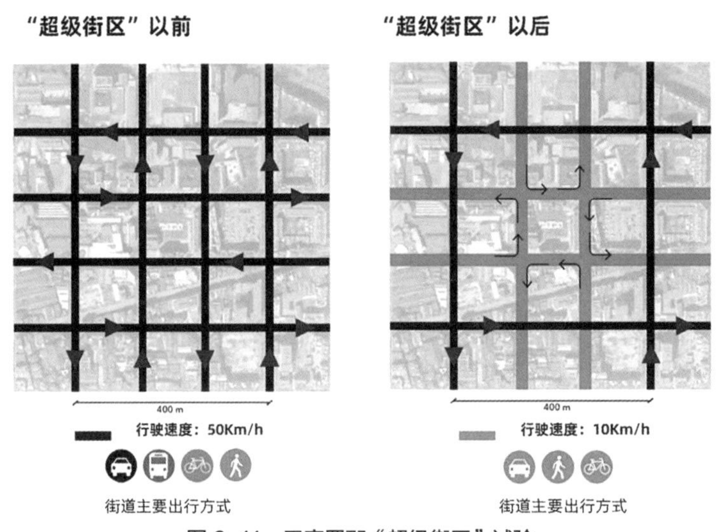

图 6-11　巴塞罗那“超级街区”试验

街道除了支持通勤性交通以外，还支持游憩、体育锻炼、室外餐饮等复合的出行功能，成为社区居民交往互动的公共空间。按照这个设想，当多个单元组合形成区域以后，城市内自由通行，复合主次干道的设立不会产生过多的干扰，如图 6-12 所示。同时，对于社区其他公共空间的布局，如公园、广场、不同层级的公共活动中心等，只要是在单元内，依靠步行网络便可加强彼此之间的有效联系。

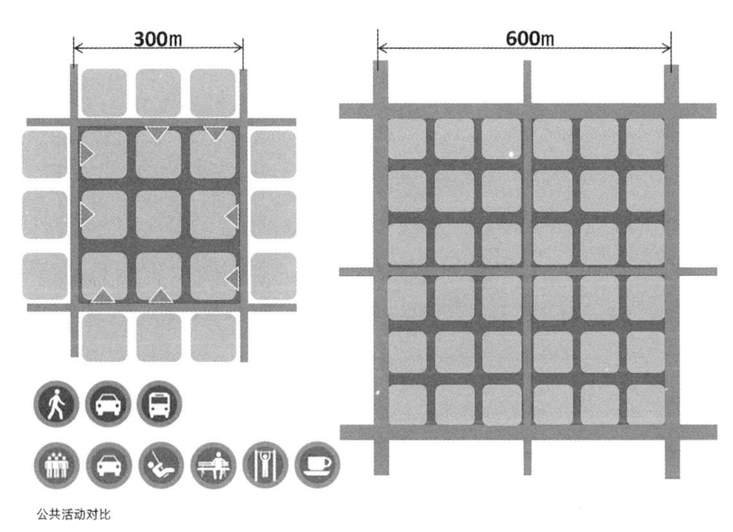

图 6-12　我国步行社区单元的构想

3. 适宜范围和实施流程

空间指标决策型增效模式的运作思路是充分发挥社区规划对于法定规划（尤其是控制性规划）的层级传递作用，即社区规划作为连接控制性详细规划和修建性详细规划的过渡性规划，以提升社区意识认同为导向，提出满足社区环境增强集体效能机制的空间驱动路径，制定相应的物理环境指标。同时，符合高水平集体效能的社区环境在一定程度上可影响群体对社区的居住选择，长久之后，可筛选出利于集体效能发生的社区人口构成，逐步形成预期的社会环境愿景。

由于该模式主要以前期规划干预和指标控制为主，比较适合城市社区中正在进行开发或建设活动的居住小区。例如以正在建设的商品房居住小区为主的社区，包括本次调研样本中的龙头寺社区、奥园社区、金湖社区、天湖美镇社区。

根据社区规划的发起、筹备、确立和评估四个阶段确定该模式的主要工作过程。发起阶段的主要内容是寻找可依托的法定规划项目，例如分区总体规划、地块控制线详细规划等，并提出社区规划专题研究。筹备阶段的主要内容是基于涉及社区的人口规模，依据现有法规和标准测算满足服务能力的基本用地指标，对比周边功能性土地指标构成后，提出土地优化的建议和可行性报告。在确立阶段，依据建议初步形成不同的土地优化规划草案，通过公众网站和社区居委会平台公开征求意见进行选择，最终修改后形成正式的规划实施方案。最后，在评估阶段，对社区建成后的集中劣势、居所流动、移民集聚等结构指标和集体效能水平进行测算，纳入观测数据库。同期对比规划项目完成后，根据数据库前后的结构变化与集体效能变化，量化增效机制内容，建立演算模型，推导预计下次规划干预节点，确定各项指标的阈值，建立长效观测机制，详见图 6-13。

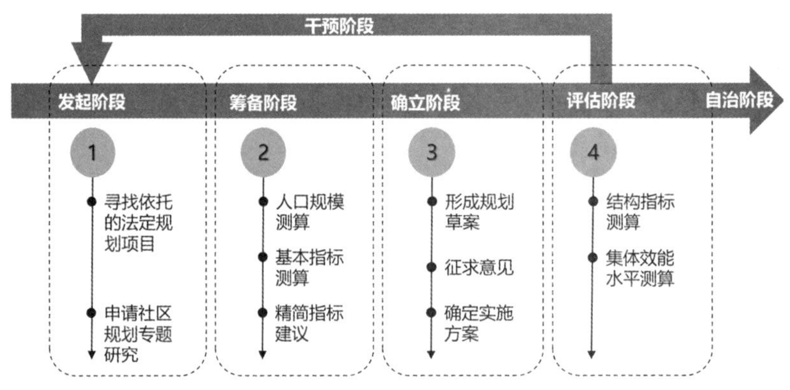

图 6-13　空间指标决策型增效模式的四阶段工作重点

二、空间改造支撑型增效模式

1. 模式框架

在城市更新的大背景下，老旧社区更新是我国当前政府关注和重点实施的规划建设项目。其中，社区微更新的手法较之传统的城市更新（如区域城市设计），在存量内涵提升式发展背景下，对老旧社区环境的提升显得更加高效。如中国建筑中心（CBC）发起的深圳“趣城计划”引起了业内的很大关注，鼓励规划师和建筑师对社区中的小公园、小广场、老村屋、公共建筑外部空间等微小地点进行更新改造，通过每个社区若干小地点高品质的更新实践，在全市范围内形成微更新的大系统，提升城市整体形象。又如广州市历史城区微改造，位于广州逢源大街—荔湾湖历史文化街区内的广州泮塘五约，微改造不仅关注物质空间环境的改善，同时还要更好地促进地方文化的传承、增进社区融合、凝聚社区精神。如，以广州荔湾区为例，通过微改造规划设计方案与地方历史文化“泮塘五约”深度融合，提升当地社区规划的公众参与性，形成共同共识，改善人居环境。

对于涉及“土地结构优化”“商业业态增密”“交通环境整治”的驱动路径，都可以依据规避公共空间争夺、建构公共空间议题、营造交往互动空间三类规划导向，形成空间改造支撑型增效模式的社区规划方法，如图 6-14 所示。

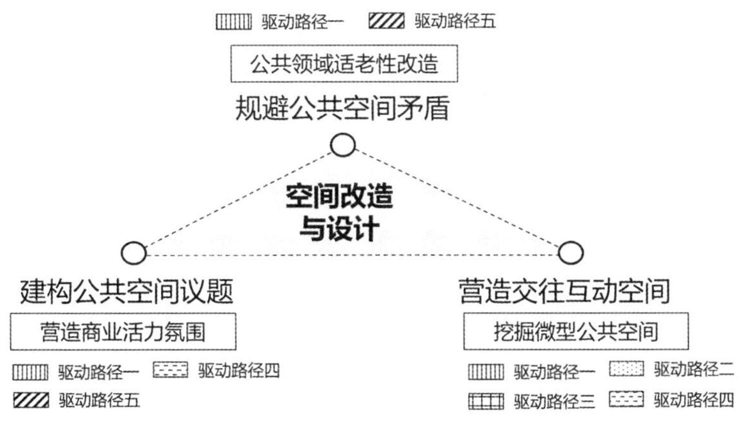

图 6-14　空间改造支撑型增效模式的规划路径

2. 规划路径

1）规避公共空间矛盾：公共领域适老性改造

驱动路径一和驱动路径五表明，诚然，老旧社区因住房老旧、设施落后、公共框架缺失而导致的环境困境极大阻碍了社区发展进程，以社区居委会为主体对老旧社区进行的一些住房宜居性改造能够增强居委会与居民彼此之间的信任，对于社区意识认同的提升十分显著，但在实际工作中，社区居委会的资金和能力是有限度的，同时缺乏社会非营利组织的大力赞助和参与，使得大部分老旧社区的本源性问题依然存在，如活动空间不足、生活空间不便等大部分矛盾依然得不到解决。因此，政府主导的社区微更新规划项目进行综合的整体性环境整治，关注老旧社区，了解其居民的根本需求，而非仅仅停留在房屋外部设施改善的层面。其中，近些年比较关注的便是在老龄化社会背景下对既有住区的适老化改造。

老旧社区居民大多为老年群体，适老化的环境改造和更新更有利于满足该群体的日常生活需求，增强老年群体对社区的融入感。适老化改造主要集中于社区的公共困境，围绕老年人室外通行和日常活动空间使用两方面进行。室外通行方面，考虑到老年群体生理机能的退化、身体行走的不便，主要采取无障碍设计，如在住宅楼栋单元出入口处需设置坡道和扶手，加装外部电梯和爬楼机。活动空间使用方面，每隔15~20m 增加座椅设施，满足老年人晒太阳、健身、休息、交流沟通的需求。出于使用安全的考虑，健身器材要避免尖锐的构件，采取增加保护护垫或者采用圆角形状等措施。

2020 年，重庆市城市提升领导小组印发的《重庆市全面推进城镇老旧小区改造和社区服务提升专项行动方案》，住建委印发的《重庆市城市更新工作方案》共同掀起了老旧小区改造的热潮。通过改善老旧小区居住条件，重点改造、完善小区配套和市政基础设施，规范物业管理，推动建设安全健康、设施完善、管理有序的完整的居住社区。重点提出从基础配套设施更新改造、房屋公共区域修缮改造、公共服务设施建设改造三个方面进行深入，详见表 6-4。

基础配套设施、房屋公共区域、公共服务设施的改造内容　　表 6-4

改造项目	具体策略
基础配套设施更新改造	● 小区内道路、给水排水、供电、供气、绿化、照明、围墙、消防设施等基础设施的更新改造。因地制宜地推广应用透水铺装、下沉式绿地、绿色屋顶、雨水花园、传输型植被草沟等海绵城市建设措施，提高老旧小区的雨水积存和蓄滞能力。 ● 与小区直接相关的道路和公共交通、通信、供电、给水排水、供气、停车库（场）、污水处理、垃圾分类、小型公共设施等市政基础设施的改造提升，应与小区内基础设施的更新改造一并实施
房屋公共区域修缮改造	● 小区内房屋公共屋面、墙面等公共区域的修缮、管线规整，有条件的居住建筑可加装电梯。 ● 在不影响安全的前提下，积极引导住户自主出资实施户内装修改造
公共服务设施建设改造	● 坚持以社区为基本空间单元，结合智慧社区建设，构建以幼有所育、学有所教、老有所养、住有所居等为统领，涵盖基层群众自治、公共教育、医疗卫生、公共文化体育、养老服务、残疾人服务等方面的社区基本公共服务设施建设和改造，将社区便民服务中心纳入建设改造范围

资料来源：《重庆市全面推进城镇老旧小区改造和社区服务提升专项行动方案》。

截至目前，重庆市城镇老旧小区改造已累计实施 1842 个小区，3375 万 m^2，惠及居民 37.6 万户；在老旧小区中已完成加装电梯 2129 部，正在实施加装电梯 1340 部。老旧小区加装电梯，成为许多老旧小区居民积极响应、参与和支持的重要意愿。

2）建构公共空间议题：营造商业活力氛围

驱动路径一和驱动路径四，强调休闲娱乐、餐饮等商业服务设施的增密能够实现高水平的集体效能。在实际生活中，社区商业服务设施的发展更加遵循市场化的号召，对于商业业态和数量的规划干预不利于市场的多元发展和原生活力的塑造。

商业业态的调控，只能交付社区居民行使。可对居住小区面向外街的底商进行正负面清单管理，如鼓励、禁止和限制 3 个类型：对居民使用率高等鼓励类底商进行优化提升，对形态差、业态低端的限制类底商严格控制增量，对噪声污染等禁止类底商进行取缔或清退。

商业数量的调控，在商铺数量和规模不变的限定下，主要通过社区微更新对外部环境的提升，带动消费的欲望、增加消费的次数、拓展消费的群体，营造商业活力氛围，从而间接实现“增密”效果。对于建筑格局和肌理比较完整的社区，着重对商铺外部空间进行设计，增强商业服务的体验，如：内街布置曲折的游线，减少行人的通行时间，让其观察商铺更久而产生购买欲望；适合不同儿童、成人的活动器具，也是许多商家吸引行人停驻的手段；适宜的休憩设施和可供互动的场所，使得社区居民交谈和沟通有了更多的空间选择，如图 6-15 所示。

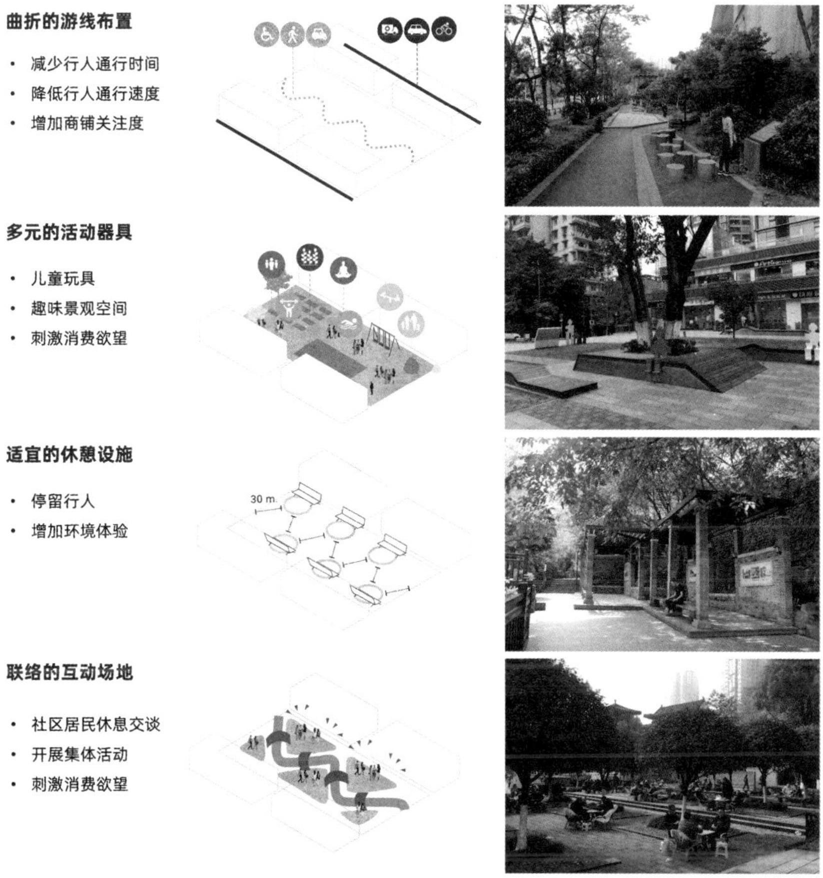

曲折的游线布置

- 减少行人通行时间
- 降低行人通行速度
- 增加商铺关注度

多元的活动器具

- 儿童玩具
- 趣味景观空间
- 刺激消费欲望

适宜的休憩设施

- 停留行人
- 增加环境体验

30 m.

联络的互动场地

- 社区居民休息交谈
- 开展集体活动
- 刺激消费欲望

图 6-15　改善商业服务设施外部空间的设计手段

3）营造交往互动空间：挖掘微型公共空间

驱动路径二指出，社区拥有可停驻休憩的公共空间，更有利于居民日常的活动交流。对于大部分公共空间局促的社区，可以通过挖掘一些小型消极空间，利用空间重塑和改造手法，提升公共空间的使用质量。例如对使用状况较差的广场、绿地、围墙或屋顶、桥下空间等进行改造，使原来较为消极的空间转化为积极有活力的空间。

袖珍公园是西方高密度城市中心区比较常见的微型公共空间。自 1967 年纽约的佩雷公园诞生以来，袖珍公园（口袋公园）开始进入大众的视野。这种特殊的以很小的面积存在于高密度城市中心区的公园形式，一经推出就受到了附近写字楼职员、前来购物的市民以及游客等高密度、高频度的使用和褒奖。应对当前社区土地利用局促的窘状，占地约为 300~1000m^2 的袖珍公园成为各国家和地区加强社区绿地服务的首选形式之一。如为了支持最贫困地区居民的生活，英格兰住房、社区和地方政府部于 2015 年开始实施“口袋公园计划”（Pocket Parks Scheme），创造了 80 个社区新公共中心，2018 年又开展了“口袋公园 +”（Pocket Parks Plus），资助了 198 个新建和改建公园（Ministry of Housing，Communities and Local Government，2019）。NRPA 于 2013 年发布了《为提供健康活动——口袋公园建设导则》，为口袋公园归纳了 4 个共通的设计导则：首先是与城市绿道、自行车道及游憩小径的良好衔接，其次是支撑周边人群不同需求的活动，然后是结合怡人尺度、自然景色和历史文化等要素塑造城市的美丽风景，最后是拥有自由社交的空间设施（National Recreation and Park Association，2018）。

重庆市自 2017 年开始，利用城市“边角地”建设了 92 个袖珍公园（社区体育文化公园），用地约 1800 亩，选址多在距离社区步行 10~15 分钟的区域，公园共设置球类运动场地 334 个，健身设施 375 套，儿童设施 87 套，跑步道、健身步道 68 条（约 28000m）以及多种特色活动场地，为当地社区居民满足常态化就近锻炼、休闲、社交的需求提供了很好的解决之道，如图 6-16 所示。

图 6-16　重庆利用边角地建设的绿地微空间

（左为回龙湾体育文化公园，右为大水井体育文化公园）

3. 适宜范围和实施流程

空间改造支撑型增效模式的运作思路是利用社区规划对社区更新改造的协助支撑作用，即以社区规划作为社区更新改造阶段的指导手册，以提升社区意识认同为导向，提出满足社区环境增强集体效能机制的空间驱动路径，提出相应的物理环境改造手段。同时，满足社区居民的多元化需求，特别是老年群体的需求，改善居民的生活方式，迭代优化社区的社会环境要素。

由于该模式以后期的空间改造和环境整治为主，比较适合辖区内有 2000 年以前建设的老旧小区的社区，例如汉渝路社区、中山二路社区、瑜康社区、大兴社区等。

根据社区规划的发起、筹备、确立和评估四个阶段确定该模式的主要工作过程。

发起阶段的主要内容是社区居民向居委会反映问题后，居委会形成材料向相关部门申报，经审查符合要求者批准，根据实际问题导向寻求项目类型（城市设计、建筑改造、景观整治等）。筹备阶段的内容包括组织进入社区进行空间现状评估，同时倡导社区居民参与资产评估，对具体的环境指标进行测算，由此，经讨论确定核心的问题。在确立阶段，以问题为导向初步拟定空间设计或改造草案，通过公众网站和社区居委会平台公开征求意见并进行选择，最终修改后形成正式的规划实施方案，综合施工、资金以及改造期间可能造成的环境影响，确定实施方案优先秩序。最后，在评估阶段，对社区建成后的集中劣势、居所流动、移民集聚等社区结构指标和集体效能水平进行测算，纳入观测数据库。同期对比项目完成后，根据数据库前后的结构变化与集体效能变化，量化增效机制内容，建立演算模型，推导预计下次规划干预节点，确定各项指标的阈值，建立长效观测机制，详见图 6-17。

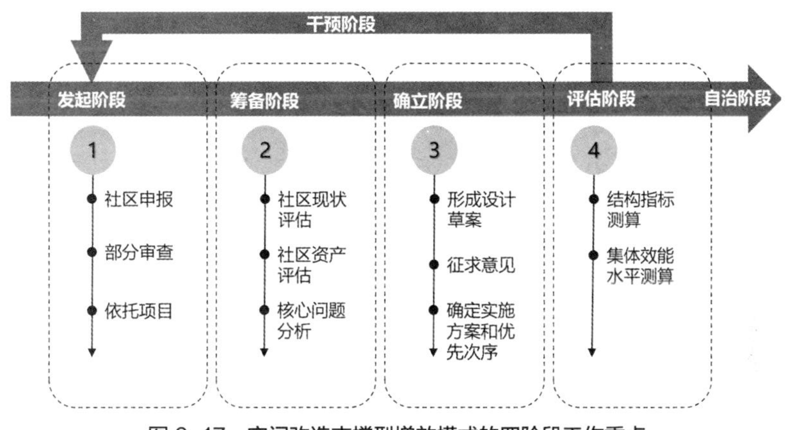

图 6-17　空间改造支撑型增效模式的四阶段工作重点

三、行动计划制定型增效模式

1. 模式框架

社区行动计划（Community Action Planning，CAP）是发动居民主动参与社区规划的重要手段和渠道之一，有别于政府和规划师主导的规划方式，在国际上已积累了较为成功的经验，如“真实规划”“参与性规划”“社区主导型开发”等（吴晓，魏羽力，2011）。社区发展公司作为美国典型的社区发展合作组织，其运营资金主要来自公共部门、私营企业、慈善机构、非政府或非营利组织等，同时它还积极申请美国联邦政府和地方政府层面的各类社区发展基金，是制定社区行动计划的主体。当然，由于我国规划行政体系的独特性，社区行动计划往往以第三方组织牵头、地方政府和规划师参与的形式实现，规划师在其中提供专业技术，支撑和保障社区行动计划的落实。尤其是社区规划师制度的引进和发扬，极大程度上促进了本土社区行动计划的发展。例如扬州市政府和德国技术合作公司（GTZ）开始致力于一项全面保护和更新扬州老城的战略——“扬州城市提升战略”。这项战略在着眼于保护历史建筑的同时，还重点关注提高居民，尤其是低收入群体的生活水平和他们房屋的现代化，以“过程导向方法”（逐步提升）取代通常导致居民大量迁移的“项目导向方法”，使居民主动参与到居住和环境的改善过程中来，并从历史街区不断增长的经济活力中受益（朱隆斌等，2007）。

强调居民参与式的社区行动计划，能够对“土地结构优化”和“交通环境整治”相关的驱动路径，以规避公共空间争夺、建构公共空间议题、营造交往互动空间这三类规划导向，形成行动计划型增效模式的社区规划方法，如图 6-18 所示。

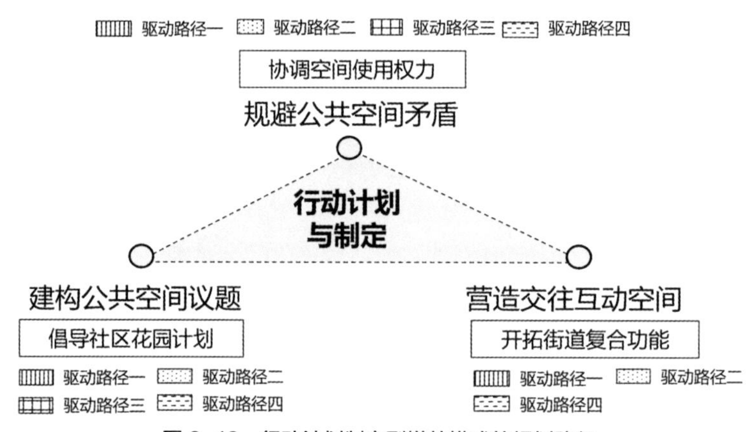

图 6-18　行动计划制定型增效模式的规划路径

2. 规划路径

1）规避公共空间矛盾：协调空间使用权力

驱动路径三和驱动路径五表明，社区辖内居民的异质性，会引发对公共空间使用的争夺或对已有设施维护的不重视。如：社区辖内分布有许多工作岗位，对停车位、公共厕所、游憩设施等的使用会引发上班族、本地住户甚至游客的抢夺；短期租户并没有产生社区的概念，不关心租房以外的事务，也会疏忽楼道堵塞、电梯故障、垃圾杂乱等公共事务的参与和处理；另外，就是我国比较常见的广场舞，不仅常出现对社区体育场地的争夺，还会出现对社区住户的噪声影响等。对于这类空间引发的琐碎的生活矛盾，以社区行动计划来协调各类社区生活问题更为适用。

在美国，社区行动计划被用作处理社区居民公共矛盾的主要方式。如田纳西州东部的迪凯特市最近出台了《促进公平、包容和参与的社区行动计划》（*Better Together*

Community Action Plan for Equity，Inclusion，and Engagement）。该计划形成于迪凯特市历史上最大的公共规划过程中，约有 1500 多名社区成员分享了他们对该市所有社区的关切、希望和优先事项。社区规划委员会和咨询师将 625 个行动想法提炼为包含 71 个行动步骤的草案列表，以纳入社区行动计划，并帮助确定行动步骤的优先级。通过关键词分析，这些类别被编辑成六个重点领域，体现了该市社区居民生活的日常矛盾，包括所有成员的社区参与问题，社区成员得到公平和尊重的待遇问题，确保提供多样化和负担得起的住房价格，培养为不同客户服务的包容的零售环境，最大限度地利用公共空间为所有迪凯特居民、工人和游客带来福祉，为所有年龄和能力的人提供低成本的交通选择。从市委员会批准初步计划到提交完整的社区行动计划，更好地团结起来倡议持续了一年多时间。

在我国，随着厦门、北京和上海等地分别开展了共同缔造工作坊（黄耀福等，2013）、“新清河实验”（刘佳燕，邓翔宇，2016）等多种形式的探索，社区行动计划的参与式实践在社区层面呈现井喷之势。“新清河实验”从 2014 年开始在清河街道开展基层社区治理实践，在社区组织再造和社区环境提升的基础上，于 2017—2018 年围绕公共空间治理开展了参与式规划探索，以融合个体化参与的主动性、自组织参与的民主性以及组织化参与的实施性三方面优势，取得了较好的成效。通过引入社区规划师制度，将专业性和社会性有效结合起来。将规划师的部分职能赋予居民，充分发挥居民作为空间管理者和维护者的作用，进而保障空间规划成果发挥更长远的社会效益。目前，“新清河实验”已完成和正在进行的空间改造项目包括：阳光社区三角地改造、清河街道生活馆建设、毛纺南小区中心广场改造以及社区花园和社区地下空间改造等。较典型的案例如阳光小区空间改造，改造前小区最大的问题是没有任何公共空间。课题组在阳光小区内发现了一块废弃的脏乱差三角地，经过各级审批后，用了近一年的时间终于将其改造为小区的公共活动空间。目前，依托空间激活了众多居民兴趣群体的同时，也带动和培育了更多的居民参与到社区公共活动之中，沉闷的社区一下子就焕发了新活力。

2）建构公共空间议题：倡导社区花园计划

驱动路径三表明，兴趣活动和小组参与对纯物业楼盘的社区集体行动的提升和集体意识的增强十分有效。目前，按照我国由商品房主导的居住小区发展态势，未来大部分社区会演变为纯物业楼盘社区。纯物业楼盘社区的代表天湖美镇社区，居委会的日常工作主要是创建和组织符合社区居民多元兴趣的小组和活动。公园绿地中的兴趣活动是最能打动和吸引社区居民加入的。从国际经验来看，社区花园是有利于拓展和发扬该增效路径的空间载体。

社区花园是政府指引、社区民众以共建共享的方式进行园艺活动的场地，其特点是在不改变现有用地属性的前提下，提升社区公众的参与性，进而促进社区营造。社区花园的概念起源于欧美，通常是将闲置土地分割成小块租借或分配给个人和家庭用于种植蔬果（刘悦来，寇怀云，2019）。贯穿于感官体验、参与互动、科普学习中的自然教育功能，对于社区的家庭式团体的参与显得格外具有吸引力。新加坡倡导的社区花园系列计划则将其拓展成了一项社区行动计划。新加坡国家公园局（NParks）致力于社区花园的推广，2005 年以来推出了“绽放社区计划”（Community in Bloom Initiatives），旨在于多民族社会中打造聚集不同社区的邻居和同事合作和分享知识经验的平台，目前已建成超过 1600 个社区花园。自 2011 年开始进一步推进“自然社区计划”（Community in Nature Initiative），将自然保护活动推广至社区，将花园和公园作为不同社区的重要共享空间，使各行各业的人能够走到一起，在大自然中享受他们的时间，同时参与社区事务的讨论（NParks，2020）。我国随着社区花园的实践积累，目前也形成了部分以社区行动计划为宗旨，透过社区花园项目培育社区居民兴趣活动的优秀案例。上海的创智农园项目旨在通过将闲置的城市隙地打造成集“城市隙地农园、自然学校、社区营造策源地”3 种功能于一体的社区花园，达到“以城市存量绿地更新，探索社区治理实施途径”的最终目的。

3）营造交往互动空间：开拓街道复合功能

驱动路径四表明，社区居民的步行行为已经不限于基本的通勤功能，还具有了闲暇时光交流沟通、观察社区事务、邻里对话、体育锻炼的综合功能。街道是社区的公共空间，除了提供步行、自行车以及机动车的基本交通功能，同样具有经济功能和更丰富的社会功能。从经济功能来看，街道既是一种功能元素，也是一种经济资产；设计良好的街道为企业带来更高的收入，为业主带来更高的价值。从社会功能来看，街道是城市中普遍未充分利用的公共空间，是儿童玩耍和成人运动的通道。

美国城市运输协会制定的《街道设计导则》（*Urban Street Design Guide*）是对美国近年来各地的一些街道改造的实践的总结和提炼，也反映了美国城市街道发展的一个变化方向。导则中的实例集结了社区居民的设计与实施，强调城市街道设计是一种独特的实践，倡导“街道为人民”，也要“街道被人民设计”。该导则也成了其他社区的居民参与改造街道十分有效的设计目标、参数和工具。如对于不同区域的人行道，列举了美国当地改造人行道的案例，强调安全、无障碍和维护良好的人行道是城市的一项基本和必要的投资，可改善公众健康和最大限度地增加社会资本；人行道是人们相互之间以及与企业最直接接触的地方。在街道层面创造高质量体验的设计将增强商业区的经济实力和社区的生活质量，如图 6-19 所示。

市区
传统人行道

人行道是行人生活的中心。城市可以通过创造人们可以观察街道生活和活动的场所来提升公共领域，尤其是在零售和商业区。

市区
宽阔人行道

从20世纪60年代到80年代，作为新的市中心办公大楼开发的一部分，许多市中心人行道被加宽了。宽阔的市中心人行道受益于公共艺术、音乐、人性化的设计特征和小贩，以避免感觉空虚或过大。

社区
狭窄人行道

狭窄的邻里人行道应该重新设计，以提供一个更宽的行人通过区和街道家具区，只要可行。

住区
带状人行道

带状人行道在大多数住宅区很常见。将步行通过区设计成与种植面积大致相等，在适用的情况下使用透水条来帮助管理雨水。

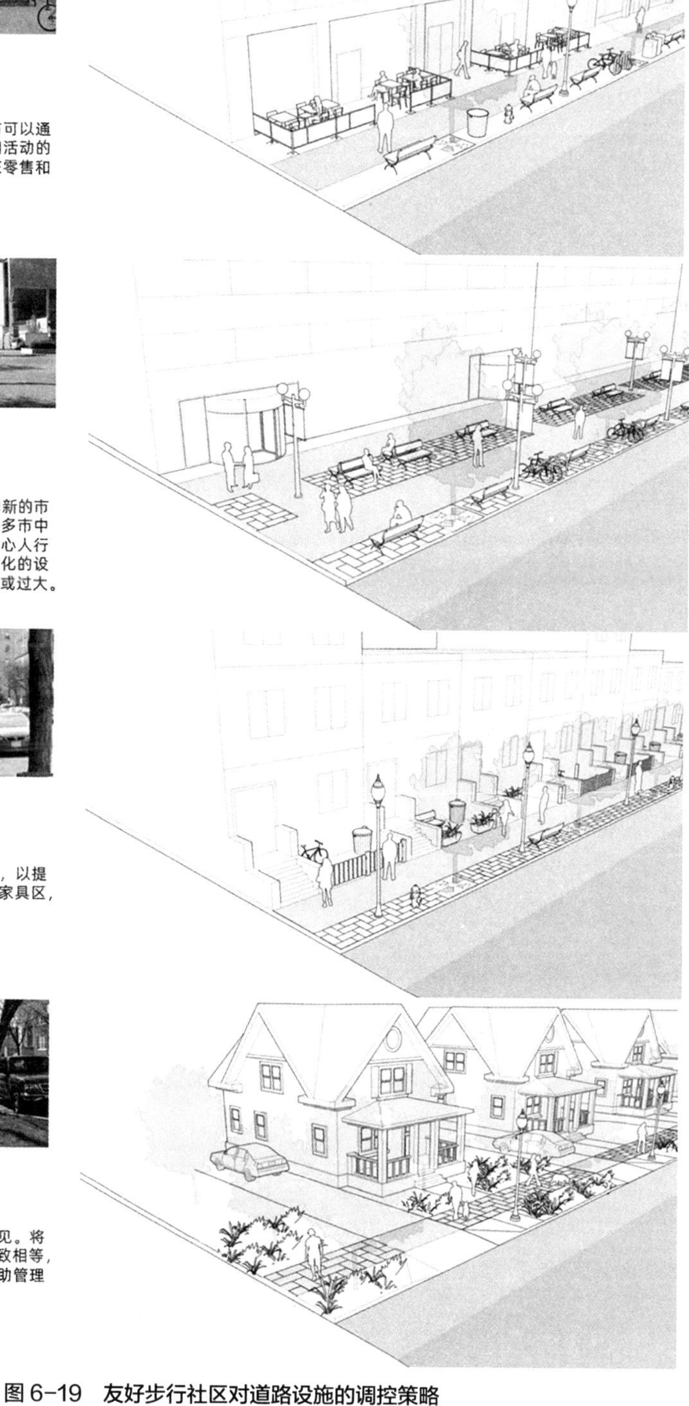

图 6-19　友好步行社区对道路设施的调控策略

资料来源：*Urban Street Design Guide*

我国自 2013 年发布了《城市步行和自行车交通系统规划设计导则》后，开始关注城市街道以机动车向步行导向的转向。2016 年 2 月，国务院发布《关于进一步加强城市规划建设管理工作的若干意见》，提出城市建设中应“优化街区路网结构”，构建人本尺度的生活街区，重点强调了“窄马路、密路网”的城市布局理念，并要求提高道路的通达性、安全性，以加强自行车和步行道系统的建设，倡导绿色出行。之后，几乎全国所有省份都出台了省或市级的政策及规划文件，将城市慢行系统的建设纳入政府工作的主要任务中。有些省市专门对城市慢行交通进行规划，例如重庆市政府的《重庆市城市提升行动计划》提出了打造山城步道特色品牌，完善重庆特色慢行系统，尤其在渝中区调研的社区中，大多都成了居民积极使用的活力空间，如图 6-20 所示。

图 6-20　渝中区建设完成的山城步道

（左为枣二巷步道，右为民生巷步道）

相较而言，美国出台的行动导则更多关注的是已有街道的改造，而我国社区出台的行动导则更加针对已建与新建道路。另外，我国社区辖内的街道属于城市的市政基础设施，整段道路的修缮与维护更多要依靠政府行为。对于社区内部分街道的复合功能改造，除了依靠政府预期的整体式品牌打造以外，还可以依靠物业公司、沿街商业对居住小区入户区域、衔接街道区域进行临时广场和小公园设计的策略。

3. 适宜范围和实施流程

行动计划制定型增效模式的运作思路是政府部门对建成社区发展的现状进行评估后，制定反映社区真实愿景的长久性战略行动计划。由于行动计划内容多涉及居民自身的长久利益述求和生活内容，往往鼓励居民积极参与制定。

由于该模式的主旨是鼓励居民参与，要求社区居民的参议积极性和述求多样化，适合社会资本充沛、有一定的居民代表组织基础或涉及公有住房小区的社区，包括本次调研样本中的邢家桥社区、马家岩社区、民生路社区等。

根据社区规划的发起、筹备、确立和评估四个阶段确定该模式的主要工作过程。发起阶段的工作包括由热心居民组成居民代表，主动联系社区组织，如网格员、社区居委会或街道办事处，社区组织根据所反映的问题，联系相关部门介入考察，经确定符合整改条例后，成立居民—社区组织—政府部门的合作模式的工作坊小组。筹备阶段的工作包括听取公众对社区发展的愿景，明确社区行动的问题和限制，并组织相关利益者共同研讨行动的具体内容和目标，进而列举可选的行动方式，并对这些行动方式进行比较和选择。确立阶段的工作包括：根据讨论后的综合意见拟定行动计划，包括具体的预期目标、主要内容和操作手段等，根据行动计划列举的内容和手段，计算所需资金成本，寻求最佳平衡的实施方案，并根据施工以及改造期间可能造成的环境影响，确定实施方案优先秩序。评估阶段的工作，由于涉及居民的资金流向，应当成立行动监督小组，全程进行资金流水的监督；同时，对集体效能水平进行测算，评估该行动计划的增效指数。综合增效指数与实际规划满意度评价，进行最终效果评估，选择是否再次进行社区规划，详见图 6-21。

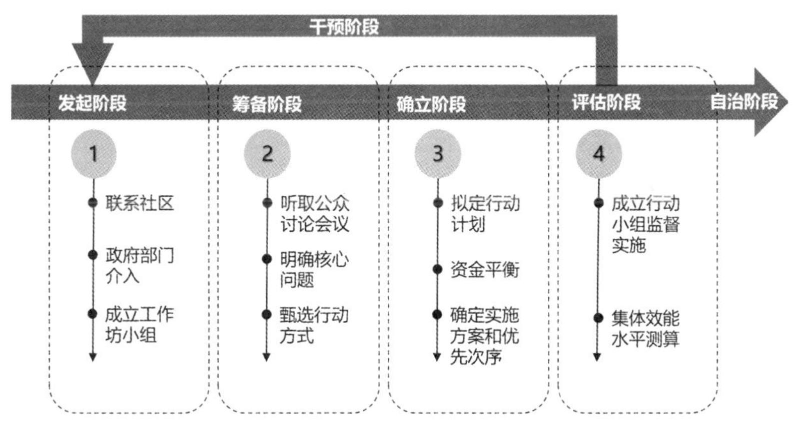

图 6-21　行动计划制定型增效模式的四阶段工作重点

四、项目服务配合型增效模式

1. 模式框架

社会组织蓝皮书《中国社会组织报告（2019）》显示，截至 2018 年底，全国共有社会组织 81.6 万个；与 10 年前相比，社区社会组织数量增长了近一倍。随之而来的是国家对于社区社会服务的重视，在家庭服务、健康服务、养老服务、育幼服务等领域广泛铺陈开来，同时动员社区居民参与社区公共事务和公益事业。各类社区公益项目，正逐渐成为社区服务的重要载体。诚然，公益项目主要以社区社会组织为主体全面开展，但由于内部人才结构不健全、设施不完善、与政府的信息通道堵塞等问题，导致其难以发挥应有的功能和作用。

中国台湾地区从最早的“生命共同体”发展到今天的“社区共同体”，以“自下而上”的社区营造为主，政府从中协助。从关注环境景观与文化产业方面，发展到关注社区日常生活，覆盖了更完整的层面。近年来，建立社区大学、兴办治理研讨会、派遣小区规划师等政府帮扶政策与组织社区志愿者、开展社区教育活动、推行社区日托看护等社区自治手段相辅相成，更是成为台湾地区社区建设中的新的亮点，获得了社会的一致好评（杨志杰，钟凌艳，2017）。

在我国社区建制制度的大背景下，街道和社区居委会仍然是为居民谋福利、创愿景的基层政府平台。居委会员工长久驻扎社区，对社区生态现状和居民的集中困难都有更加深刻的体会和感悟。可以预见，以社区规划师配合社区居委会、社区社会组织，对各类公益项目的落实都有举足轻重的作用。

对于涉及“商业业态增密”“交通环境整治”的驱动路径，依据规避公共空间争夺、建构公共空间议题、营造交往互动空间三类规划导向，形成项目服务型增效模式的社区规划方法，如图 6-22 所示。

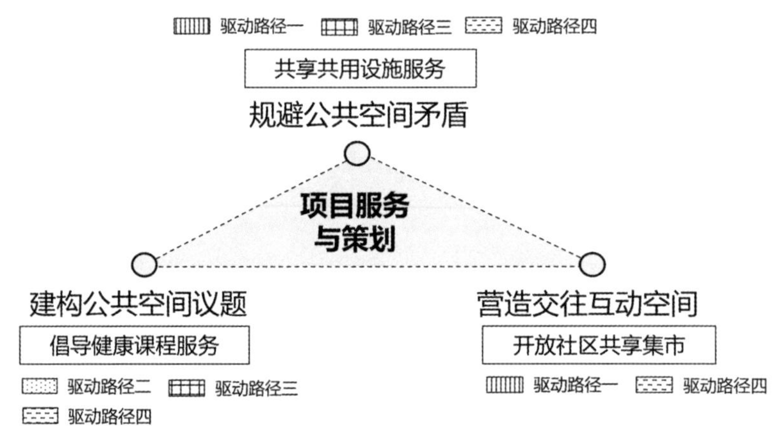

图6-22 项目服务配合型增效模式的规划路径

2. 规划路径

1）规避公共空间矛盾：共享共用设施服务

近几年全球提倡的“共享经济”有望在社区设施资源局促的情况下，成为解决公共空间资源争夺问题的有限方法。设施共享目前已在我国各地快速发展，与社区相关的设施共享，涉及公共空间共享、文体设施共享以及停车设施共享。

公共空间共享主要基于社区周边用地附属空间的开放。由居委会与业主协商，社区规划师进行空间协调，鼓励商业、办公、文化设施、居住、学校等用地中的附属绿地广场对外开放，但要在不对周边业主、居民的生活和工作造成影响的前提下，如大型文体设施公共空间及大专院校的操场、球场等户外公共空间宜对外开放。笔者曾调研的汉渝路社区，同样面临着高中校园附属绿地不共享开发的难题。除了社区居委会的协调外，也列举了场地管理费公摊、门禁智能系统仅对社区居民识别并开放的策略等。

文体服务设施共享。社区辖内或邻近学校、文化场馆的，可鼓励各类学校的图书馆、体育场馆、各类训练中心，在确保校园安全的前提下，积极创造条件向公众开放；新建和改建学校体育设施，要便于向公众开放；机关、企事业单位的体育设施要积极创造条件向社会开放；鼓励老年学校、职业培训中心等与社区文化活动中心共享培训教室及各类活动室等。同样需要以社区居委会和社会组织为协调者、以社区规划师为计划制定者的合作参与。

停车设施共享方面。受到城市空间土地资源开发总量和布局结构的限制，新增配建停车设施建设周期长且主要集中在城市外围区域，在停车矛盾突出区域推进建设公共停车设施相关工作进展缓慢，而在老旧社区占用内部通道、绿地、临时用地挖潜增设车位，对居民正常通行、消防、小区环境等均会造成一定影响，难以大规模推进实施。通过统筹使用社区内部不同类型建筑的停车位，以资源共享的方式，充分利用商业、办公等非居住类用地的停车泊位，成为“共享停车”的基本构想。

上海是国内较早开展“共享停车”示范项目的城市，截止到 2018 年 6 月，已经完成了 189 个共享停车项目，共提供了 3561 个共享车位。刚开始，“共享停车”是在上海市政府的大力宣传下兴起的，如印发了《关于促进本市停车资源共享利用的指导意见》，之后的《上海市住宅小区建设“美丽家园”三年行动计划（2018-2020）》中将“推动停车资源共享利用”列为重点任务。之后，随着示范项目的推广，大量社会组织开始主动申请加入共享停车的行列。重点针对住宅小区、医院、学校等的停车需求，优先考虑利用在周边步行距离 300~500m 范围内的公共、专用、道路等各类停车资源，引导居民、患者、学生家长等将所乘车辆错时或临时停放。

对于夜间停车需求量大、周边道路具备夜间停车条件的，可由街镇牵头，协调公安、规划、交通、居委会、小区业主委员会以及物业服务企业、道路停车管理单位等有关部门和单位，落实和评估停放管理制度，建立区域停车资源共享利用协调制度、停车共享供需双方对接协商机制以及制定停车资源共享利用操作方案等。针对社区道路交通状况的评估，分主干道和次干道制定错时停车的策略，如图 6-23 所示。

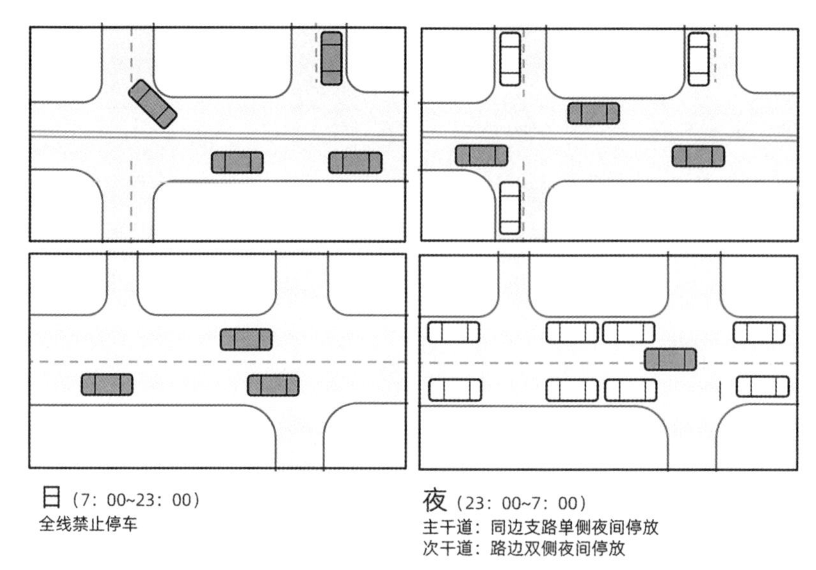

图6-23　社区道路日夜错时停车的构想

2）建构公共空间议题：倡导健康课程服务

驱动路径二表明，体育健身不仅仅是年轻群体的时尚生活方式，也是中老年群体普遍的生活习惯。社区内以广场舞、太极拳、乒乓球、羽毛球、健走等为主的健身方式，能很快凝聚社区居民共同的意识，形成固定的集体行动。全民健身热情高涨，也引起了国家的高度重视，2018 年出台了《健康中国行动（2019-2030 年）》，分别对 2022 年和 2030 年城乡居民达到《国民体质测定标准》合格以上的人数比例、经常参加体育锻炼的人数比例、学校体育场地设施开放率、人均体育场地面积、城市慢跑步行道和绿道的人均长度、每千人拥有社会体育指导员等提出了明确的目标。

尽管目标很明确，但现实问题是仍有不少社区由于空间限制和设施水平落后，无法满足目标人群的健康需求。尤其是老旧社区，不同于许多新开发的商品房小区，体育配套设施不完善，如何开辟出一块场地建设社区健身点来满足辖区内居民的健身需求，一直都是社区工作中的难题。2016 年，重庆市体育局制定出台了《重庆市社区健身点实施方案》，至今涉及全市 38 个区县（自治县）的基层社区新建了 600 个社区健身点，让社区居民在家门口就能随时参加体育锻炼，享受运动带来的乐趣。其工作机制便是社区居委会采取统一购买的健身服务方式，与周边商业健身会所联合建设了一个位于商场中的社区健身点，辖区居民可以凭身份证每周到社区领取一张免费健身券，凭券到该健身会所进行体育锻炼。当然，伴随着社区居民健身活动的频繁，有限的健身点也无法继续满足需求。自 2017 年开始，利用城市“边角地”建设了 92 个社区体育文化公园，这便是对该方案的有效补充。而对公园选址的社区现状研判则得到了规划师的帮助。

在日本，更加注重体育健身的科普性宣传和社会组织的融入。日本各地的群众体育活动场所、设施以及健身的环境都安排有体育健身科学讲座，锻炼者可以根据自己的需要，选择性地接受运动健身科学教育，讲座由体育专家或体育指导员主讲。如东京都足立区近邻公园，策划了“公园肌肉训练”活动，即在熟悉的公园里安排一名体育指导员在肌肉训练、步行和伸展体操等方面进行专业指导，同时，定期保持对周边住户的体能评估，提出适宜的锻炼目标。

东京都武藏野地区倡导在社区公园开展“自然观察”“园艺”“工艺制作”和“健康锻炼”等不同强度的体育课程，配备包括足部测量、肩部僵硬和背部疼痛缓解体操、身体成分测量、体育咨询等服务。除此以外，实践表明，使用横幅和海报等营销工具制造的充分的市场营销，能使人们每周在公园里进行中强度体育活动的时间大幅度增加。社区公园开始联合社会组织充分利用节庆活动日、清洁日、兴趣课程和俱乐部会议等来提升公园场地的吸引力，提高公园利用率，增加人们互相认识的机会。

3）营造交往互动空间：开放社区共享集市

社区集市是依托于城市周边社区建立起来的市场，对于满足社区周边居民的生活需要扮演着举足轻重的角色。传统的社区集市是农产品、生鲜、日杂等日常生活必需品销售的聚集地，因货品新鲜或价格低廉而受到社区居民的喜爱，同时也是邻里日常面对面互动的稳定的公共空间。严格来说，我国的社区市场的特征来源于深厚的农村社会结构和历史特征，作为旧时乡村一段时期内的临时商品贸易交换地，集市更多地承载着社会信息交换功能。随着城市化进程的演进，更多农村人口涌入城市，社会交往的惯性促进了社区集市的繁荣；也有集市经历了外部城市化的改造，而内部依然保留着以前的社会网络和场所功能，延续了集市的火爆。但随着社区环境整治的开展，许多传统集市逐渐被拆迁、改造，取而代之的是大型超市、社区连锁店、生鲜电商、邻里团购等消费新方式，拥有更多的商业气息，却无法保留邻里互动的社会功能，如图 6-24 所示。

商业活力的氛围带动了社区居民的交往。显然，社区集市相比于当前的商业服务设施，更有望成为社区邻里居民产生共同意识、交换社区事务信息的公共场所。因此，对目前老旧社区的集市要有意地进行保护修缮，包括局部更新和危房整治拆除、改善商业环境、增设水电煤气等基础设施。地摊经济和小店经济是就业岗位的重要来源，是“人间的烟火”和“中国的生机”。对于已经缺乏社区集市的社区，在不影响交通、不占用盲道、不扰乱环境秩序的情况下，可以通过临时外摆摊点在固定时段搭建集市

图 6-24 社区集市是老旧社区居民邻里信息交换的社会场所
（左为桂花园心村社区，右为民主村社区）

的雏形，不仅可满足社区居民的购物需要，更可在带动解决摊主生计问题、提供就业机会的同时促进社区居民的公共交流，提升归属感。

除此以外，还可以通过社区居委会组织社区志愿者举办的“共享集市计划”实现社区居民的互动和信息交换。在实体业态空间不足的情况下，提供集市平台，由第三方组织宣传服务，达到自主购物、娱乐以及餐饮的体验。甘肃省兰州市正宁路社区被选为 2020 年全国“创新社会治理典型案例”。其中，结合社区实际形成“共享集市”社区志愿服务平台是关键。根据兰州气候的季节特点和正宁路社区的实际情况，“共享集市”分为：①集中固定服务（固定时间：3 月至 11 月的每月 5 日前后，固定地点：永昌路南段）；②上门志愿服务（12 月至来年 2 月不定期，对本辖区居民的服务）；③跨区域志愿服务。服务领域明确为便民服务、健康教育、环保倡导、文明城市和公益宣传 5 个大类、30 个小类。

除此以外，集体平台的打造和推广，可以通过社区规划师协调社区闲置场所，搭建临时展览和工作坊，增设艺术化装置、LED 氛围灯带、演艺舞台、创意彩绘艺术墙、互动小品装置等措施，增强购物服务、娱乐休闲服务和餐饮服务的消费体验。

3. 适宜范围和实施流程

项目服务配合型模式的运作思路是依靠社区居委会、第三方机构及社区规划师的多元合作，以服务社区群众、满足居民需求为目的，组织开展各类社区公益服务项目。社区规划承担着项目整合和资源分配的职责，引导公益服务项目的落实，配合平台空间形式的辅助设计，协助服务项目顺利落成，达到预期的效果。

由于该模式比较依赖公益服务的开展，因此更适用于街道和社区居委会帮扶强度更大的老旧型社区。例如本次调研样本中的重庆村社区、桂花园新村社区等城中村社区。

根据社区规划的发起、筹备、确立和评估四个阶段确定该模式的主要工作过程。发起阶段的工作包括由热心居民组成居民代表，主动联系社区组织，如网格员、社区居委会或街道办事处，社区组织依据需解决的问题，寻找社会组织介入（当前我国以社区规划师为主），经确定符合相关整改条例和规定后，成立居民—社区组织—社会组织的合作模式的工作坊小组。筹备阶段的工作包括听取公众对社区发展的愿景，明确核心问题和限制，并组织相关利益者共同研讨需要的服务形式和项目类型，进而列举可选的整改方式；若涉及公共资源，由社区规划师组织材料向有关部门寻求批准。确立阶段的工作包括：根据拟定的服务项目，寻找目前市场上可服务的单位进行评选，计算每家单位所需资金成本，结合服务项目的内容和细节，寻求最佳平衡的实施方案，并根据改造期间可能造成的环境影响，确定实施方案优先秩序。评估阶段的工作，由于涉及居民的资金流向，应当成立行动监督小组，全程进行资金流水的监督；同时，对集体效能水平进行测算，评估该服务项目的增效指数。综合增效指数与实际规划满意度评价，进行最终效果评估，选择是否再次进行社区规划，详见图 6-25。

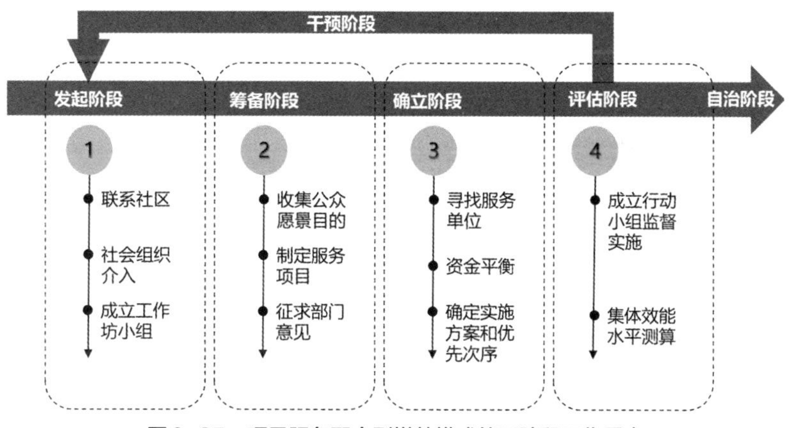

图6-25　项目服务配合型增效模式的四阶段工作重点

第五节　本章小结

本章基于第三、四、五章的理论认知和实验结论，逐步揭示了社区环境对集体效能的增效机制，制定了以提升集体效能为导向的社区规划方法集，包括增效原则、增效内容和增效模式。

首先，制定了社区规划提升集体效能的规划原则。规划时序，坚持从“一次性投放”到“长效性修订”；规划要素，坚持从“生产空间环境”到“优化结构环境”；规划主体，坚持从“居民配合”到“居民参与”。

其次，构建了集合空间形态和物质条件规划与社会服务和经济发展规划，优化社区空间环境和调控社区结构环境的增效内容。空间形态和物质条件规划，以能够调控土地利用、商业业态、交通容量这三类供给参数的公益性服务设施布局、经营性服务设施布局、社区生态环境整治、社区公共活动空间整治、社区公共交通设施整治、社区步行设施整治为增效内容；社会服务和经济发展规划，以能够调控集中劣势、居所流动、移民集聚这三类支撑参数的社区弱势群体帮扶行动、住房改造行动、居民融合计划为增效内容。

最后，制定了以 5 类空间驱动路径演变的 3 类规划导向，即规避公共空间争夺、建构公共空间议题、营造交往互动空间，结合当前我国社区规划的参与深度和覆盖广度，构建了应对不同社区类型和发展进程的 4 类增效模式，分别是空间指标决策型、行动计划制定型、空间改造支撑型、项目服务配合型。

空间指标决策型增效模式。适用于正在进行重新开发或正处于建设活动中的城市社区，充分发挥社区规划对于法定规划（尤其是控制性规划）的层级传递作用，即社区规划作为连接控制性详细规划和修建性详细规划的过渡性规划，以提升社区意识认同为导向，提出满足社区环境增强集体效能机制的空间驱动路径，制定相应的物理环境指标。基于“土地结构优化”“交通环境整治”的驱动路径，面向规避公共空间矛盾导向，提出制定弹性停车指标；面向建构公共空间议题导向，提出均衡布局公益服务设施；面向营造交往互动空间导向，提出构建社区步行单元体系。

空间改造支撑型增效模式。适用于辖区内有 2000 年以前建设的老旧小区的城市社区，利用社区规划对社区更新改造的协助支撑作用，即社区规划作为社区更新改造阶段的指导手册，以提升社区意识认同为导向，提出满足社区环境增强集体效能机制的空间驱动路径，提出相应的物理环境改造手段。基于“土地结构优化”“商业业态增密”“交通环境整治”的驱动路径，面向规避公共空间矛盾导向，提出公共领域适老性改造；面向建构公共空间议题导向，提出营造商业活力氛围；面向营造交往互动空间导向，提出挖掘微型公共空间。

行动计划制定型增效模式。适用于社会资本充沛、有一定居民代表组织基础或涉及公有住房小区的社区，居民反映、部门主导，对建成社区发展的现状进行评估后，制定反映社区真实愿景的长久性战略行动计划，鼓励居民共同参与实施。基于“土地结构优化”和“交通环境整治”的驱动路径，面向规避公共空间矛盾导向，提出协调空间使用权；面向建构公共空间议题导向，提出倡导社区花园计划；面向营造交往互动空间导向，提出开拓街道复合功能。

项目服务配合型增效模式，适用于比较依赖公益服务的开展、街道和社区居委会帮扶强度更大的老旧型社区。依靠社区居委会、第三方机构及社区规划师的多元合作，以服务社区群众、满足居民需求为目的，组织开展各类社区公益服务项目。基于“商业业态增密”“交通环境整治”的驱动路径，面向规避公共空间矛盾导向，提出共享共用设施服务；面向建构公共空间议题导向，提出倡导健康课程服务；面向营造交往互动空间导向，提出开放社区共享集市。

参考文献

[1] 里豪克斯，拉金 . QCA 设计原理与应用：超越定性与定量研究的新方法 [M]. 杜运周，等译 . 北京：机械工业出版社，2017.

[2] 卡尔索普，等 . 区域城市：终结蔓延的规划 [M]. 叶齐茂盛，等译. 北京：中国建筑工业出版社，2007.

[3] 林奇 . 城市意象 [M]. 方益萍，等译. 北京：华夏出版社，2001.

[4] 桑普森 . 伟大的美国城市 [M]. 陈广渝，等译. 北京：社会科学文献出版社，2018.

[5] 威尔逊，等 . 真正的穷人 [M]. 成伯清，译. 上海：上海人民出版社，2008.

[6] 吴潜涛，等. 当代中国公民道德状况调查 [M]. 北京：人民出版社，2010.

[7] 赵民，赵蔚. 社区发展规划：理论与实践 [M]. 北京：中国建筑工业出版社，2003.

[8] 刘佳燕，等 . 社区规划的社会实践 [M]. 北京：中国建筑工业出版社，2019.

[9] BANDURA A. Self-efficacy: the exercise of control[M]. New York: Freeman，1997.

[10] BANDURA A. Social foundations of thought and action: a social cognitive theory[M]. Englewood Cliffs: Prentice-Hall，1986.

[11] BARKER R G. Ecological psychology: concepts and methods for studying the environment of human behavior[M]. Stanford: Stanford University，1968.

[12] BERNARD E H. Illusion of order: the false promise of broken windows policing[M]. Cambridge: Harvard University Press，2001.

[13] CLIFFORD R SW，HENRY D M. Juvenile delinquency and urban areas[M]. Chicago: University of Chicago Press，1972.

[14] DENTON N，DOUGLAS M. American apartheid[M]. Cambridge: Harvard University Press，1993.

[15] HENRY M，LTD L. London labour and the London poor[M]. Oxford University Press，1965.

[16] JACOBS J. The death and life of great American cities: the failure of town planning[M]. Penguin Books，1984.

[17] KAWACHI I，BERKMAN L. Neighborhoods and Health[M]. New York: Oxford University Press，2003.

[18] SAMPSON R，RAUDENBUSH S. Disorder in urban neighborhoods[M]. Washington，DC：National Institute of Justice，2001.

[19] SCHNEIDER C Q，WAGEMANN C. Set-theoretic methods for the social sciences[M]. Cambridge：Cambridge University Press，2012.

[20] WESLEY G S. Disorder and decline：crime and the spiral of decay in American neighborhoods[M]. CA：University of California Press，1992.

[21] 陈红霞，屈玥鹏 . 基于定性比较分析的村镇产业融合的影响因素与发展模式研究 [J]. 城市发展研究，2020，27（7）：121-126.

[22] 陈宏胜，刘晔，李志刚 . 中国大城市保障房社区的邻里效应研究——以广州市保障房周边社区为例 [J]. 人文地理，2015，30（4）：39-44，78.

[23] 陈伟东，吴恒同 . 提高效能和扩大参与：城市基层治理体系创新的两个目标 [J]. 社会主义研究，2015（2）：107-113.

[24] 陈伟东，尹浩 ."多予"到"放活"：中国城市社区发展新方向 [J]. 社会主义研究，2014（1）：96-102.

[25] 陈伟东 . 论社区建设的中国道路 [J]. 学习与实践，2013，20（2）：40-49.

[26] 陈伟东 . 中国城市社区自治：一条中国化道路——演变历程、轨迹、问题及对策 [J]. 北京行政学院学报，2004（1）：63-68.

[27] 方亚琴，申会霞 . 社区社会组织在社区治理中的作用 [J]. 城市问题，2019，284（3）：77-83.

[28] 黄耀福，郎嵬，陈婷婷，等 . 共同缔造工作坊：参与式社区规划的新模式 [J]. 规划师，2015，31（10）：38-42.

[29] 李本森 . 破窗理论与美国的犯罪控制 [J]. 中国社会科学，2010，185（5）：154-164.

[30] 刘佳燕，邓翔宇 . 基于社会 - 空间生产的社区规划——新清河实验探索 [J]. 城市规划，2016，40（11）：9-14.

[31] 刘悦来，寇怀云 . 上海社区花园参与式空间微更新微治理策略探索 [J]. 中国园林，2019，35（12）：5-11.

[32] 柳建文 . 邻里社区如何促进族际融合——国际经验及其启示 [J]. 世界民族，2020，000（1）：76-86.

[33] 路易斯·沃斯，赵宝海，魏霞 . 作为一种生活方式的都市生活 [J]. 都市文化研究，2007，000（1）：2-18.

[34] 孟祥林 . 社区治理模式：发达国家经验与我国发展选择 [J]. 贵阳学院学报（社会科学版），2019，14（5）：63-69.

[35] 莫筱筱，明亮 . 台湾社区营造的经验及启示 [J]. 城市发展研究，2016，23（1）：91-96.

[36] 彭颖倩 . 邻里纠纷引发轻伤害案件亟需重视 [J]. 青年与社会，2013，532（8）：99.

[37] 芮光晔．基于行动者的社区参与式规划探讨——以广州市泮塘五约 [J]. 城市规划，2019，43（12）: 88-96.
[38] 盛明洁，运迎霞．中国城市邻里效应研究框架初探 [J]. 城市规划学刊，2017，238（6）: 50-55.
[39] 盛明洁，运迎霞．基于邻里效应的社区规划框架研究 [J]. 城市发展研究，2019，26（2）: 31-37.
[40] 盛明洁．欧美邻里效应研究进展及对我国的启示 [J]. 国际城市规划，2017，32（6）: 46-52.
[41] 舒晓虎，陈伟东，罗朋飞．“新邻里主义”与新城市社区认同机制——对苏州工业园区构建和谐新邻里关系的调查研究 [J]. 社会主义研究，2013（4）: 152-157，175.
[42] 孙瑜康，袁媛．城市居住空间分异背景下青少年成长的邻里影响——以广州市鹭江村与逸景翠园为例 [J]. 地理科学进展，2014，33（6）: 756-764.
[43] 谭少华．城市公共绿地的压力释放与精力恢复功能 [J]. 中国园林，2009，25（6）: 79-82.
[44] 汪毅．欧美邻里效应的作用机制及政策响应 [J]. 城市问题，2013，214（5）: 84-89.
[45] 王处辉，朱焱龙．社区意识及其在社区治理中的意义——基于天津市 H 和 Y 社区的考察 [J]. 社会学评论，2015，3（1）: 44-58.
[46] 王德福．中国式小区：城市社区治理的空间基础 [J]. 上海城市管理，2021，30（1）: 45-51.
[47] 王洛忠，孙枭坤，陈宇．组态视角下我国邻避冲突产生模式概化——基于 30 个案例的定性比较分析 [J]. 城市问题，2020，299（6）: 47-55.
[48] 王其藩．系统动力学理论与方法的新进展 [J]. 系统工程理论方法应用，1995（2）: 6-12.
[49] 王振坡，张安琪，王丽艳．新时代我国转型社区治理模式创新研究 [J]. 城市发展研究，2020，27（1）: 89-94，101.
[50] 威廉·洛尔，张纯．从地方到全球：美国社区规划 100 年 [J]. 国际城市规划，2011，26（2）: 85-98，115.
[51] 吴晓，魏羽力．社会学渗透下的城市规划泛论——兼论现阶段的中国城市规划 [J]. 现代城市研究，2011，26（7）: 48-54.
[52] 许宝君，陈伟东．居民自治内卷化的根源 [J]. 城市问题，2017，263（6）: 83-89.
[53] 杨贵庆，房佳琳，何江夏．改革开放 40 年社区规划的兴起和发展 [J]. 城市规划学刊，2018，246（6）: 29-36.
[54] 杨贵庆．社会管理创新视角下的特大城市社区规划 [J]. 规划师，2013，29（3）: 11-17.
[55] 杨廷忠．社会转型中城市人群心理压力研究 [J]. 中华流行病学杂志，2002，23（6）: 473-475.

[56] 杨志杰，钟凌艳．台湾社区治理中的“社区共同体”意识培育经验及借鉴——成都老旧居住区的社区治理反思 [J]. 现代城市研究，2017（9）：65-71.

[57] 叶继红．城市新移民社区参与的影响因素与推进策略——基于城郊农民集中居住区的问卷调查 [J]. 中州学刊，2012，187（1）：87-92.

[58] 于一凡，李继军．保障性住房的双重边缘化陷阱 [J]. 城市规划学刊，2013，211（6）：107-111.

[59] 张文宏，雷开春．城市新移民社会融合的结构、现状与影响因素分析 [J]. 社会学研究，2008，137（5）：117-141，244-245.

[60] BANDURA A. Exercise of human agency through collective efficacy[J]. Current Directions in Psychological Science，2000，9（3）：75-78.

[61] ALTSCHULER A，SOMKIN C P，ADLER N E. Local services and amenities，neighborhood social capital，and health[J]. Social ence & Medicine，2004，59（6）：1219-1229.

[62] ANESHENSEL C S，SUCOFF C A. The neighborhood context of adolescent mental health[J]. Health Soc Behav，1996，37（4）：293-310.

[63] BECK E，OHMER M，WARNER B. Strategies for preventing neighborhood violence：toward bringing collective efficacy into social work practice[J]. Journal of Community Practice，2012，20（3）：225-240.

[64] BELLAIR P E，BROWNING C R. Contemporary disorganization research：an assessment and further test of the systemic model of neighborhood crime[J]. Journal of Research in Crime & Delinquency，2010，47（4）：496-521.

[65] BROWN B B，WERNER C M. Social cohesiveness，territoriality，and holiday decorations：the influence of cul-de-sacs[J]. Environ. Behav，1985，17（5）：539-565.

[66] BROYLES S T，MOWEN A J，THEALL K P，et al. Integrating social capital into a park-use and active-living framework[J]. American Journal of Preventive Medicine，2011，40（5）：522-529.

[67] CAMPBELL C A，HAHN R A，ELDER R，et al. The effectiveness of limiting alcohol outlet density as a means of reducing excessive alcohol consumption and alcohol-related harms[J]. American Journal of Preventive Medicine，2009，37（6）：556-569.

[68] CERVERO R，KOCKELMAN K. Travel demand and the 3ds：density，diversity，and design[J]. Transportation Research Part D：Transport and Environment，1997，2（3）：199-219.

[69] COHEN D A，FARLEY T A，MASON K. Why is poverty unhealthy? Social and physical mediators[J]. Social ence & Medicine，2003，57（9）：1631-1641.

[70] COHEN D A，FINCH B K，BOWER A，et al. Collective efficacy and obesity：the potential influence of social factors on health[J]. Social ence & Medicine，2006，62（3）：769-778.

[71] COHEN D A，INAGAMI S，FINCH B. The built environment and collective efficacy[J]. Health & Place，2008，14（2）：198-208.

[72] COLLINS C R，NEAL J W，NEAL Z P. Transforming individual civic engagement into community collective efficacy：the role of bonding social capital[J]. Am J Community Psychol，2014，54（3-4）：328-336.

[73] DAWSON C T，WU W，FENNIE K P，et al. Perceived neighborhood social cohesion moderates the relationship between neighborhood structural disadvantage and adolescent depressive symptoms[J]. Health & Place，2019，56（12）：88-98.

[74] ECHEVERRÍA S，DIEZ-ROUX A V，SHEA S，et al. Associations of neighborhood problems and neighborhood social cohesion with mental health and health behaviors：the Multi-Ethnic Study of Atherosclerosis[J]. Health Place，2008，14（4）：853-865.

[75] EFRON B，HASTIE T，JOHNSTONE I，et al. Least angle regression[J]. Annals of Statistics，2004，32（2）：407-451.

[76] ELLEN I G，TURNER M A. Does neighborhood matter? Assessing recent evidence[J]. Housing Policy Debate，1997，8（4）：833-866.

[77] FISS P C. Building better causal theories：a fuzzy set approach to typologies in organization research[J]. Academy of Management Journal，2011，54（2）：393-420.

[78] FOSTER S，GILES-CORTI B，KNUIMAN M，et al. Neighbourhood design and fear of crime：a socio-ecological examination of the correlates of residents' fear in new suburban housing developments[J]. Health & Place，2010，16（6）：1156-1165.

[79] FRIEDMAN J，HASTIE T，HÖFLING H，et al. Pathwise coordinate optimization[J]. Annals of Applied Statistics，2007，1（2）：302-332.

[80] HANIBUCHI T，KONDO K，NAKAYA T，et al. Does walkable mean sociable? Neighborhood determinants of social capital among older adults in Japan[J]. Health & Place，2012, 18（2）：229-239.

[81] HARTIG T，JR K P. Living in cities，naturally[J]. Science，2016，352（6288）：938.

[82] MARZBALI M H，ABDULLAH A，MAGHSOODI T M J. The effectiveness of interventions in the built environment for improving health by addressing fear of crime[J]. International Journal of Law Crime & Justice，2016，45：120-140.

[83] HOGAN M J，LEYDEN K M，CONWAY R，et al. Happiness and health across the lifespan in five major cities：the impact of place and government performance[J]. Social Science & Medicine，2016，162：168-176.

[84] HUI Z，HASTIE T. Regularization and variable selection via the elastic net[J]. Journal of the Royal Statistical Society，2005，67（5）：301-320.

[85] HURD N M，STODDARD S A，ZIMMERMAN M A. Neighborhoods，social support，and african American adolescents' mental health outcomes：a multilevel path analysis[J]. Child Development，2013，84（3）：858-874.

[86] JACKSON N，DENNY S，SHERIDAN J，et al. The role of neighborhood disadvantage，physical disorder，and collective efficacy in adolescent alcohol use：a multilevel path analysis[J]. Health & Place，2016（41）：24-33.

[87] JIANG S Y，SONG X，WANG H，et al. A clustering-based method for unsupervised intrusion detections[J]. Pattern Recognition Letters，2006，27（7）：802-810.

[88] JIANG S，LAND K C，WANG J. Social ties，collective efficacy and perceived neighborhood property crime in Guangzhou，China[J]. Asian Journal of Criminology，2013，8（3）：207-223.

[89] JIANG S，WANG J，LAMBERT E. Correlates of informal social control in Guangzhou，China neighborhoods[J]. Journal of Criminal Justice，2010，38（4）：460-469.

[90] JOHN R H. Collective efficacy：how is it conceptualized，how is it measured，and does it really matter for understanding perceived neighborhood crime and disorder[J]. Journal of Criminal Justice，2016，46：32-44.

[91] JÜRGEN F，GALSTER G，MUSTERD S. Neighbourhood effects on social opportunities：the European and American research and policy context[J]. Housing Studies，2003，18（6）：797-806.

[92] KAWACHI I，BERKMAN L. Social cohesion，social capital，and health[J]. Soc. Epidemiol，2014（7）：290-319.

[93] KINGSBURY J B，KIRKBRIDE，et al. Trajectories of childhood neighbourhood

cohesion and adolescent mental health: evidence from a national Canadian cohort[J]. Psychological medicine, 2015, 45 (15): 3239-3248.
[94] KLEINHANS R, BOLT G. More than just fear: on the intricate interplay between perceived neighborhood disorder, collective efficacy, and action[J]. J Urban Aff, 2013, 36 (3): 420-446.
[95] KUIPERS M A G, POPPEL M N M V, BRINK W V D, et al. The association between neighborhood disorder, social cohesion and hazardous alcohol use: a national multilevel study[J]. Drug & Alcohol Dependence, 2012, 126 (1-2): 27-34.
[96] KUO F E, SULLIVAN W C. Environment and crime in the inner city: does vegetation reduce crime[J]. Environment & Behavior, 2001, 33 (3): 343-367.
[97] KURTZ E M, KOONS B A, TAYLOR R B. Land use, physical deterioration, resident-based control and calls for service on urban streetblocks[J]. Justice Quarterly, 1998, 15 (1) :121-149.
[98] LANG R, HORNBURG S. What is social capital and why is it important to public policy[J]. Housing Policy Debate, 2011, 9 (1): 1-16.
[99] LI F, FISHER K J, BROWNSON R C, et al. Multilevel modelling of built environment characteristics related to neighbourhood walking activity in older adults[J]. Epidemiol Community Health, 2005, 59 (7): 558-564.
[100] LIN E Y, WITTEN K, CASSWELL S, et al. Neighbourhood matters: perceptions of neighbourhood cohesiveness and associations with alcohol, cannabis and tobacco use[J]. Drug & Alcohol Review, 2012, 31 (4): 402-412.
[101] LINA H. The impact of residential mobility on measurements of neighbourhood effects[J]. Housing Studies, 2011, 26 (4): 501-519.
[102] LUND H. Testing the claims of new urbanism: local access, pedestrian travel, and neighboring behaviors[J]. Journal of the American Planning Association, 2003, 69 (4): 414-429.
[103] MAAS J, VAN DILLEN S M E, VERHEIJ R A, et al. Social contacts as a possible mechanism behind the relation between green space and health[J]. Health & Place, 2009, 15 (2): 586-595.
[104] MAIMON D, BROWNING C R, BROOKS-GUNN J. Collective efficacy, family attachment, and urban adolescent suicide attempts[J]. Journal of Health and Social Behavior, 2010, 51 (3): 307-324.
[105] MCCULLOCH A. An examination of social capital and social disorganisation

in neighbourhoods in the British household panel study[J]. Social Science & Medicine，2003，56（7）：1425-1438.

[106] MICHAEL P J，HELEN F L，JENS L. The benefits and costs of residential mobility programmes for the poor[J]. Housing Studies，2002，17（1）：125-138.

[107] NEAL Z P，NEAL J W. The（in）compatibility of diversity and sense of community[J]. American Journal of Community Psychology，2016，53（1-2）：1-12.

[108] NEWMAN S K. Urban poverty after the truly disadvantaged：the rediscovery of the family，the neighborhood，and culture[J]. Annual Review of Sociology，2001，27（1）：23-45.

[109] O'CAMPO P，WHEATON B，NISENBAUM R，et al. The neighbourhood effects on health and well-being（nehw）study[J]. Health & Place，2015，31（1）：65-74.

[110] ODGERS C L，MOFFITT T E，TACH L M，et al. The protective effects of neighborhood collective efficacy on British children growing up in deprivation：a developmental analysis [J]. Developmental psychology，2009，45（4）：942-57.

[111] ÖZCAN E，FRANK J V L，RICK G P，et al. Socioeconomic inequalities in psychological distress among urban adults：the moderating role of neighborhood social cohesion[J]. PLoS ONE，2016，11（6）：e0157119.

[112] PERKINS D D，WANDERSMAN A，RICH R C，et al. The physical environment of street crime：defensible space，territoriality and incivilities[J]. Journal of Environmental Psychology，1993，13（1）：29-49.

[113] RAGIN C C，STRAND S I. Using qualitative comparative analysis to study causal order comment on caren and panofsky [J]. Sociological Methods & Research，2008，36（4）：431-441.

[114] REBECA R，AIKEN L S，ZAUTRA A J. Neighborhood contexts and the mediating role of neighborhood social cohesion on health and psychological distress among hispanic and non-hispanic residents[J]. Ann Behav Med，2012，43（1）：50-61.

[115] SAMPSON R J，MORENOFF J D，GANNON-ROWLEY T. Assessing "neighborhood effects"：social processes and new directions in research[J]. Annual Review of Sociology，2002，28（1）：443-478.

[116] SAMPSON R J，RAUDENBUSH S W，EARLS F. Neighborhoods and violent crime：a multilevel study of collective efficacy[J]. Science，1997，277（5328）：

918-924.

[117] SAMPSON R J. Linking the micro and macrolevel dimensions of community social organisation[J]. Social Forces，2001，70（1）：43-64.

[118] SAMUEL L J，COMMODORE-MENSAH Y，DENNISON HIMMELFARB C R. Developing behavioral theory with the systematic integration of community social capital concepts[J]. Health Educ Behav，2014，41（4）：359-375.

[119] SCRIBNER R，THEALL K P，GHOSH-DASTIDAR B，et al. Determinants of social capital indicators at the neighborhood level：a longitudinal analysis of loss of off-sale alcohol outlets and voting[J]. Journal of Studies on Alcohol & Drugs，2007，68（6）：934-43.

[120] SHEN Y，MESSNER S F，LIU J，et al. What they don't know says a lot：residents' knowledge of neighborhood crime in contemporary China[J]. Journal of Quantitative Criminology，2018，35：607-629.

[121] SHIGEHIRO O，KEIKO I，JANETTA L. Residential mobility and conditionality of group identification[J]. Journal of Experimental Social Psychology，2009，45（4）：913-919.

[122] SULLIVAN W C，KUO F E，DEPOOTER S F. The fruit of urban nature[J]. Environment & Behavior，2004，36（5）：678-700.

[123] THEALL K P，SCRIBNER R，COHEN D，et al. Social capital and the neighborhood alcohol environment[J]. Health & Place，2009，15（1）：323-332.

[124] TRIPLETT R A，GAINEY R R，SUN I Y. Institutional strength，social control and neighborhood crime rates[J]. Theoretical Criminology，2003，7（4）：439-467.

[125] VERWEIJ S. Set-theoretic methods for the social sciences：a guide to qualitative comparative analysis[J]. International Journal of Social Research Methodology，2012，16（2）：165-166.

[126] WARNER B D. Directly intervene or call the authorities? A study of forms of neighborhood social control within a social disorganization framework[J]. Criminology，2007，45（1）：99-129.

[127] WARNER B D. Neighborhood factors related to the likelihood of successful informal social control efforts[J]. Journal of Criminal Justice，2014，42（5）：421-430.

[128] WOOD L，FRANK L D，GILES-CORTI B. Sense of community and its relationship with walking and neighborhood design[J]. Social Science & Medicine，2010，70（9）：1381-1390.

[129] WOOD L，SHANNON T，BULSARA M，et al. The anatomy of the safe and social suburb：an exploratory study of the built environment，social capital and residents' perceptions of safety[J]. Health & Place，2008，14（1）：15-31.

[130] WOOD L，FRANK L D，GILES-CORTI B. Sense of community and its relationship with walking and neighborhood design[J]. Social Science & Medicine，2010，70（9）：1381-1390.

[131] XUE Y，LEVENTHAL T，BROOKS-GUNN J，et al. Neighborhood residence and mental health problems of 5-to 11-year-olds[J]. Arch Gen Psychiatry，2005，62（5）：554-563.

[132] ZHANG L，MESSNER S F，ZHANG S. Neighborhood social control and perceptions of crime and disorder in contemporary urban China[J]. Criminology，2017，55（3）：631-663.

[133] 李小云 . 面向原居安老的城市老年友好社区规划策略研究 [D]. 广州：华南理工大学，2012.

[134] 王燕 . 我国邻里间暴力犯罪防控对策研究 [D]. 北京：中国人民公安大学，2017.

[135] 中华医学会健康管理分会 . 2017 中国城镇居民心理健康白皮书 [R]. 北京：科技部国家人口与健康科学数据共享服务平台，2018.

[136] 上海市统计局社情民意调查中心 . 2016 年上海市民邻里关系调查报告 [R]. 上海：上海市统计局社情民意调查中心，2017.

[137] 哈佛公共卫生学院 . 全球非传染性疾病经济负担 [R]. 日内瓦：世界经济论坛，2011.

[138] HUANG YQ，WANG Y，WANG H，et al. Prevalence of mental disorders in China：a cross-sectional epidemiological study[R]. Lancet Psychiatry，2019.

[139] Ministry of Housing，Communities and Local Government. Pocket parks：helping communities transform unloved，neglected or derelict areas into new green spaces [R/OL].（2019-12-13）[2020-12-24]. https：//assets.publishing.service.gov.uk/government/uploads/system/uploads/attachment_data/file/852241/191025_PP_Prospectus.pdf.

[140] National Recreation and Park Association. Creating Mini-Parks for Increased Physical Activity[R/OL].（2018-03-15）[2020-12-25]. https：//www.nrpa.org/contentassets/f768428a39aa4035ae55b2aaff372617 / pocket-parks. pdf.

[141] NParks. Community in Bloom Initiatives [EB/OL].（2020-11-03）[2020-12-24]. https：//www.nparks.gov.sg/gardening/community-in-bloom-initiative.

[142] World Health Organization，2017. Mental health Atlas 2017[R]. Geneva：WHO.

致　谢

在这本书的出版过程中，我要感谢以下人员的巨大帮助和无私奉献。

首先，感谢重庆交通大学建筑与城市规划学院董莉莉院长，在写作过程中提供了深入的行业洞察和建议。她的专业知识和经验对我来说是非常宝贵的。

我还要感谢重庆大学建筑城规学院谭少华教授，作为我的硕士和博士导师，在我的学术生涯中给予了无尽的鼓励和支持。他的教诲和指导对本书的框架和内容产生了深远的影响。

其次，我要感谢重庆大学申纪泽博士、孙雅文博士、刘诗芳博士、杨春博士和陈璐瑶博士，作为我的同窗好友，他们的建议和反馈对本书的研究工作起到了关键作用。

感谢董明娟、彭勇智、章露、吴嘉铭、张杨、吴霜、陈多多、胡瑶瑶、魏菡、蔡诗韵、白晓丹等硕士研究生，他们在炎炎夏日为本书一手数据的采集和分析付出了艰辛的劳动。

我还要感谢中国建筑工业出版社李成成编辑及其团队，他们的严谨和专注使得本书的语言和结构更加清晰和准确。

最后，我要感谢我的妻子和天娇与女儿何予婳（Emily），感谢你们理解我在电脑前度过的漫漫长夜。感谢我的父母和亲朋，他们一直以来都是我的坚强后盾，帮助我度过了写作过程中的低谷。

何琪潇

2023 年 8 月

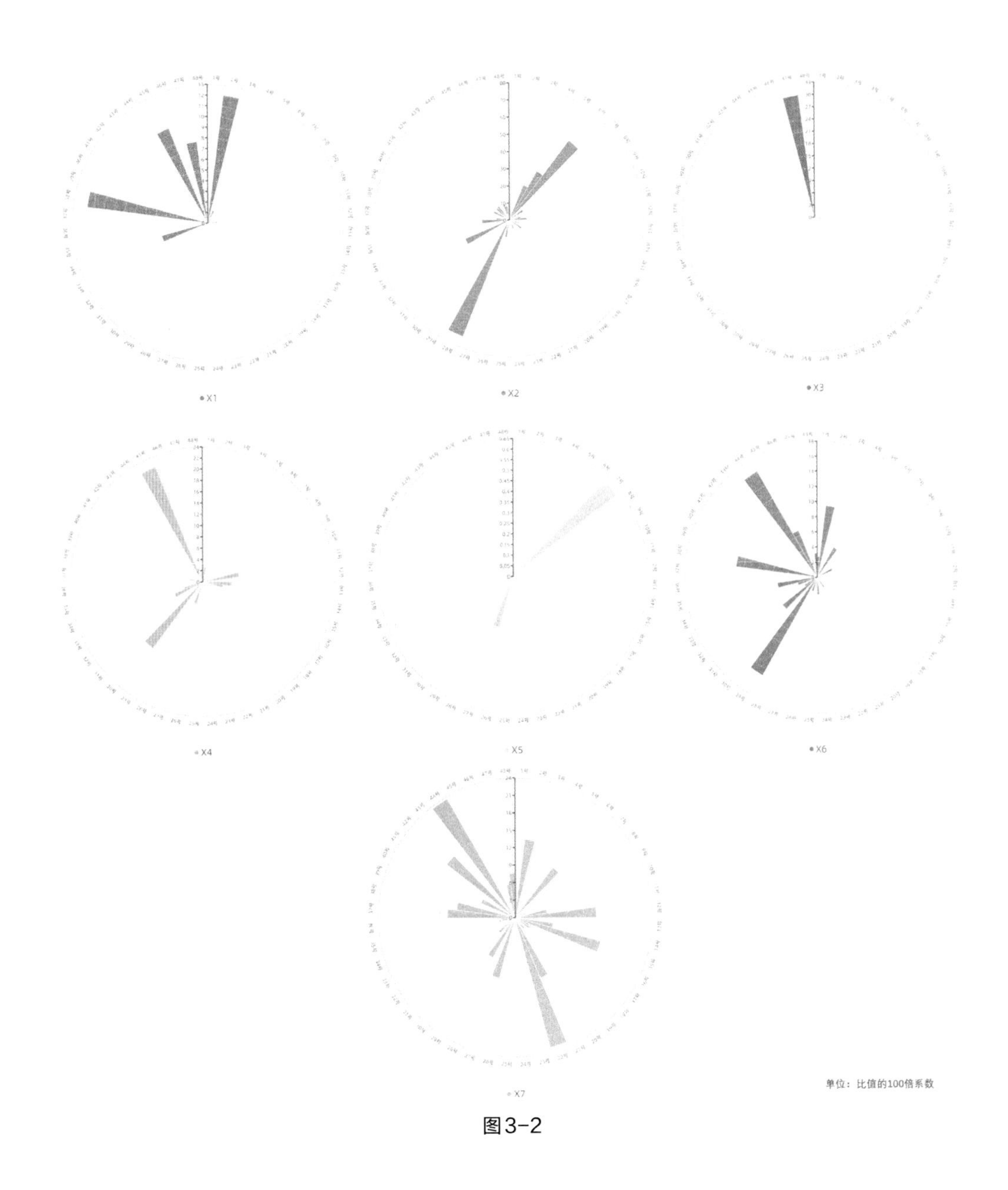

图3-2

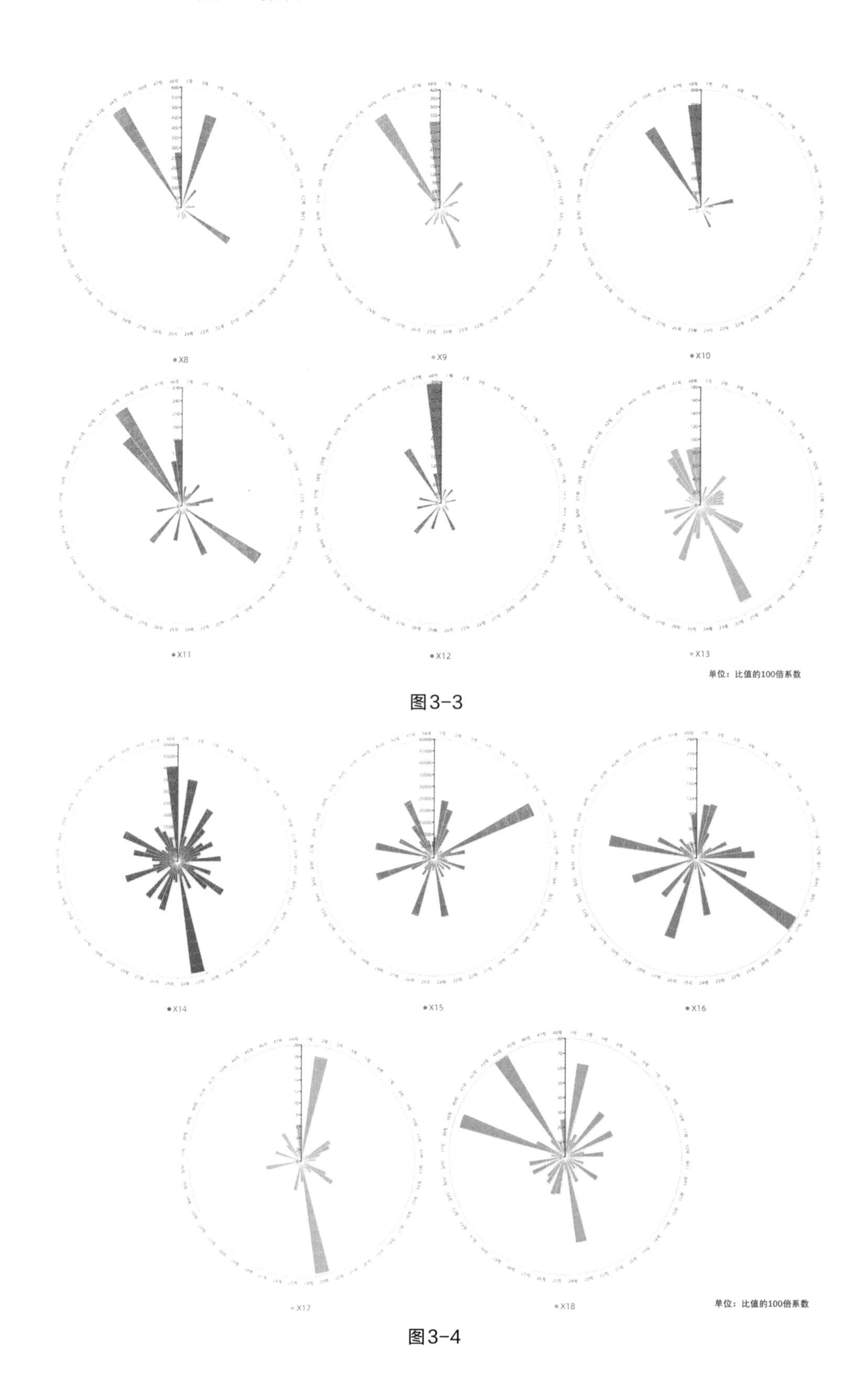
X8
X9
X10
X11
X12
X13
单位：比值的100倍系数
X14
X15
X16
X17
X18
单位：比值的100倍系数

图3-3

图3-4

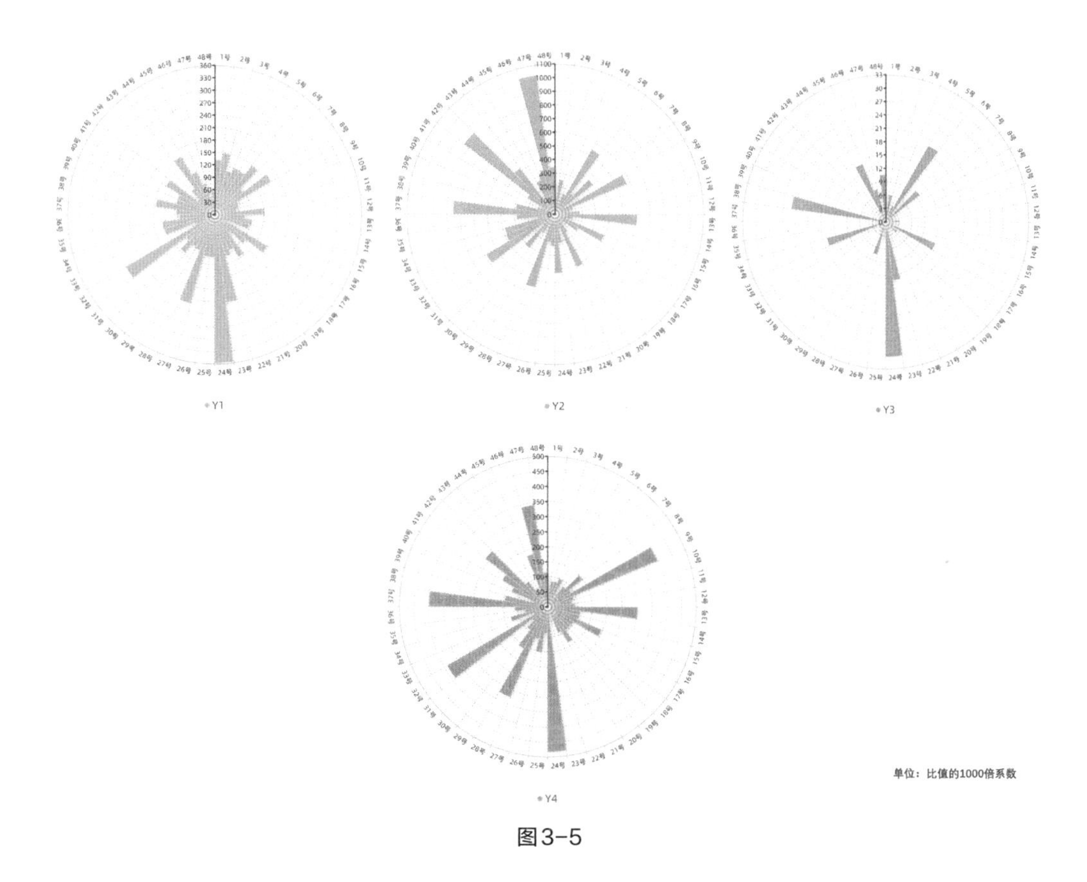

图3-5

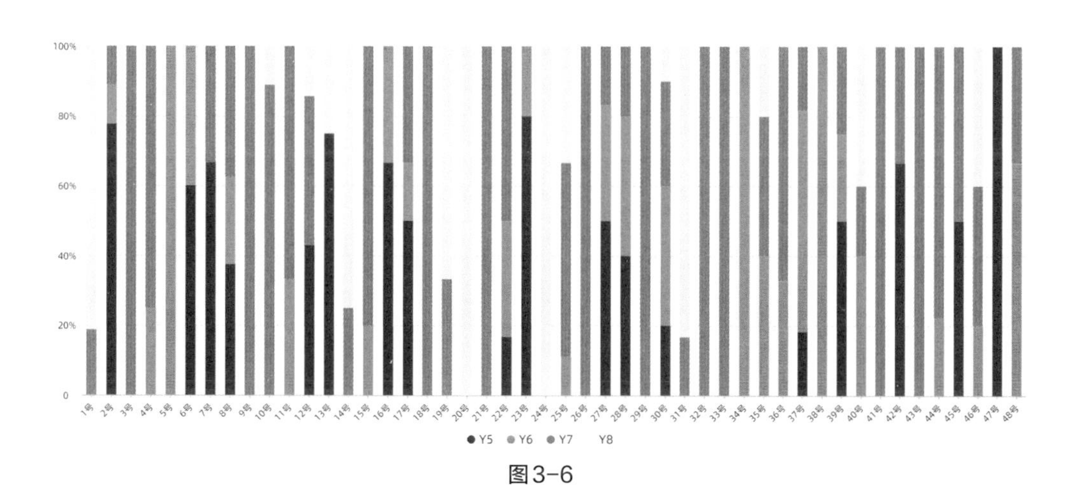

图3-6

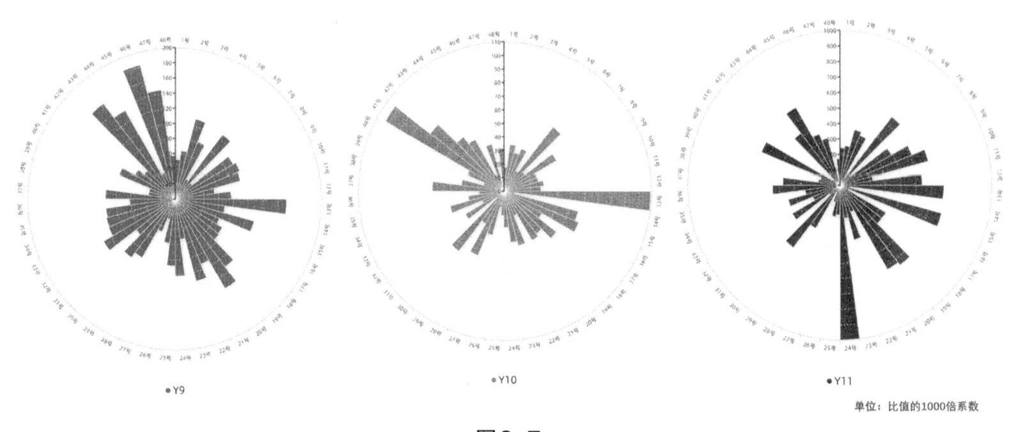
Y9
Y10
Y11
单位：比值的1000倍系数

图3-7

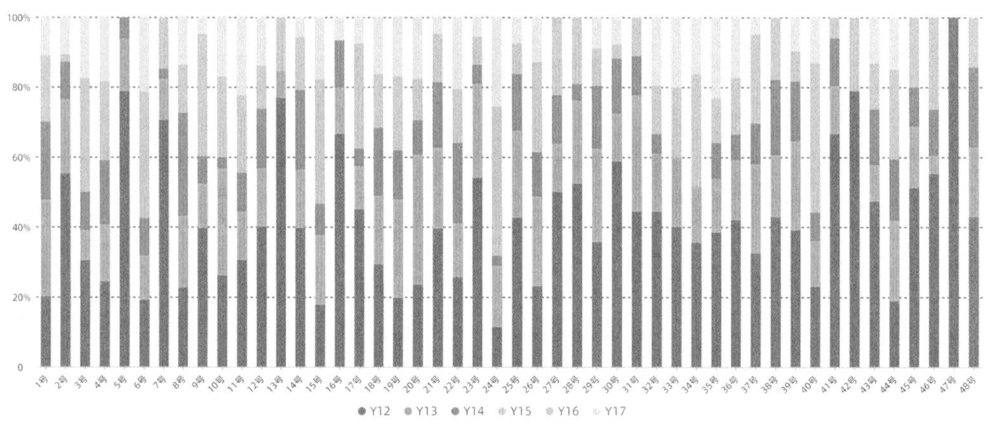
100%
80%
60%
40%
20%
0
1号 2号 3号 4号 5号 6号 7号 8号 9号 10号 11号 12号 13号 14号 15号 16号 17号 18号 19号 20号 21号 22号 23号 24号 25号 26号 27号 28号 29号 30号 31号 32号 33号 34号 35号 36号 37号 38号 39号 40号 41号 42号 43号 44号 45号 46号 47号 48号
Y12 Y13 Y14 Y15 Y16 Y17

图3-8

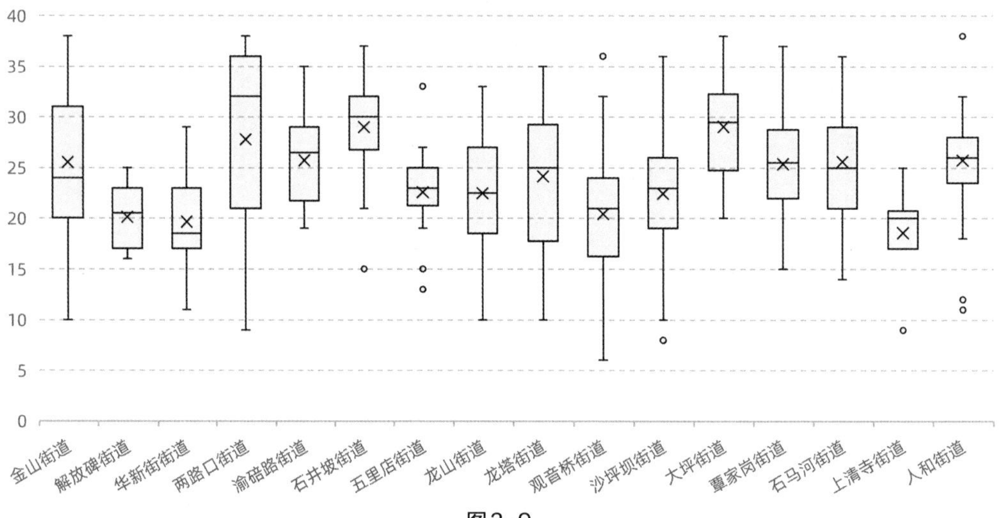
40
35
30
25
20
15
10
5
0
金山街道
解放碑街道
华新街街道
两路口街道
渝碚路街道
石井坡街道
五里店街道
龙山街道
龙塔街道
观音桥街道
沙坪坝街道
大坪街道
覃家岗街道
石马河街道
上清寺街道
人和街道

图3-9

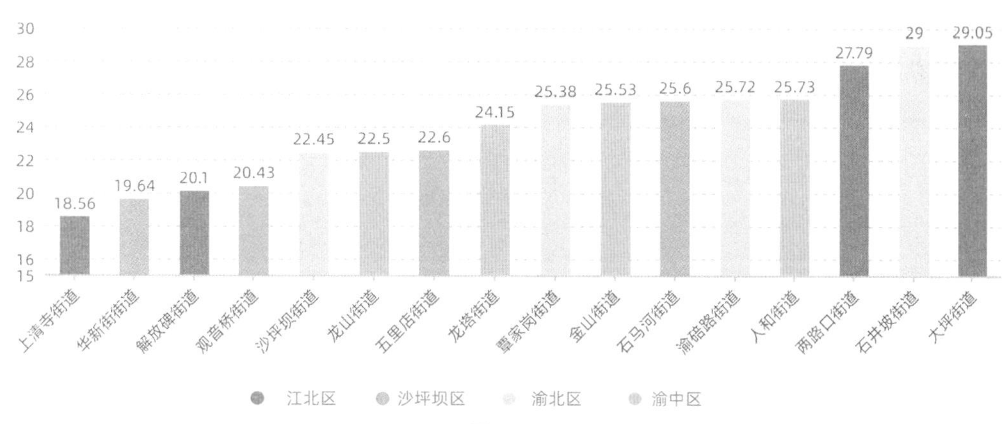

图 3-10

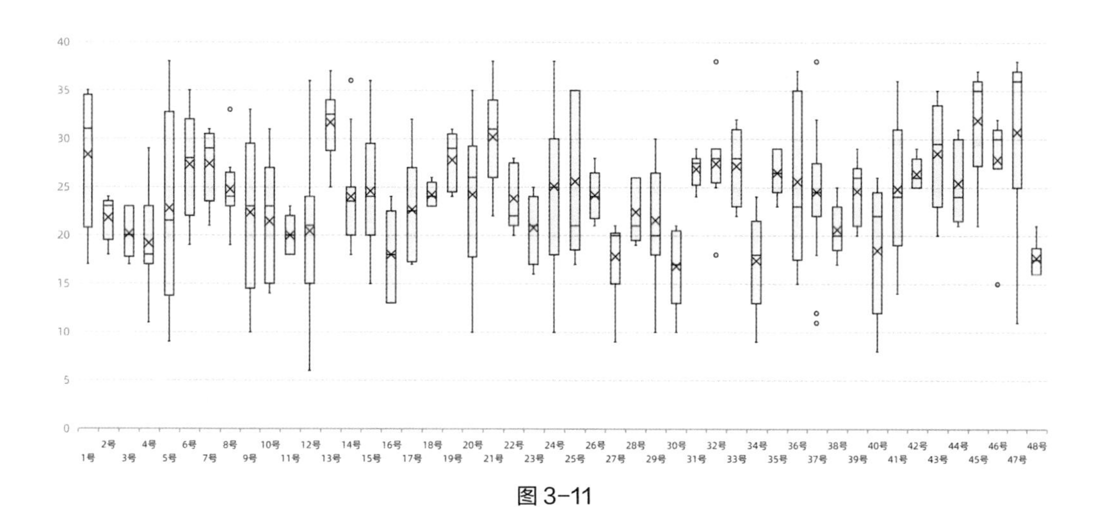

图 3-11

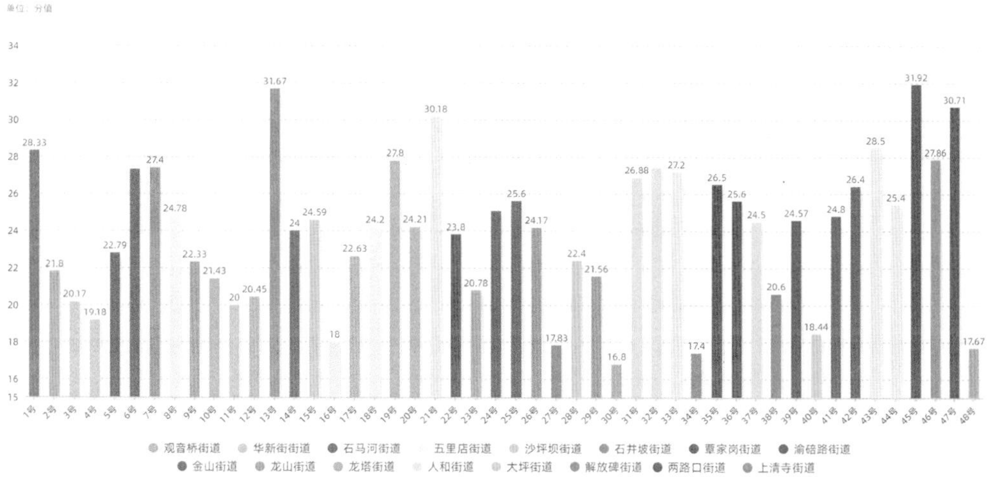

单位：分值

观音桥街道 华新街街道 石马河街道 五里店街道 沙坪坝街道 石井坡街道 覃家岗街道 渝碚路街道
金山街道 龙山街道 龙塔街道 人和街道 大坪街道 解放碑街道 两路口街道 上清寺街道

图 3-12

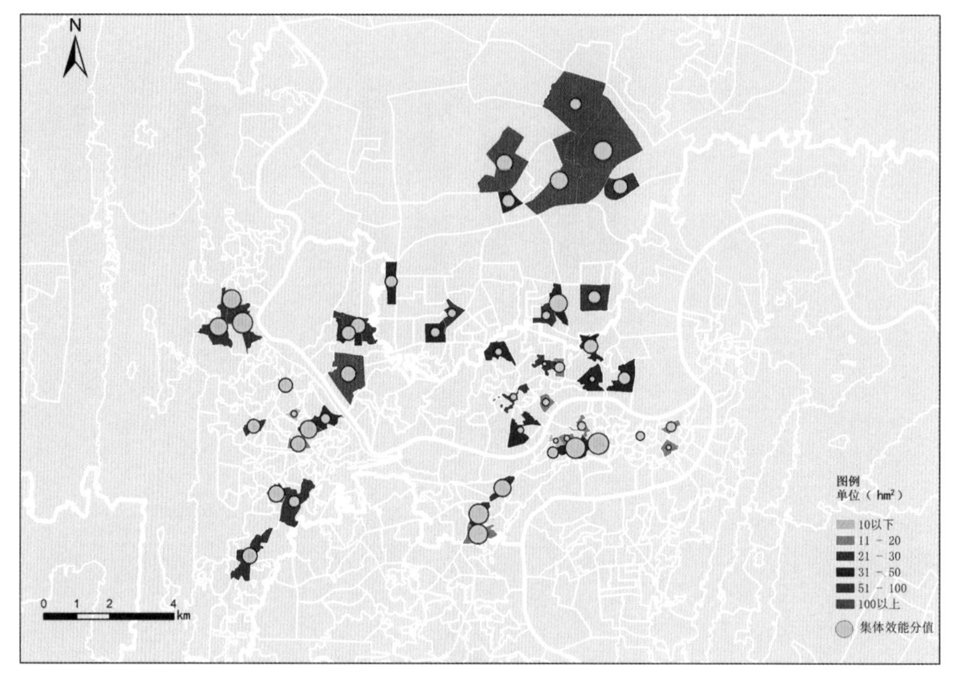
N
0 1 2 4 km
图例
单位（hm²）
10以下
11 - 20
21 - 30
31 - 50
51 - 100
100以上
集体效能分值
图 3-13

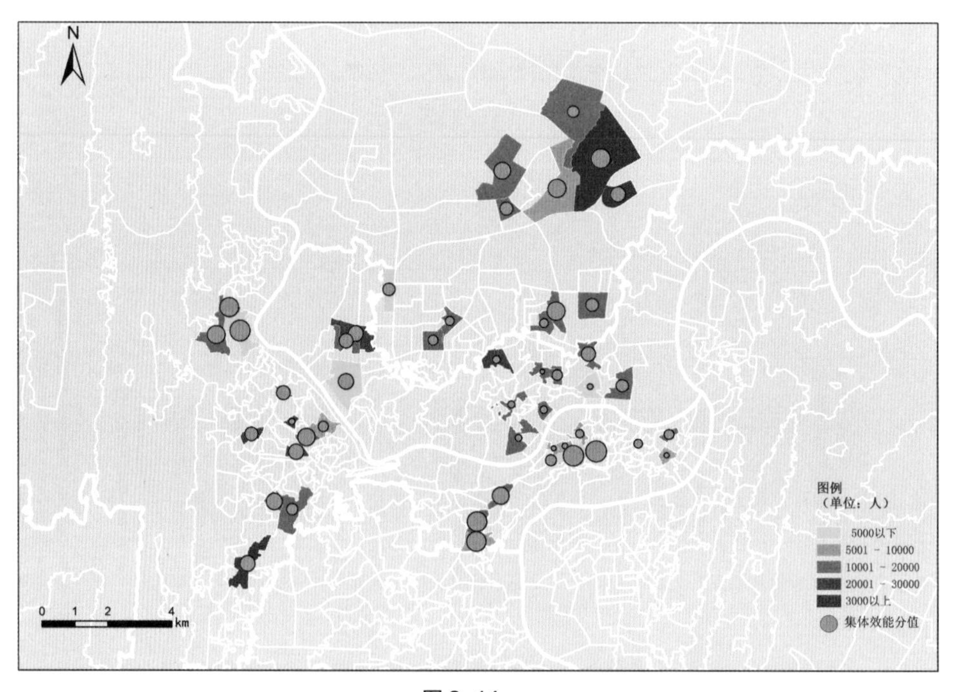
N
0 1 2 4 km
图例
（单位：人）
5000以下
5001 - 10000
10001 - 20000
20001 - 30000
3000以上
集体效能分值
图 3-14

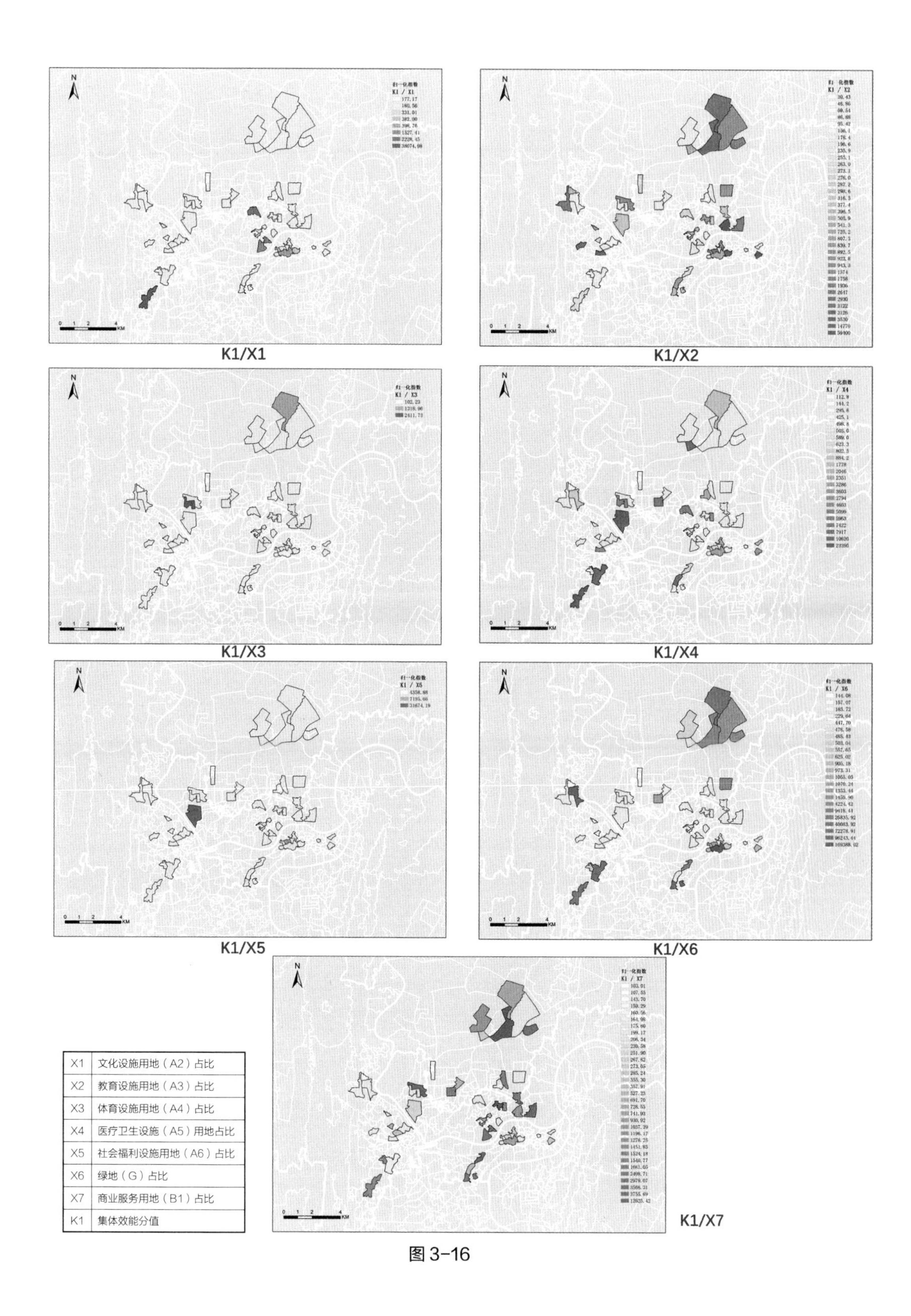

K1/X1
K1/X2
K1/X3
K1/X4
K1/X5
K1/X6
K1/X7
X1 文化设施用地（A2）占比
X2 教育设施用地（A3）占比
X3 体育设施用地（A4）占比
X4 医疗卫生设施（A5）用地占比
X5 社会福利设施用地（A6）占比
X6 绿地（G）占比
X7 商业服务用地（B1）占比
K1 集体效能分值

图 3-16

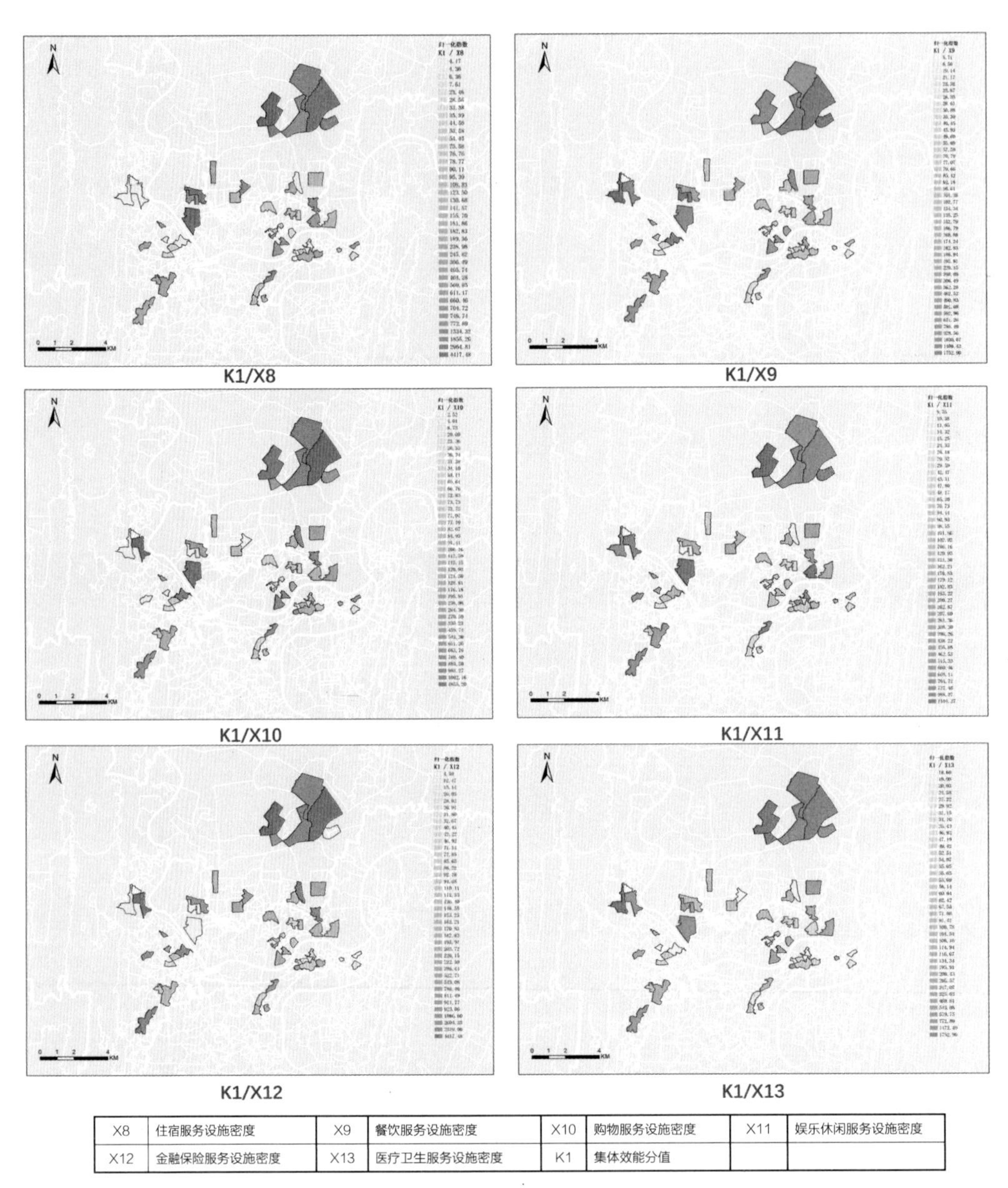

X8	住宿服务设施密度	X9	餐饮服务设施密度	X10	购物服务设施密度	X11	娱乐休闲服务设施密度
X12	金融保险服务设施密度	X13	医疗卫生服务设施密度	K1	集体效能分值		

图 3-17

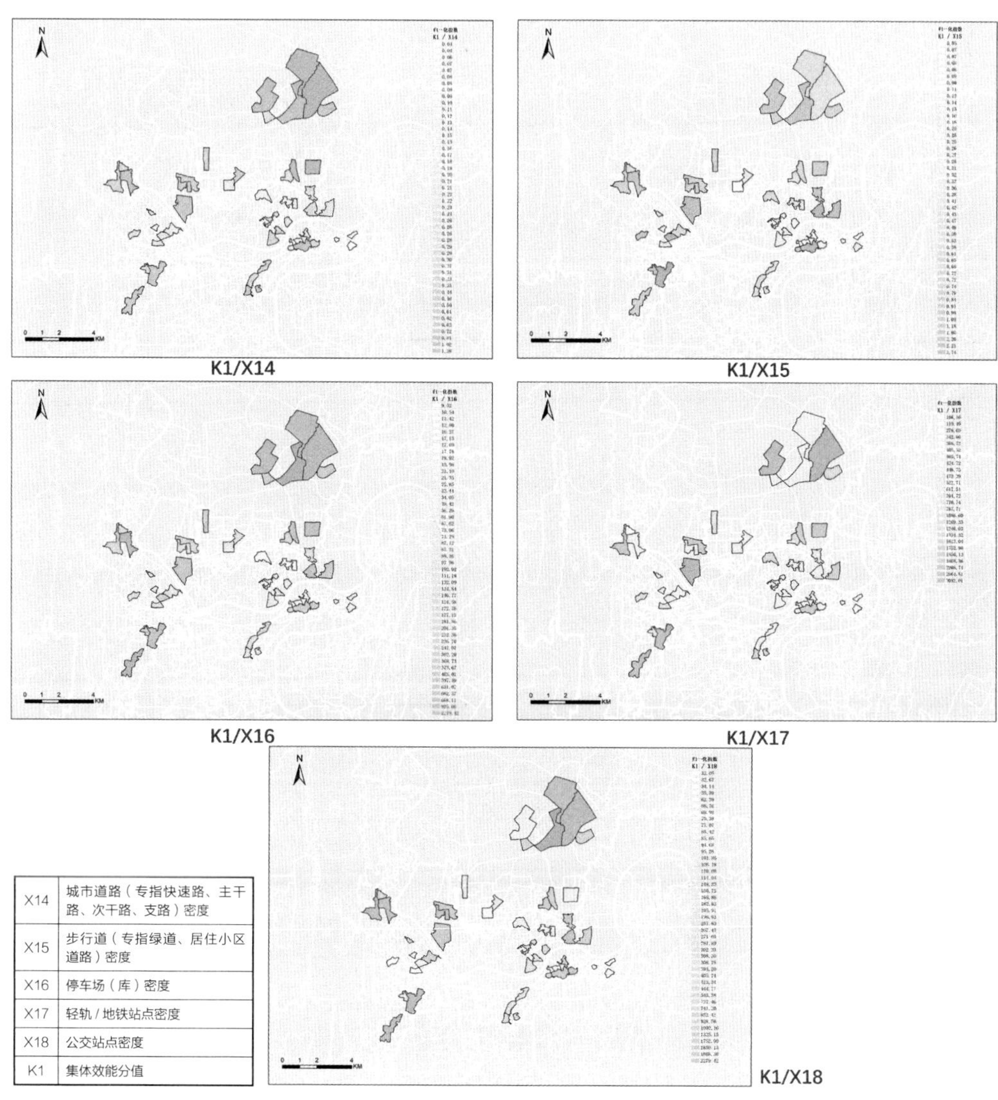

X14	城市道路（专指快速路、主干路、次干路、支路）密度
X15	步行道（专指绿道、居住小区道路）密度
X16	停车场（库）密度
X17	轻轨 / 地铁站点密度
X18	公交站点密度
K1	集体效能分值

图 3-18

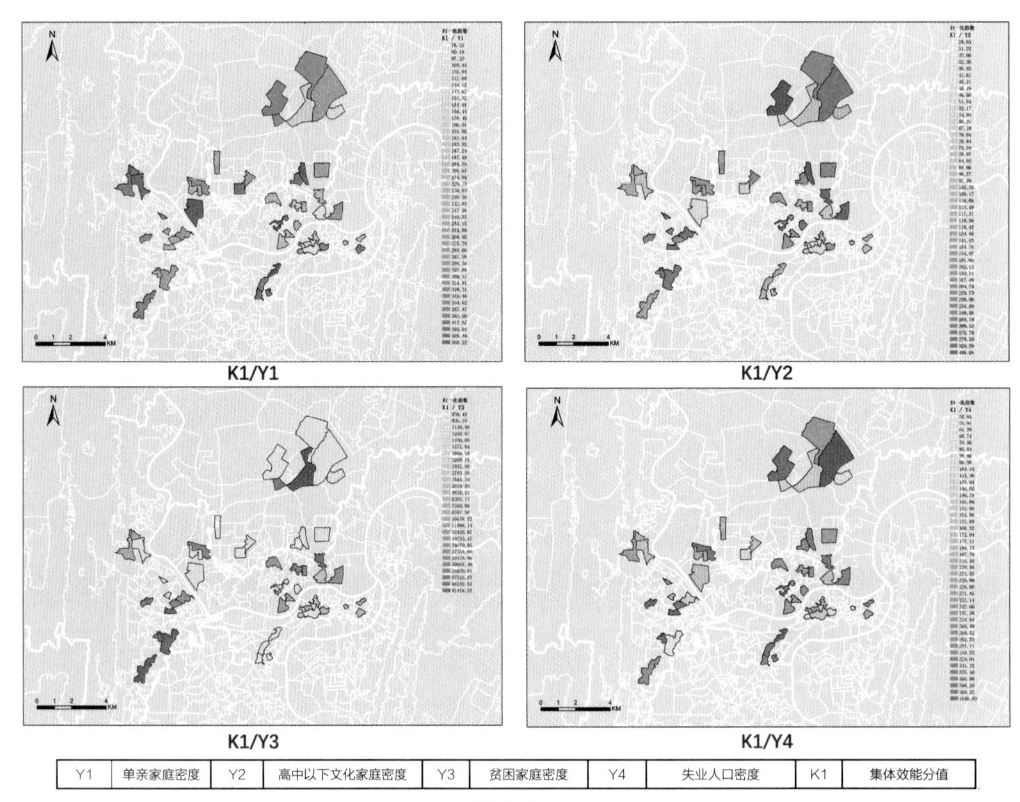

Y1	单亲家庭密度	Y2	高中以下文化家庭密度	Y3	贫困家庭密度	Y4	失业人口密度	K1	集体效能分值

图 3-19

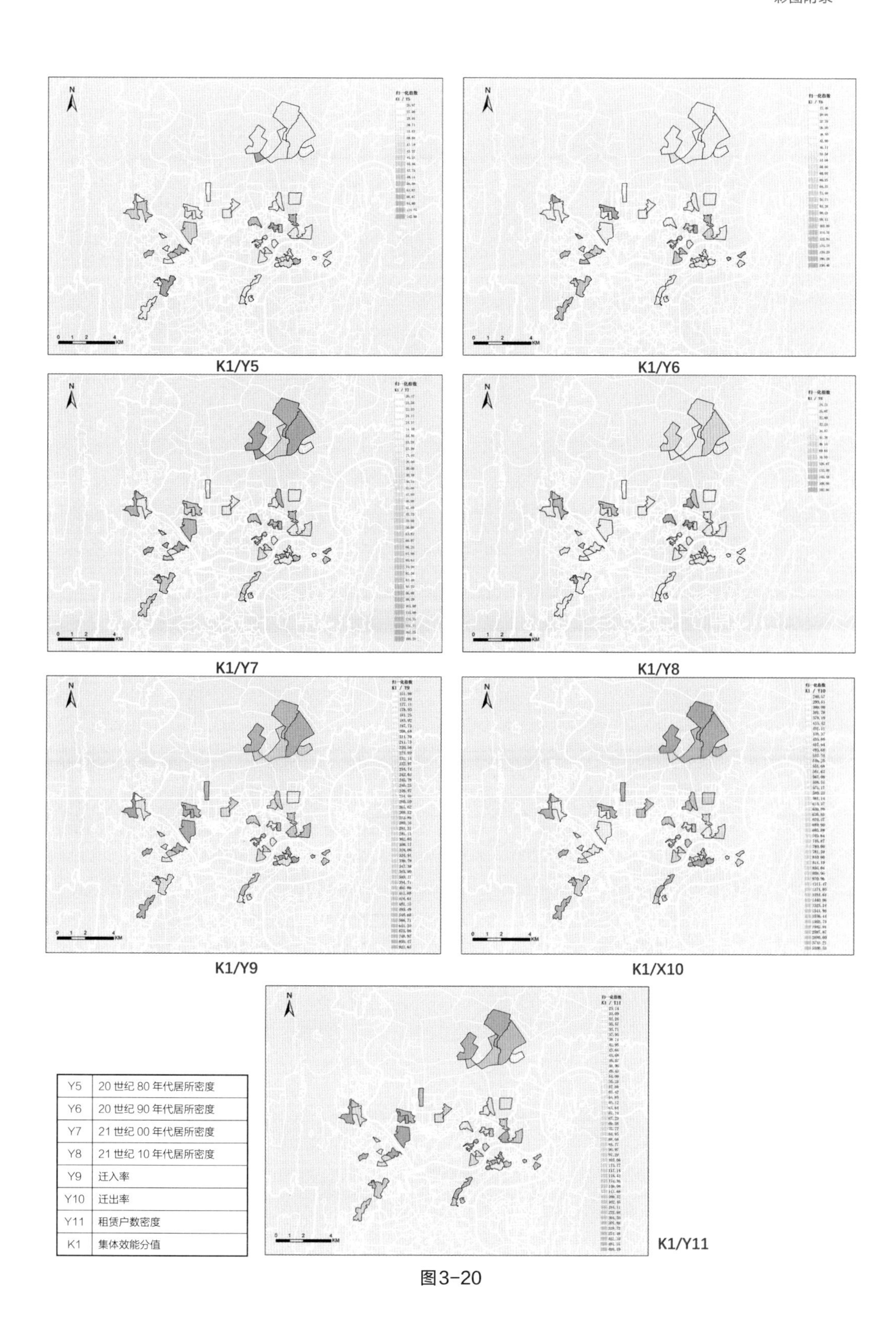

Y5	20 世纪 80 年代居所密度
Y6	20 世纪 90 年代居所密度
Y7	21 世纪 00 年代居所密度
Y8	21 世纪 10 年代居所密度
Y9	迁入率
Y10	迁出率
Y11	租赁户数密度
K1	集体效能分值

图3-20

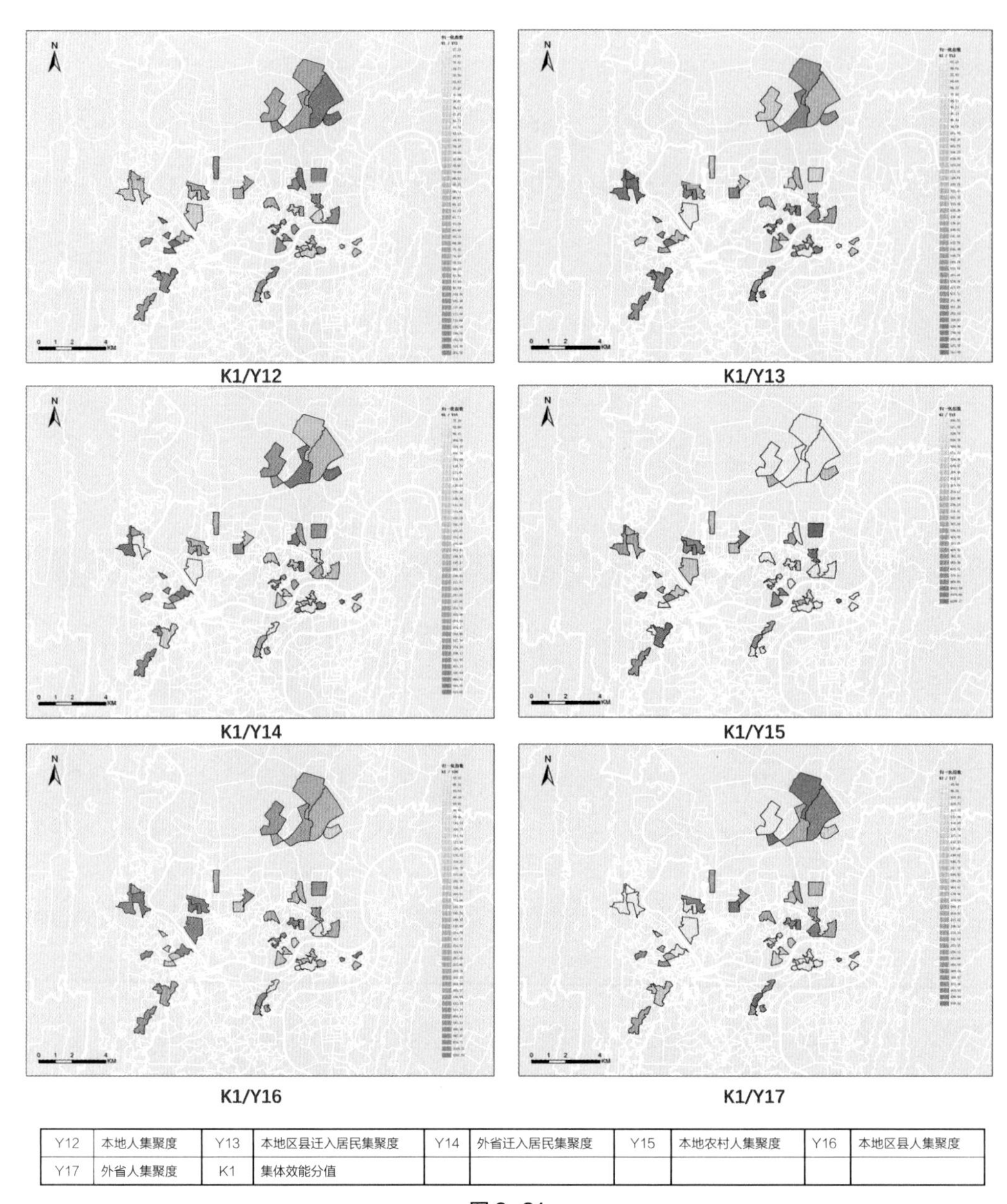

Y12	本地人集聚度	Y13	本地区县迁入居民集聚度	Y14	外省迁入居民集聚度	Y15	本地农村人集聚度	Y16	本地区县人集聚度
Y17	外省人集聚度	K1	集体效能分值						

图 3-21

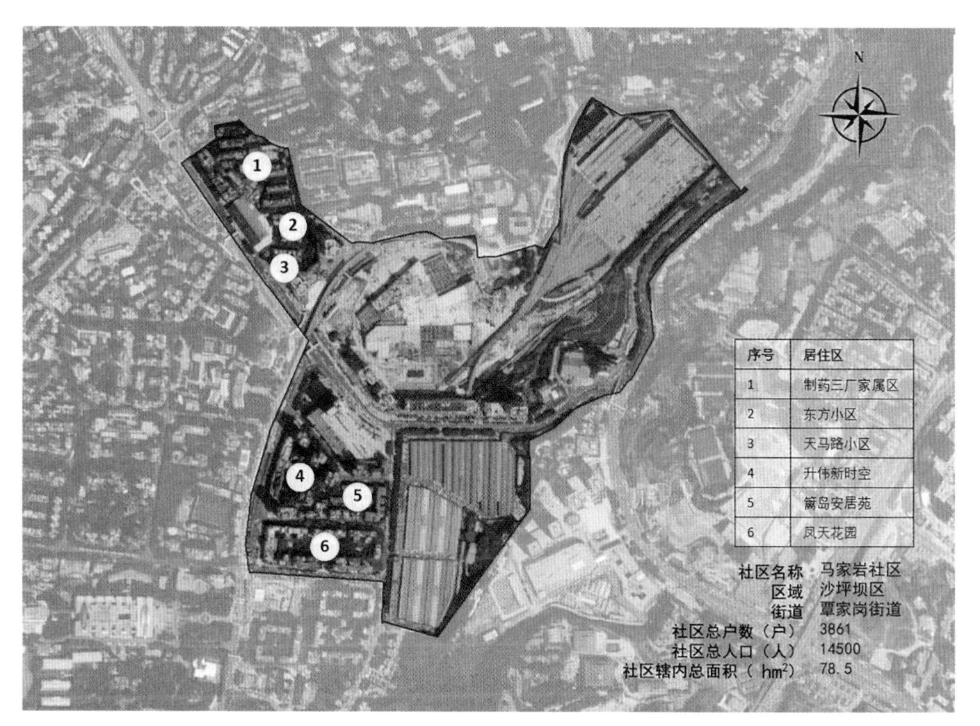
N
1
2
3
4
5
6
序号
居住区
1
制药三厂家属区
2
东方小区
3
天马路小区
4
升伟新时空
5
篱岛安居苑
6
凤天花园
社区名称 马家岩社区
区域 沙坪坝区
街道 覃家岗街道
社区总户数（户） 3861
社区总人口（人） 14500
社区辖内总面积（hm²） 78.5

图5-3

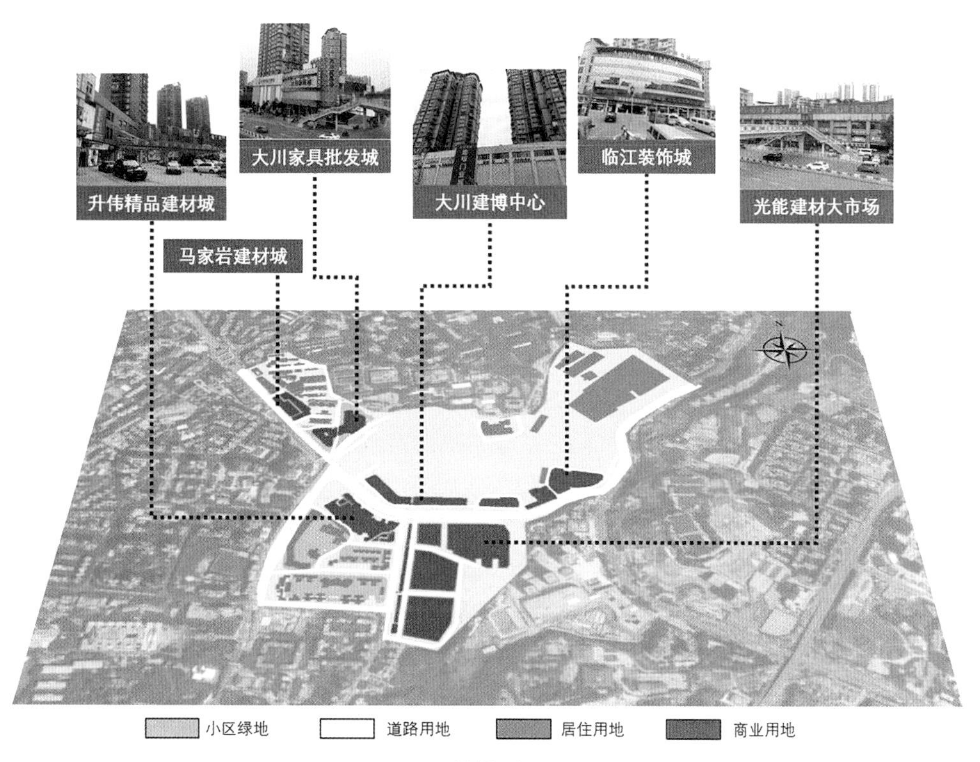
升伟精品建材城
大川家具批发城
大川建博中心
临江装饰城
光能建材大市场
马家岩建材城
小区绿地
道路用地
居住用地
商业用地

图5-4

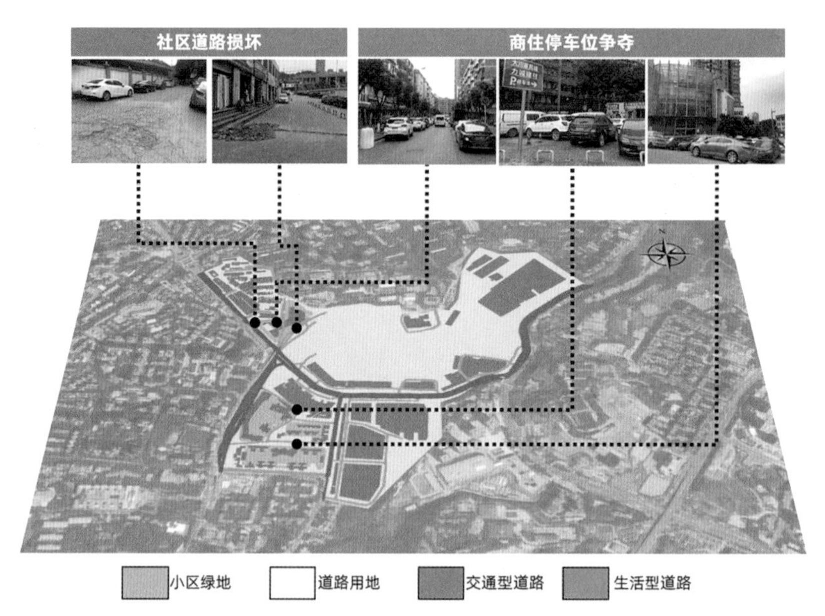
社区道路损坏
商住停车位争夺
小区绿地
道路用地
交通型道路
生活型道路

图5-5

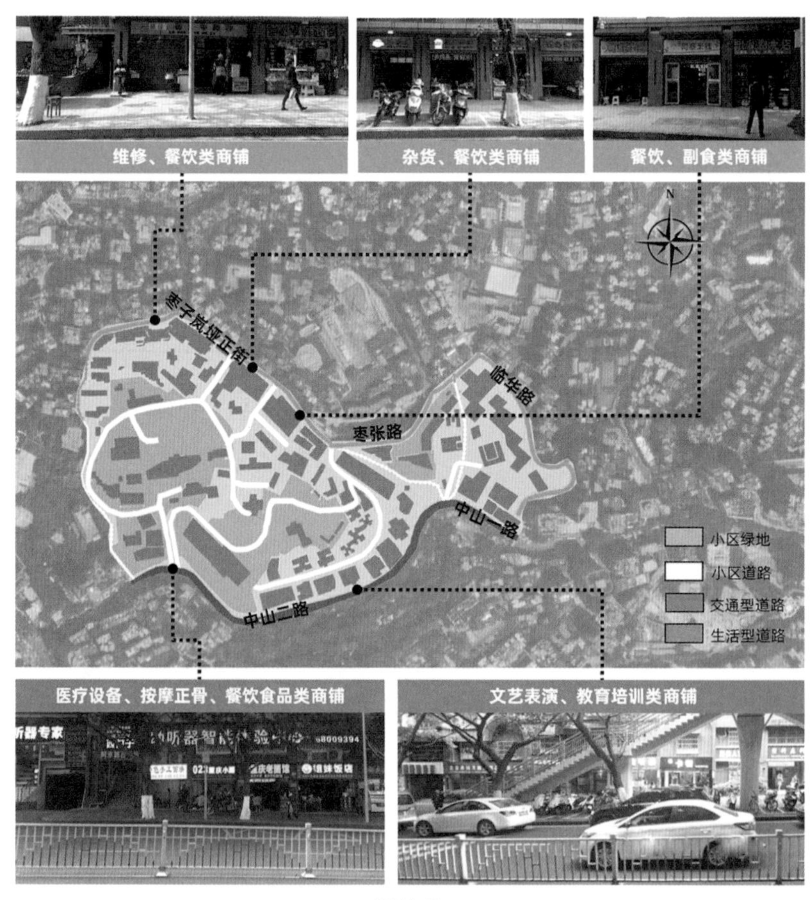
维修、餐饮类商铺
杂货、餐饮类商铺
餐饮、副食类商铺
枣子岚垭正街
临华路
枣张路
中山一路
中山二路
小区绿地
小区道路
交通型道路
生活型道路
医疗设备、按摩正骨、餐饮食品类商铺
文艺表演、教育培训类商铺

图5-9

重庆市第三人民医院
重庆医科大学附属儿童医院
重庆市少年宫
重庆市中山医院
小区绿地
道路用地
居住用地
医疗卫生用地
文化设施用地

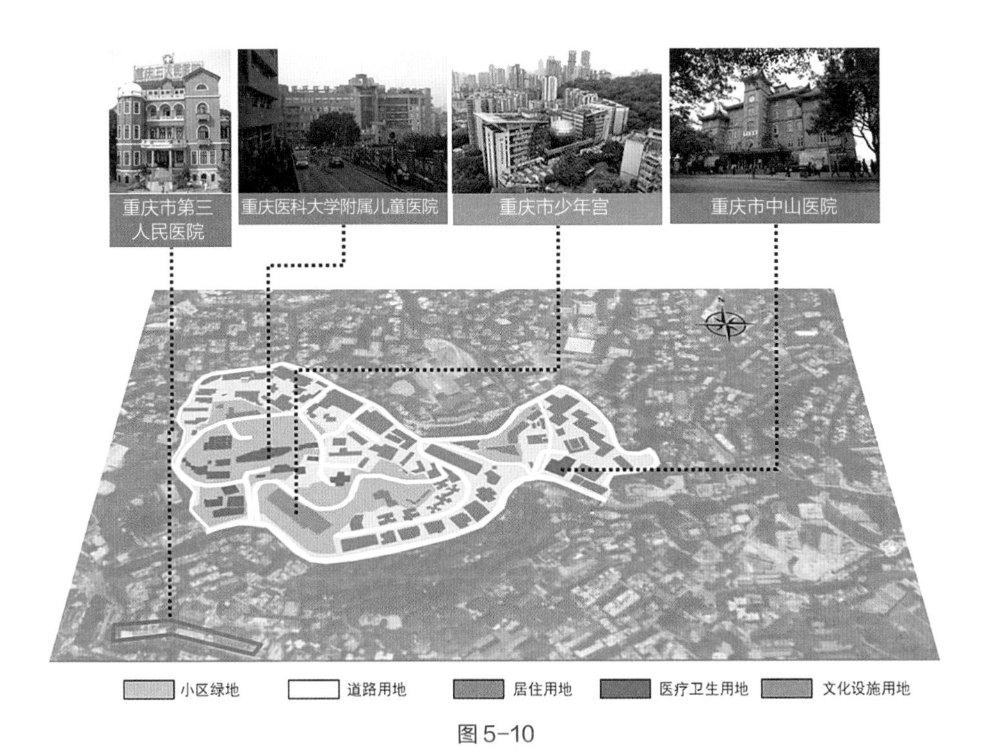

图 5-10

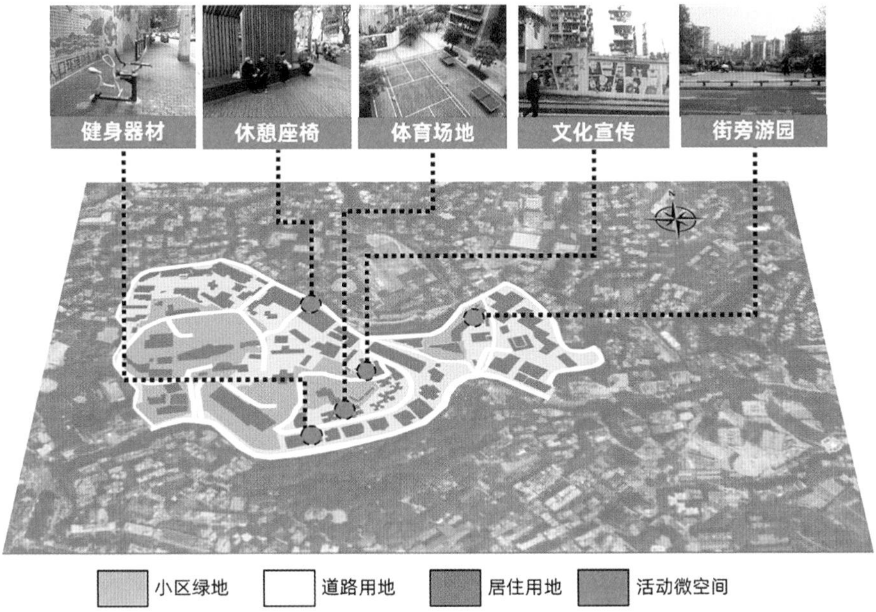

健身器材
休憩座椅
体育场地
文化宣传
街旁游园
小区绿地
道路用地
居住用地
活动微空间

图 5-11

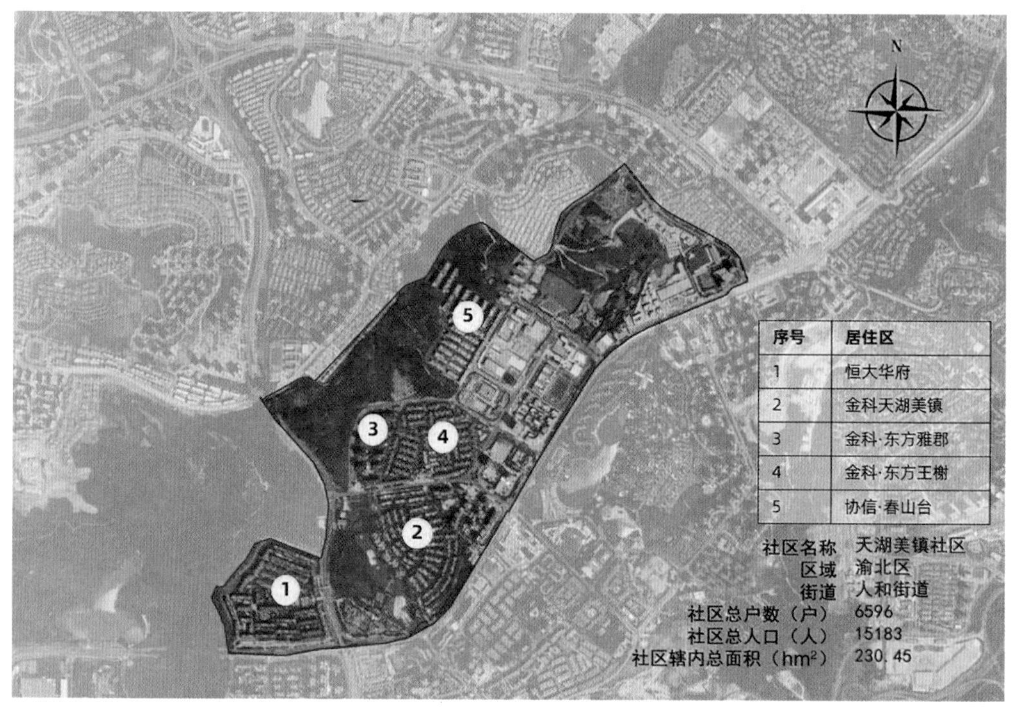
N
1
2
3
4
5
序号 居住区
1 恒大华府
2 金科天湖美镇
3 金科·东方雅郡
4 金科·东方王榭
5 协信·春山台
社区名称 天湖美镇社区
区域 渝北区
街道 人和街道
社区总户数（户） 6596
社区总人口（人） 15183
社区辖内总面积（hm^2） 230.45

图 5-14

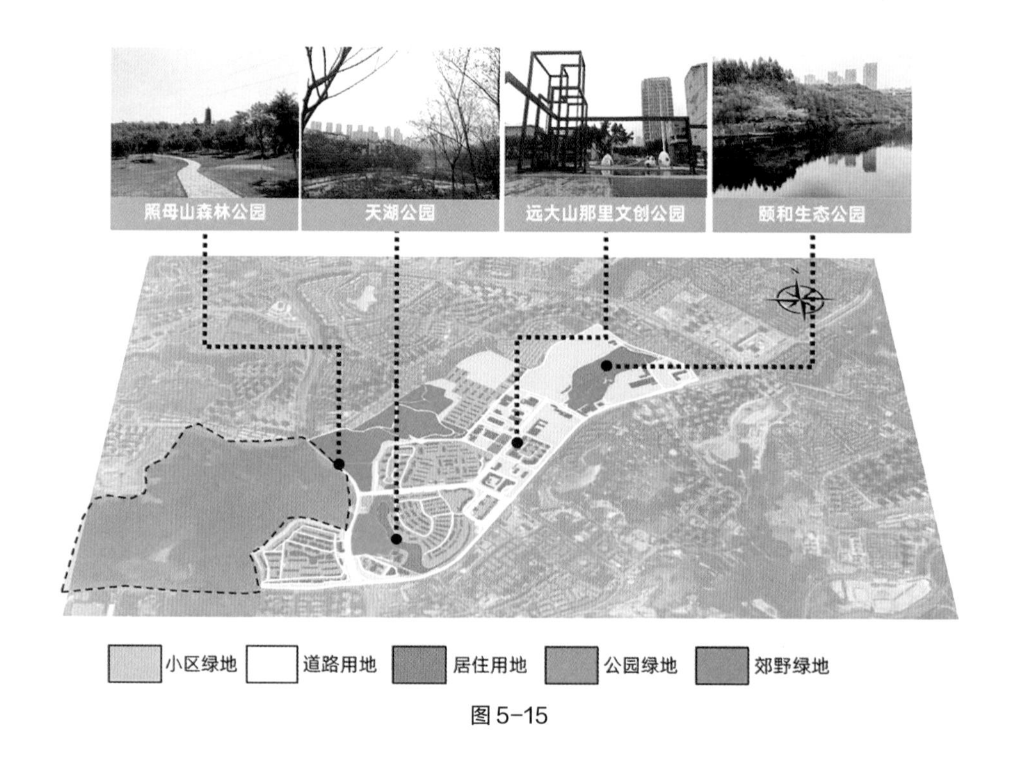
照母山森林公园
天湖公园
远大山那里文创公园
颐和生态公园
N
小区绿地
道路用地
居住用地
公园绿地
郊野绿地

图 5-15

阻挡小区入户
强占人行道
违反禁停标志
道路随意停放
N
小区绿地
道路用地
交通型道路
生活型道路

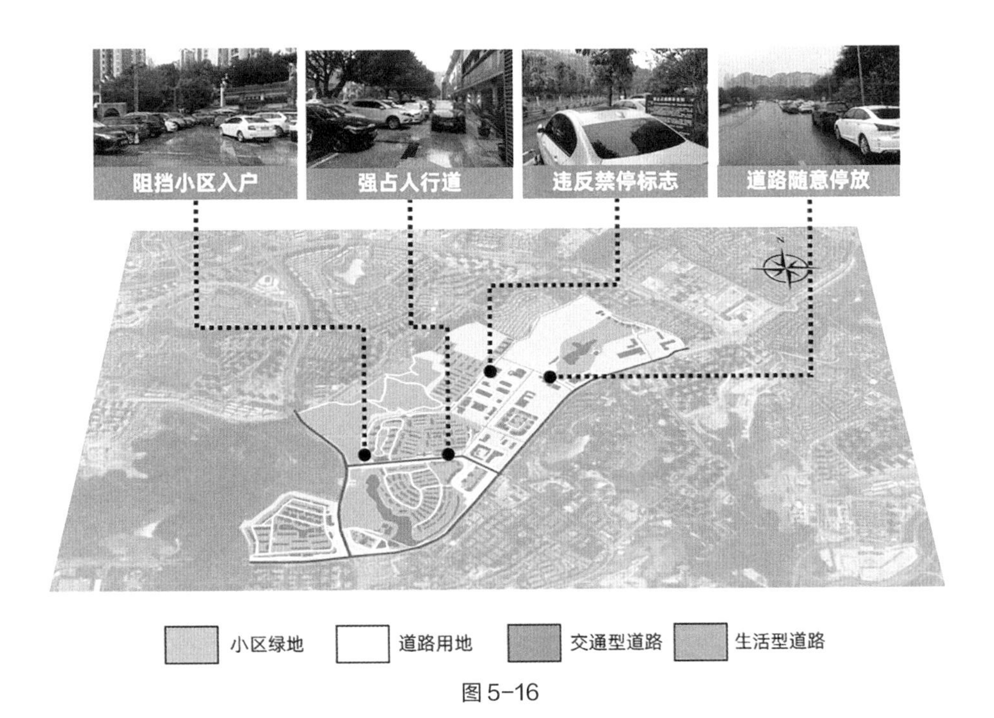

图 5-16

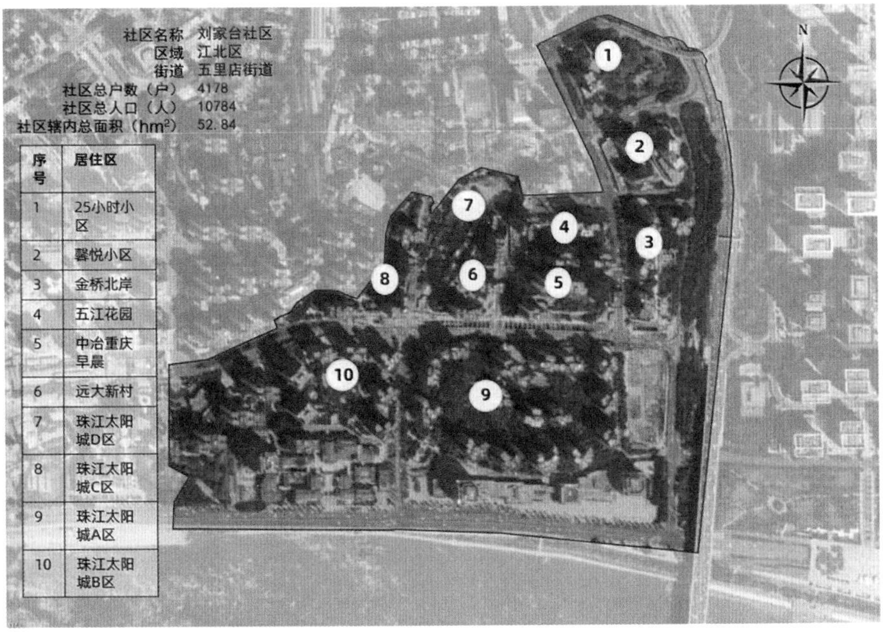

社区名称 刘家台社区
区域 江北区
街道 五里店街道
社区总户数（户） 4178
社区总人口（人） 10784
社区辖内总面积（hm²） 52.84
序号 居住区
1 25小时小区
2 馨悦小区
3 金桥北岸
4 五江花园
5 中冶重庆早晨
6 远大新村
7 珠江太阳城D区
8 珠江太阳城C区
9 珠江太阳城A区
10 珠江太阳城B区
N
1
2
3
4
5
6
7
8
9
10

图 5-19

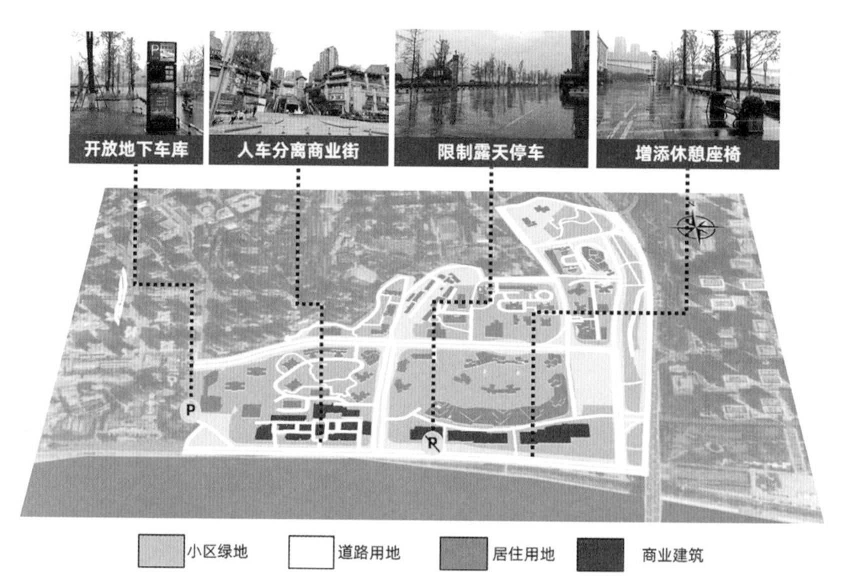
开放地下车库
人车分离商业街
限制露天停车
增添休憩座椅
小区绿地
道路用地
居住用地
商业建筑

图5-20

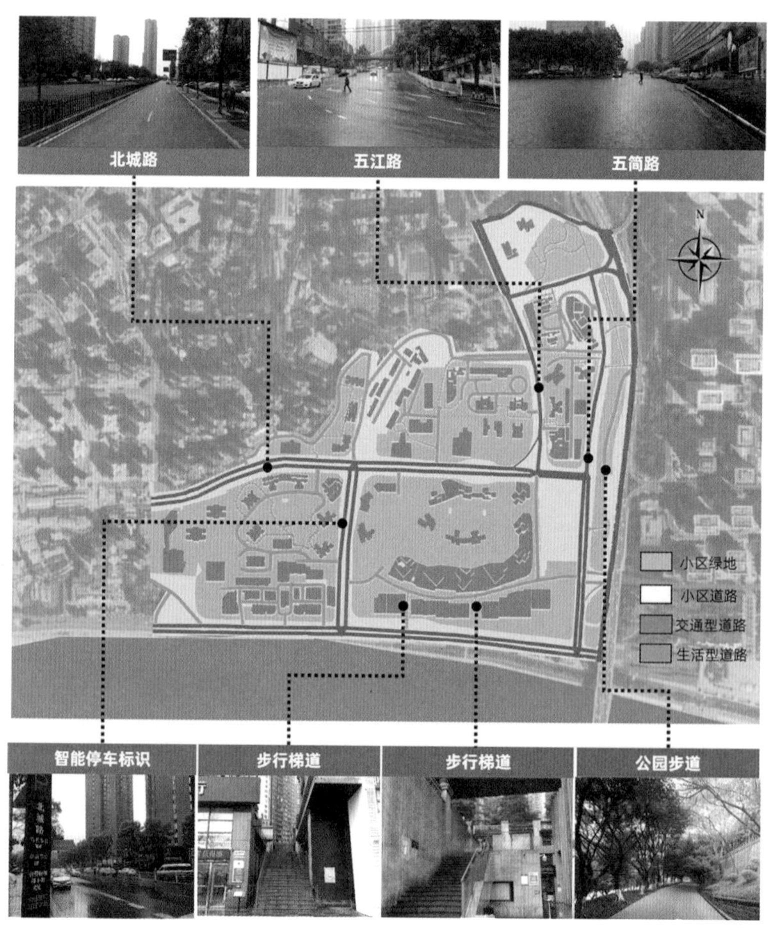
北城路
五江路
五简路
小区绿地
小区道路
交通型道路
生活型道路
智能停车标识
步行梯道
步行梯道
公园步道

图5-21

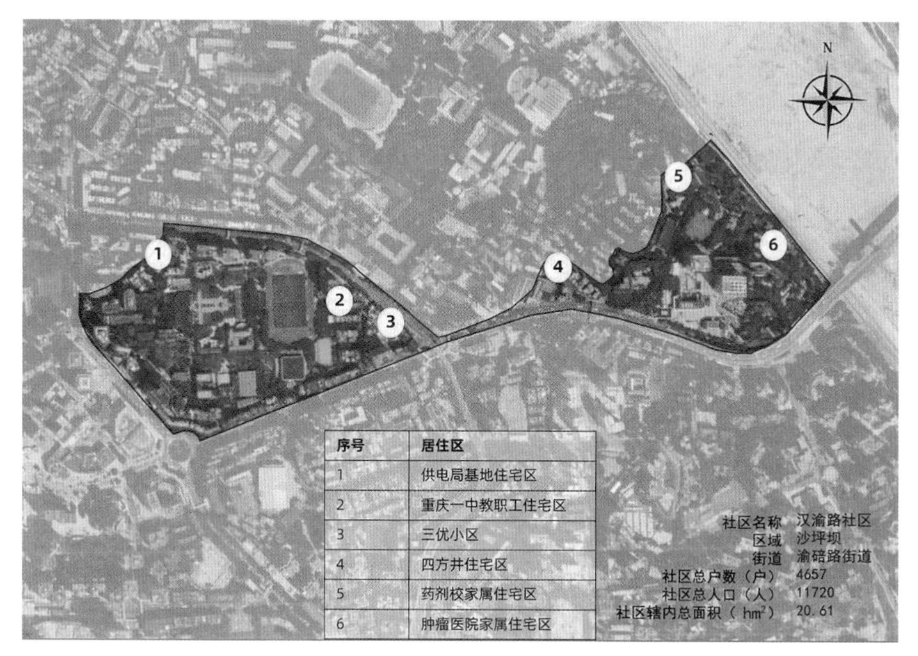
N
1
2
3
4
5
6
序号 居住区
1 供电局基地住宅区
2 重庆一中教职工住宅区
3 三优小区
4 四方井住宅区
5 药剂校家属住宅区
6 肿瘤医院家属住宅区
社区名称 汉渝路社区
区域 沙坪坝
街道 渝碚路街道
社区总户数（户） 4657
社区总人口（人） 11720
社区辖内总面积（hm²） 20.61

图5-24

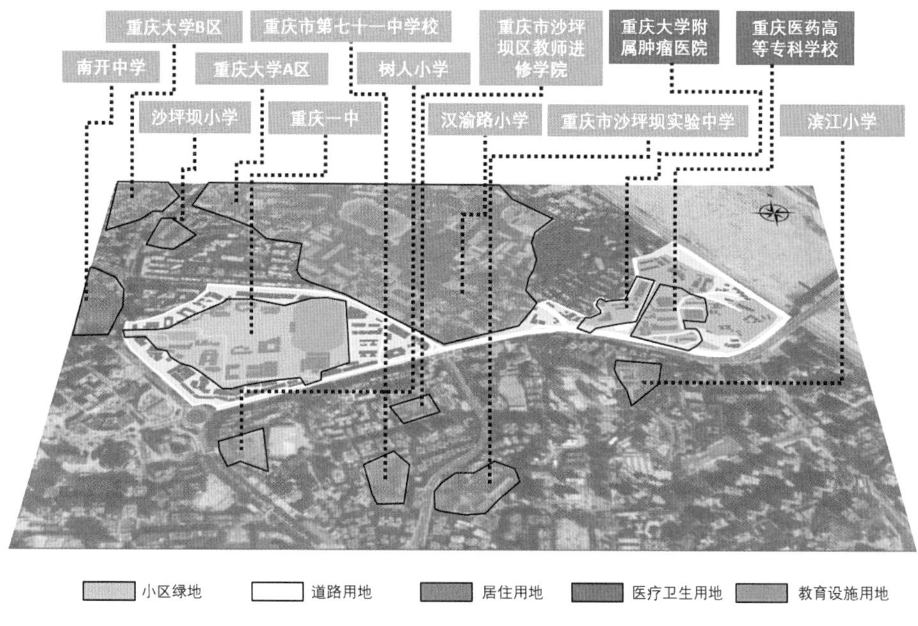
重庆大学B区
重庆市第七十一中学校
重庆市沙坪坝区教师进修学院
重庆大学附属肿瘤医院
重庆医药高等专科学校
南开中学
重庆大学A区
树人小学
沙坪坝小学
重庆一中
汉渝路小学
重庆市沙坪坝实验中学
滨江小学
小区绿地
道路用地
居住用地
医疗卫生用地
教育设施用地

图5-25

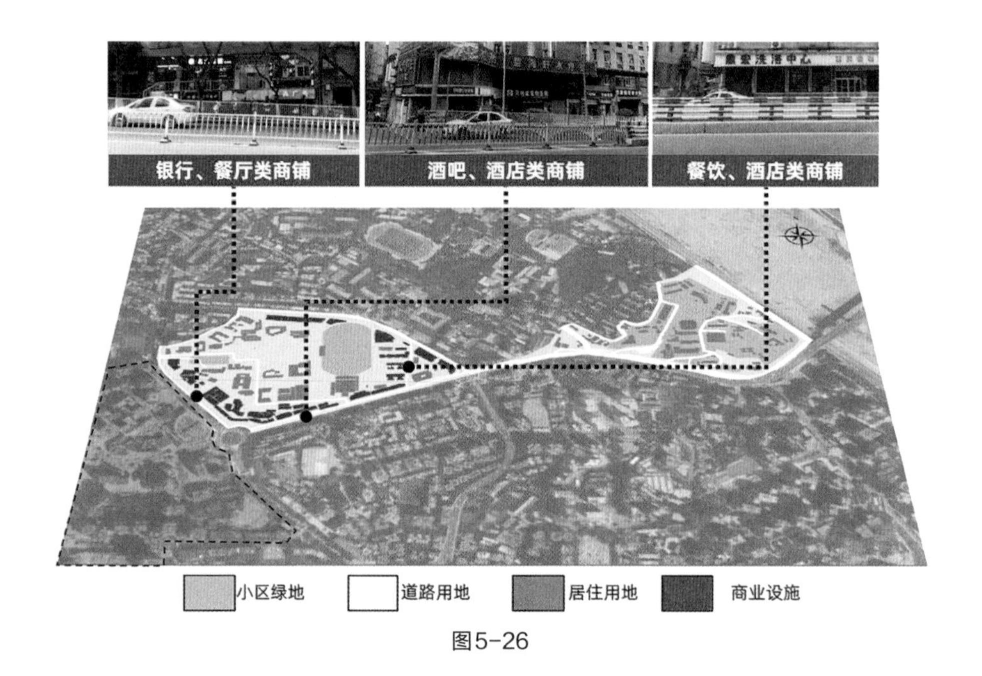

图5-26

"商业服务减量"单核驱动

X1 X2 X4 X6 X7 X8 X9 X10 X11 X12 X14 X15 X16

"商业业态增密"单核驱动

"土地结构优化"单核驱动

土地利用　商业业态　交通容量

抑制增效效果　核心供给环境因子　促进增效效果

F2组合　F7组合　F8组合　F15组合　F17组合　F19组合　F20组合

Z1组合　Z2组合　Z4组合　Z5组合　Z6组合　Z7组合　Z8组合　Z17组合

最优抑制增效组合环境特征　避短　增强集体效能水平　扬长　最优促进增效组合环境特征

抑制增效效果　核心供给支撑因子　促进增效效果

集中劣势　居所流动　移民浓度

Y1 Y2 Y3 Y4 Y6 Y9 Y14 Y15 Y16 Y17

"土地结构优化+交通环境整治"复合驱动

"土地结构优化+商业业态增密"复合驱动

图例：——→ 相互作用　- - - → 组成关系

图6-1

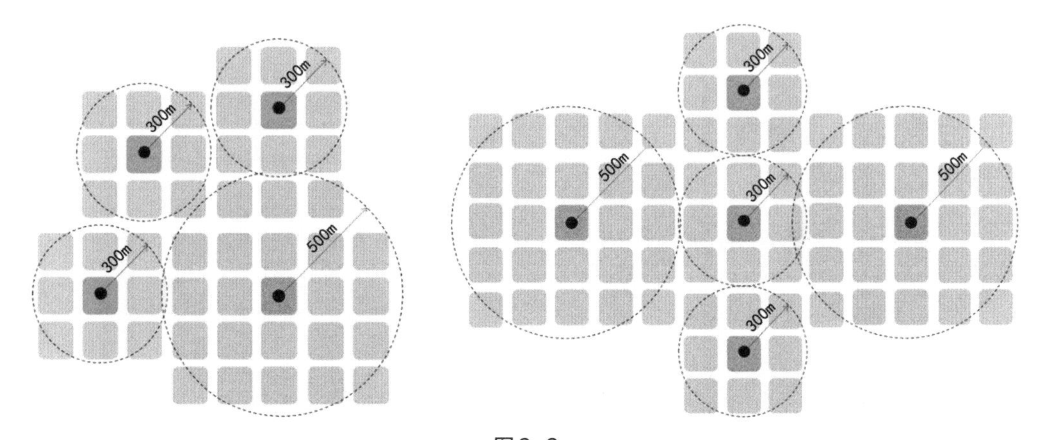
300m
300m
300m
500m
300m
500m
300m
500m
300m

图6-9

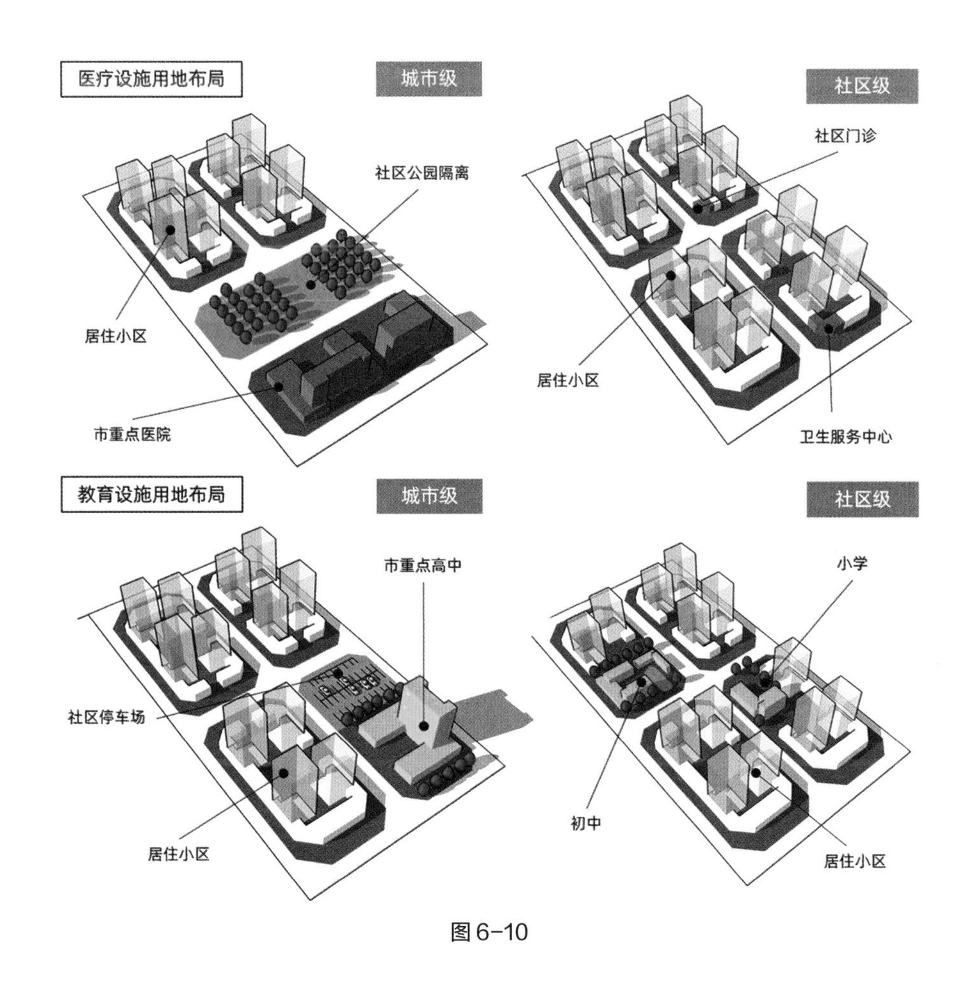
医疗设施用地布局
城市级
社区公园隔离
居住小区
市重点医院
社区级
社区门诊
居住小区
卫生服务中心
教育设施用地布局
城市级
市重点高中
社区停车场
居住小区
社区级
小学
初中
居住小区

图6-10

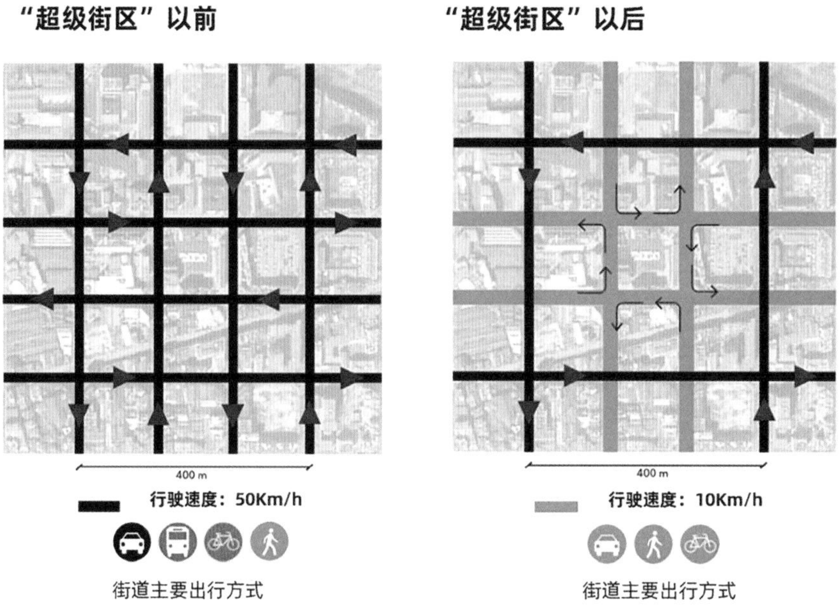

“超级街区”以前

400 m

行驶速度：50Km/h

街道主要出行方式

“超级街区”以后

400 m

行驶速度：10Km/h

街道主要出行方式

图 6-11

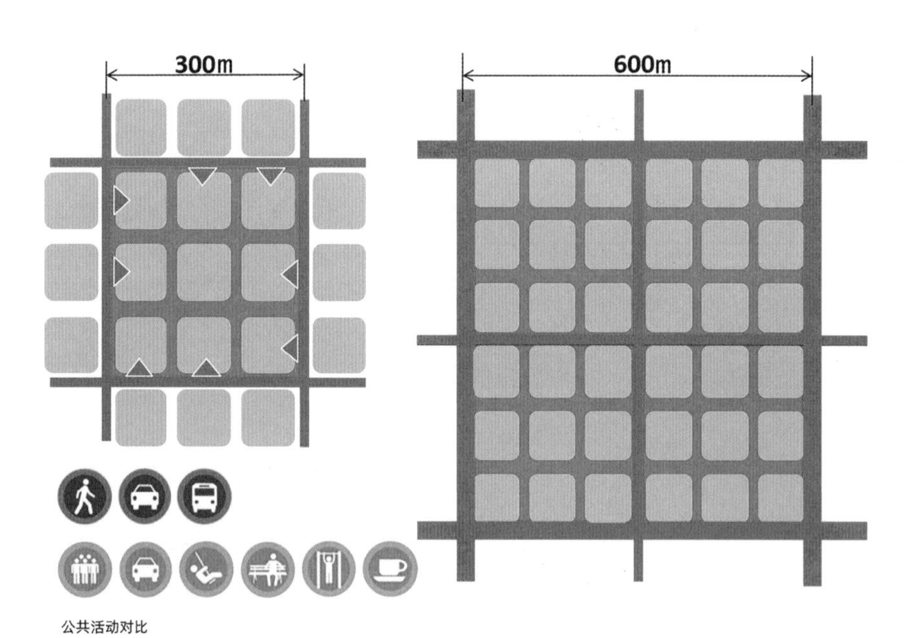

图 6-12

图 6-16

图6-20

图6-24